Die Suche
nach Anfang
und Ende
des Kosmos

Charles Seife

Die Suche
nach Anfang
und Ende
des Kosmos

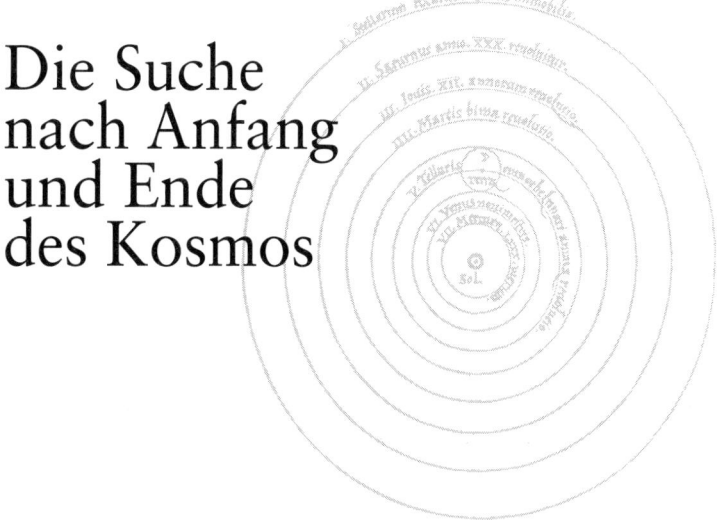

Aus dem Amerikanischen von Michael Zillgitt
unter Mitarbeit von Carsten Heinisch

BERLIN VERLAG

Die Originalausgabe erschien 2003 unter dem Titel
Alpha and Omega. The Search for the Beginning and the End of the Universe
bei Viking, New York
© 2003 Charles Seife
Für die deutsche Ausgabe
© 2004 Berlin Verlag GmbH, Berlin
Alle Rechte vorbehalten
Umschlaggestaltung:
Nina Rothfos und Patrick Gabler, Hamburg
Typografie: Renate Stefan, Berlin
Gesetzt aus der Sabon durch psb, Berlin
Druck & Bindung: Ebner & Spiegel, Ulm
Printed in Germany 2004
ISBN 3-8270-0470-5

INHALT

VORWORT

Ich bin das A und das O,
der Anfang und das Ende,
der Erste und der Letzte.
Offenbarung 22, 13

Zehn Milliarden Lichtjahre entfernt von uns schreit die Natur auf. Im Bruchteil einer Sekunde explodiert ein Stern und setzt mehr Energie frei als zehn Milliarden Milliarden Milliarden Wasserstoffbomben. In diesem Sternekrematorium einer sterbenden Sonne lodert das Feuer einige Wochen lang und überstrahlt die zahllosen Sterne ihrer Galaxie. Wenn ein Stern als Supernova vergeht, ist das im halben Universum zu sehen.

Das Licht dieser Supernova ist zehn Milliarden Jahre lang zu uns unterwegs. Wegen der unvorstellbar großen Entfernung ist der genau in unsere Richtung abgestrahlte Anteil so gering, dass wir die Supernova mit bloßem Auge gar nicht sehen können. In einem Teleskop allerdings erkennen wir sie als schwachen Lichtfleck am Himmel. Der Fleck ist eine Botschaft von den Enden des Kosmos – eine Botschaft, deren Empfang auf der Erde vom Beginn einer Revolution kündet.

Diese Revolution begann in den späten 1990er Jahren, als zwei Wissenschaftlerteams darangingen, den Todeskampf von Sternen zu entschlüsseln. Ihre Beobachtungen zeigten, dass das Universum von einer mysteriösen »dunklen Energie« erfüllt ist, einer unsichtbaren Substanz, die die verflochtene Struktur aus Raum und Zeit dehnt. Die Entdeckung der dunklen Energie verblüffte und erfreute die Astronomen, die ihre Beobachtungen zu bestätigen und das Rätsel zu klären versuchten. Mehr noch: Die Zeugnisse dieses Sternensterbens bergen das Geheimnis des Untergangs des Universums – die Wissenschaftler müssen die Botschaft der sterbenden Sterne nur entschlüsseln, um zu verstehen, wie der Kosmos dereinst enden wird.

Diese Botschaft ist inzwischen dechiffriert. Am 25. Juni 2001 widmete das Magazin *Time* seinen Titel dem Ende des Universums. »Tief in Raum und Zeit spähend, haben die Wissenschaftler gerade das größte Rätsel im Kosmos gelöst«, hieß es dort. Das war nicht übertrieben. Die Kosmologen wissen nun, wie das Universum enden wird. Neue Experimente, deren erste Ergebnisse sich schon abzeichnen, werden den Schleier über dem Urknall lüften und uns wohl bald zeigen, wie alles begann.

Die Revolution vollzieht sich an vielen Fronten. Astronomen, Kosmologen und Physiker arbeiten hoch oben auf chilenischen Bergen, tief unter der kanadischen Erde, mitten in der antarktischen Einöde – und überall auf dem Globus. Dieses Buch ist die Geschichte der Galaxienjäger und der Mikrowellenhorcher, der Gravitationstheoretiker und der Teilchenphysiker, der Quantentheoretiker und der Atomzertrümmerer. Sie alle stehen kurz vor dem Durchbruch, kurz vor entscheidenden Entdeckungen und Erkenntnissen. Jede ihrer Geschichten wäre schon für sich allein beachtenswert. Aber zusammen genommen erzählen sie uns von einer neuen Renaissance – von einer gravierenden Umwälzung unseres Verständnisses vom Universum. Diese Umwälzung vollzieht sich jetzt, vor unseren Augen, und sie ist noch lange nicht vorbei.

Dieses Buch ist aber auch die Geschichte der aufregendsten wissenschaftlichen Entdeckungen seit Jahrzehnten und der Menschen, die dahinter standen und stehen. Damit hilft es uns, die entsprechenden Schlagzeilen in Zeitschriften und Magazinen – beispielsweise *Time*, *New York Times*, *Science*, *Spektrum der Wissenschaft*, *Zeit* oder *Spiegel* – besser zu verstehen. Die Revolution in der Kosmologie wird in den nächsten Jahren immer wieder auf die Titelseiten kommen. Sie wird in der Wissenschaft des einundzwanzigsten Jahrhunderts eine herausragende Stellung einnehmen. Wenn diese Revolution zu Ende ist, werden wir den Moment der Schöpfung erblickt haben, und wir werden unserem eigenen Untergang entgegensehen.

KAPITEL 1

Die erste Kosmologie
[Das Goldene Zeitalter der Götter]

Da nahm Allvater die Nacht und ihren Sohn, den Tag, gab ihnen zwei Pferde und zwei Wagen und versetzte sie hinauf an den Himmel: sie sollten in je zwölf Stunden rund um die Erde fahren. Die Nacht fährt voran mit dem Pferd, das *Hrimfaxi* (»Reifmähne«) heißt; jeden Morgen betaut es die Erde mit dem Schaum seines Maules. Das Pferd, welches der Tag hat, heißt *Skinfaxi* (»Leuchtmähne«), und von seiner Mähne strömt Licht über den ganzen Himmel und die Erde.

Snorri Sturluson, *Prosa-Edda**

Vielleicht geschah es in einer Winternacht vor 30 000 Jahren. Eine Gruppe von Höhlenmenschen drängte sich an der wärmenden Glut ihres erlöschenden Feuers. Irgendwann blickte einer von ihnen nach oben, an das dunkle Firmament, und erstarrte: Unter den unzähligen, unveränderlichen Lichtpunkten im Himmelsgewölbe hatte sich ein Stern bewegt. Ein Mensch blickte in den Kosmos und sah die Spur eines schreitenden Gottes.

Schon vor dem Aufkommen der Kulturen beobachteten die Menschen den Himmel und stellten sich viele Fragen: Wer erschuf die Sterne am Himmel? Wie wurde das Universum geboren? Wird es einmal enden? Wenn ja, auf welche Weise? Das sind die ältesten Fragen der Menschheit. Während vieler Jahrtausende konnten diese Rätsel nur durch die Mythologie beantwortet werden. Noch heute können wir deren Spuren am Himmelsgewölbe erkennen. Die Lichtpunkte, die sich langsam über den Himmel winden – also die Wandelsterne, die wir heute Planeten nennen –, tragen die Namen von Göttern. Der Kriegsgott Mars erscheint rot, als habe er sich mit Blut

---

* Snorri Sturluson: *Prosa-Edda*, Zürich 1991, S. 29.

voll gesogen; die helle Venus glitzert am Morgen mit dem Zauber der Liebesgöttin. Jede Kultur berief sich auf ihre eigenen Götter, um die Erschaffung des Kosmos und die Gegenwart der Sterne am Nachthimmel zu erklären, vielleicht auch den endgültigen Untergang des Kosmos.

Drei gewaltige Umwälzungen trennen die Kosmologen unserer Zeit von den Schamanen und den Legendenerzählern aus mythologischen Zeiten. Die erste Revolution vollzog sich im sechzehnten Jahrhundert, und sie war für ihre Verfechter die gefährlichste. Ihre Gegner versuchten, sie mit allen Mitteln zu ersticken, die ihnen zu Gebote standen – allen voran die Beschuldigung der Ketzerei oder der Hexerei. Die zweite Revolution begann in den 1920er Jahren und war die beunruhigendste: Die tröstliche Vorstellung von einem Universum, in dem die Himmelskörper gleichmäßig wie ein Uhrwerk ihre Bahnen ziehen, wurde erschüttert, und die Menschheit war plötzlich allein, verloren in einem riesigen, leeren Kosmos. Zum ersten Mal fanden Wissenschaftler konkrete Spuren der Schöpfung. Diese beiden Umwälzungen brachten Erkenntnisse, von denen wir heute noch zehren. Doch inzwischen sind wir schon mitten in der dritten Revolution. Sie wird die ewigen Fragen wohl endlich beantworten und damit unsere Ursprünge und unser letztes Schicksal enthüllen.

Wenn man an einem sonnigen Tag nach oben blickt, dann erscheint das Himmelsgewölbe als makellose blaue Kuppel, hoch oben über den feinen Wolken, die langsam über uns hinwegschweben. Für die alten Völker war die Himmelskuppel ganz real; die Erde war von einer wunderschönen Sphäre umschlossen, die tagsüber blau schimmerte, während die Sonne langsam von Osten nach Westen zog. Am Abend begannen winzige flackernde Lichtpunkte die Menschen tief unter ihnen zu narren, und ein schwach schimmerndes Band dehnte sich in der riesigen Kuppel aus, die die Erde umgab.

Wer errichtete diese Kuppel? Jede Kultur hatte ihre eigene Schöpfungsgeschichte und fand eine andere Antwort auf die Frage, wie die

Götter geboren wurden und wie sie den Kosmos schufen. Die Skandinavier glaubten, recht nahe liegend, dass das Universum aus Eis entstanden sei. Als das Eis auf ein furchtbares Feuer traf, schmolz es und brachte den Riesen Ymir hervor. Odin, das Oberhaupt der Götter, und dessen Brüder erschlugen Ymir und fertigten aus seinem Schädel die Himmelskuppel. Dann formten sie aus seinem Fleisch die Erde, aus seinem Blut die Meere und aus seinem Hirn die Wolken. Sie setzten die Planeten an den Himmel. Schließlich brachten sie die glühenden Streitwagen von Sonne und Mond dazu, einander am Himmelsgewölbe zu jagen – wobei jeder auf ewig von einem Wolf verfolgt wurde.[1] Die Pawnee-Indianer in Nordamerika sahen das Getreide als die Mutter aller Dinge; sie gab der Menschheit das Leben, das wie die Ernten aus dem Erdboden hervorgegangen war – wie der Mais, der die Lebensgrundlage der Pawnees war. In einigen Kulturkreisen glaubte man, das Universum sei anfangs ein unermesslicher Ozean gewesen, und in anderen sah man im Beginn ein gestaltloses Chaos. Es gibt Aberdutzende von ganz unterschiedlichen Schöpfungsmythen, aber meist sind die gleichen Ereignisse entscheidend: die Geburt der Götter, die Formung von Himmelsgewölbe, Erde und Sternen, schließlich die Erschaffung von Mann und Frau. Diese Aspekte sind Grundlage einer jeden Religion, denn sie beantworten die Grundfragen, die sich die Menschen seit Anbeginn ihrer Zeit stellen. Bevor die Wissenschaft der Menschheit weitere Werkzeuge gab, um den Kosmos zu erforschen, erfuhren die Menschen Näheres über dessen Geschichte und über die Natur nur durch die Mythen ihrer Schamanen und die Überlegungen ihrer Philosophen. Religion und Philosophie verwoben sich in den Kosmologien der Völker früher Zeiten.

Im abendländischen Kulturkreis dominierten zwei dieser zahlreichen Kosmologien über rund zwei Jahrtausende hinweg, vom antiken Griechenland (noch vor dem Aufstieg Roms) bis in die Zeit von William Shakespeare. Obwohl diese beiden Gedankengebäude einander widersprachen, konnten sie zu einer Lehre vom Kosmos verschmelzen, die bis zum Aufkommen wissenschaftlicher Methoden praktisch unanfechtbar war. Die Kombination einer östlichen, semitischen Kosmologie, die in der Bibel ihren Niederschlag fand, und einer westlichen, griechisch und später römisch bestimmten Version wurde zu einem festen Lehrgebäude, das mehr als ein Jahrtausend überdauerte. Es bedurfte einer kosmologischen Revolution, um es einzureißen.

Das Wort *Kosmos* entspricht dem griechischen Wort für *Ordnung*. Der Kosmos – das Universum als Ganzes – war ja auch die einzige Ordnung, die im Chaos der griechischen Mythologie zu finden war. Die Sonne zog Tag für Tag ihre Bahn am Himmel, geführt von Helios, dem Lenker des Sonnenwagens.[2] Der Mond nahm einmal im Monat zu und wieder ab, wurde also in ständigem Wechsel fruchtbar und unfruchtbar. Und am Nachthimmel standen die Sterne still, abgesehen von fünf Wandelsternen oder Planeten, die sich langsam vor der unveränderlichen Kulisse des Himmelsgewölbes bewegten.[3] Noch heute tragen die Planeten die Namen olympischer Götter: Merkur, Venus, Mars, Jupiter und Saturn; dies sind die römischen Namen der griechischen Götter Hermes, Aphrodite, Ares, Zeus und Kronos. Die Griechen erkannten eine Ordnung in den immer gleichen Bewegungen der Himmelskörper und begannen schon früh, sie näher zu erforschen. Im Jahre 585 v. Chr. konnte der griechische Mathematiker Thales als Erster eine Sonnenfinsternis voraussagen.

Bei seinem Bemühen, die Vorgänge am Himmelsgewölbe zu verstehen, wurde Thales zum wohl ersten, buchstäblich »sternguckenden« Kosmologen – auch zur Erheiterung seiner Nachbarn. »Als er die Sterne beobachtete und dabei immer nur nach oben blickte, fiel er in eine Grube, und eine junge thrakische Dienerin machte sich lustig über ihn«, soll Sokrates rund anderthalb Jahrhunderte später erzählt haben. Gleichwohl konnte Thales aus seinen so konzentrierten Beobachtungen bedeutende Erkenntnisse gewinnen. Er schuf nur durch die Macht seines Verstandes einen ganzen Kosmos.

Beim Entwurf seiner Kosmologie ignorierte Thales die griechischen Schöpfungsgeschichten, vermutlich weil sie fragmentarisch und widersprüchlich waren. Er glaubte, dass die Götter überall im Kosmos zugegen seien, nahm aber nicht an, dass sie ihn auch erschaffen hatten. In Thales' Kosmos war das Wasser der Ursprung aller Dinge, und die Erde schwamm auf dem Wasser wie ein Korken. Nicht jeder stimmte Thales darin zu, dass Wasser der Urstoff war, aus dem der Kosmos geformt wurde. Andere, darunter Anaxagoras und Diogenes, meinten, vor dem Wasser sei die Luft da gewesen. (Schließlich löscht Wasser das Feuer, konnte also zu dessen Entstehung kaum beigetragen haben.) Wieder andere waren überzeugt, zuerst habe es nur das Feuer gegeben. Empedokles, der um 450 v. Chr. lebte, lehnte es ab, eine einzelne Substanz als Urstoff auszuwählen, und erklärte, dass Erde, Luft, Feuer und Wasser die vier wahren Elemente seien. In verschiedenen Kombinationen, so meinte er, bildeten sie alle Dinge im Kosmos.

Die Philosophen waren auch uneins über die Natur des himmlischen Uhrwerks. Sie beobachteten das Himmelsgewölbe und versuchten, die Ordnung im Kosmos sowie die Stellung der Erde darin zu ergründen. Sie begannen damit, indem sie die Erde selbst beschrieben. Für Pythagoras – einen exzentrischen Philosophen, der uns vor allem durch seinen Lehrsatz über rechtwinklige Dreiecke bekannt ist – drehten sich die Planeten, einschließlich der Erde, um ein zentrales Feuer. Andere hielten die Erde für flach und wiederum andere für kugelförmig, aber im Zentrum des Kosmos stehend. Im vierten vorchristlichen Jahrhundert trat mit Aristoteles der Philosoph auf den Plan, dessen Vorstellungen für Jahrhunderte maßgebend werden sollten. Geboren in Makedonien und von Sokrates' Schüler Platon unterrichtet, wurde er seinerseits Lehrer von Alexander von Makedonien, der als Alexander der Große in die Geschichte einging. So wie Alexander ein Weltreich schuf, wurde Aristoteles' Philosophie in Europa beherrschend.

Laut Aristoteles war der Kosmos durch eine ausgeprägte, vollkommene Ordnung bestimmt. Alles hatte darin seinen exakten Platz. Auch für Empedokles' vier Elemente gab es je einen natürlichen Ort: Die Erde, das schwerste Element, sank zur Mitte des Kosmos hinunter, so dass sich unsere Erde zwangsläufig im Zentrum des Kosmos befinden musste. Das etwas leichtere Wasser schwamm daher über der Erde, blieb jedoch unter der Luft und dem noch leichteren Feuer. Aristoteles fügte ein fünftes Element hinzu, die Quintessenz (wörtlich übersetzt, das »fünfte Element«); es war das reinste von allen. Alles Irdische bestand demnach aus Erde, Luft, Feuer und Wasser, während die Quintessenz nur im Himmelsgewölbe zu finden war. Für Aristoteles bestand das reine, unveränderliche Himmelsgewölbe aus etwas völlig anderem als die unbeständige, wenn auch unbeweglich im Zentrum des Kosmos verharrende Erde. Der Mond, die Sonne und die Planeten drehten sich in perfekten, kristallenen Sphären um die Erde, ohne jemals anzuhalten. Sie erfüllten das Himmelsgewölbe mit himmlischer Harmonie, der Sphärenmusik.

Diese Kosmologie war auf reiner Logik gegründet. Aristoteles ging von bestimmten Grundannahmen aus: Das Universum musste endlich groß sein, alles hatte seinen natürlichen Ort, und Kugeln (»Sphären«) sowie Kreise waren die perfektesten geometrischen Formen. Er kam dann zu dem Schluss, diese von ihm erdachte Struktur würde die natürliche Ordnung im Kosmos beschreiben. Aristoteles' Mentor Platon verspottete die »leichtfertigen Geister«, die »die Welt da oben untersuchen und in ihrer Einfalt annehmen, die sichersten Beweise über diese Zusammenhänge könne man durch Beobachten finden«. Aristoteles stimmte ihm zu; Beobachtung war nur etwas für Narren.

Aristoteles' Theorie vom Kosmos umfasste keine wirklich theologischen Gedanken. Sie setzte lediglich die Existenz eines »ersten, ursprünglichen Bewegers« voraus, der die himmlischen Sphären in Bewegung zu setzen hatte, beschrieb das Wesen dieser göttlichen Macht aber nicht näher. Unter anderem deswegen überdauerten die aristotelischen Auffassungen so viele Jahrhunderte; sie waren noch im Schwange, als schon längst eine völlig andere Kultur zum Fundament der westlichen Religion geworden war.

»Am Anfang schuf Gott Himmel und Erde. Und die Erde war wüst und leer, und es war finster auf der Tiefe; und der Geist von

Gott schwebte auf dem Wasser.« Die mit diesen Sätzen beginnende Schöpfungsgeschichte ist die Basis der jüdischen – wie auch der daraus hervorgegangenen christlichen – Kosmologie. Ihre Wurzeln liegen im Dunkel der Vergangenheit der ersten Kulturen im Vorderen Orient. Jahrtausende nachdem erstmals Teile der hebräischen Bibel schriftlich festgehalten worden waren, nahm das Christentum diese alte Tradition auf und gab ihr eine neue Form.

Die griechische Kosmologie konnte problemlos ein ganzes Pantheon von kleinlichen, zänkischen Göttern beherbergen. Im Gegensatz dazu berichtet die jüdische Kosmologie von einem allmächtigen, allwissenden Gott, der Himmel und Erde aus dem Nichts erschuf. Er allein formte das Himmelsgewölbe und die Erde darunter, er allein setzte Sonne, Mond und Sterne an ihre Plätze im Himmel. Seine Schöpfung war nach sechs Tagen vollendet. Aber das Universum mit allen seinen Himmelskörpern war schon nach vier Tagen erschaffen. Erst am sechsten Tag schuf Gott den Menschen – als Höhepunkt seiner Schöpfung.[4] Hier ist die Hierarchie völlig klar. Gott der Allmächtige steht über allem, und danach kommt der Mensch, den Gott nach seinem Bilde schuf. Auf diesen folgen die Tiere des Feldes, die Vögel in der Luft, die Fische im Meer, die Kräuter und anderen Pflanzen sowie schließlich die Erde selbst. Der Mensch hat die Herrschaft über alles, und alles im Kosmos hat ihm zu dienen. Die Sonne und der Mond haben die Nacht vom Tag zu scheiden, zum Nutzen des Menschen; zusammen mit den unzähligen Sternen wurden sie eingesetzt, um ihm Licht zu spenden. Der Mensch ist das Zentrum des Kosmos, sowohl im wörtlichen als auch im übertragenen Sinne.

Nachdem das Römische Reich die noch verbliebenen griechischen Staaten erobert hatte, verbreiteten sich griechische Philosophie und Kultur über die damals bekannte Welt. Zu diesem Gedankengut gehörte auch Aristoteles' Bild des Kosmos. Im römischen Weltreich wurde das Christentum, das sich sozusagen vom jüdischen Glauben abgespalten hatte, nach einiger Zeit recht einflussreich. Noch am Ende des ersten nachchristlichen Jahrhunderts war es nur eine kleine Sekte gewesen, aber knapp drei Jahrhunderte später trat Kaiser Konstantin, Herrscher der seinerzeit mächtigsten Nation, zum Christentum über. Die griechisch-römische und die christliche Kultur begannen miteinander zu verschmelzen. Aristoteles' unklare Theologie machte es für die frühen Christen leicht, seine Philosophie aufzunehmen, ebenso wie Rom es früher getan hatte. (Da das Neue Testament ursprünglich nicht in Latein, sondern in Griechisch niedergeschrieben war, hatte schon die früheste christliche Kirche eine gehörige Portion griechischen Gedankenguts aufgenommen.) Das Christentum, versetzt mit Elementen der griechischen Philosophie, verkörperte nun die beherrschende Kosmologie des Abendlandes.

Die aristotelische Komponente der abendländischen Kosmologie hatte eine überaus tragfähige Grundlage – sie war auch auf die Beobachtung der Natur gegründet. Im zweiten nachchristlichen Jahrhundert lag das geistige Zentrum der Welt in Alexandria. Hier entwarf der Mathematiker und Astronom Ptolemäus ein raffiniertes, unglaublich kompliziertes Modell des Kosmos, das auf der Kosmologie des Aristoteles basierte. Die Erde befand sich im Zentrum des Kosmos, auf kreisförmigen Bahnen umlaufen von den Sternen und den Planeten. Um die komplizierten Bewegungen der Planeten zu erklären (die gelegentlich rückwärts laufen, wie beispielsweise der Planet Mars), nahm Ptolemäus an, dass sich die Planeten auf kleinen Kreisen bewegen – den so genannten Epizykeln –, während sie auf großen Kreisen die Erde umrunden.

Der Uhrwerk-Kosmos des Ptolemäus funktionierte wunderbar. Er erklärte die Bewegungen der Planeten mit recht hoher Genauigkeit und machte daher die aristotelische Theorie des Kosmos anscheinend unanfechtbar. Indem er auf dem geozentrischen Kosmos des Aristoteles aufbaute, schuf Ptolemäus eine sehr leistungsfähige Kosmologie. Sie konnte die Bewegungen der Planeten beschreiben und erlaubte daher auch Voraussagen über Ereignisse am Himmel. Der aristotelische »erste Beweger« ließ sich mehr oder weniger mit dem christlichen Gott gleichsetzen. All dies machte den aristotelisch-ptolemäischen Kosmos für lange Zeit, bis ins siebzehnte Jahrhundert hinein, unangreifbar.

Die aristotelisch-ptolemäische Kosmologie wurde von der Kirche aufgegriffen, obwohl sie der Bibel in etlichen Punkten widersprach. So heißt es etwa in Psalm 148: »Lobet ihn, ihr Himmel allenthalben und die Wasser, die oben am Himmel sind.« Zwar lässt das Vorhandensein von Wasser oben am Himmel dessen blaue Farbe plausibel erscheinen und könnte auch erklären, warum es von oben regnet; aber im aristotelischen Kosmos konnte sich Wasser auf keinen Fall im Himmel befinden. Es war schließlich ein schweres Element, das nur in der irdischen, aber keinesfalls in der himmlischen Sphäre existieren durfte.

Obwohl die Kirche intern Probleme mit den Widersprüchen zwischen der aristotelischen Philosophie und der Bibel hatte, machte sie die aristotelische Kosmologie schließlich zur Grundlage ihrer eigenen theologisch begründeten Kosmologie. Den Auffassungen des Aristoteles zu widersprechen wurde nun gleichbedeutend damit, die vom Papst verkündeten Wahrheiten zu bezweifeln. Als eine wissenschaftliche Revolution die Philosophie des Aristoteles schließlich stürzte, fand sich die Kirche auf der Verliererseite. Davon hat sie sich nie erholt.

Anmerkungen

1 Zum Unglück für die Sonne und den Mond werden die Wölfe sie irgendwann schließlich einholen.

2 Die Legende erzählt von einer einzigen, allerdings katastrophalen Abweichung vom täglichen Sonnenlauf. Phaethon, der Sohn des Sonnengottes Helios, durfte einmal den Sonnenwagen lenken. Er kam dabei um, weil er übermütig wurde und die Pferde nicht mehr im Zaum halten konnte.

3 Das Wort *Planet* ist abgeleitet vom griechischen Wort *planetes*: »umherschweifend«.

4 Es gibt zwei etwas widersprüchliche Fassungen zur Erschaffung von Mann und Frau. Nach der einen Überlieferung (1. Mose 1,27) wurden sowohl der Mann als auch die Frau am sechsten Tag erschaffen, nach einer anderen Überlieferung (1. Mose 2,18 ff.) schuf Gott zuerst Adam und danach Eva aus seiner Rippe. Daher glaubten einige jüdische Mystiker, dass Adam schon vor Eva eine Frau (Lilith) hatte, die seitdem als Dämon über die Erde irrt.

KAPITEL 2

Die erste kosmologische Revolution
[Die kopernikanische Theorie]

Nötig und unerläßlich ist das Wort, der erklärende Gedanke. Aus diesem Grund fürchten die Tyrannen Worte, die sie nicht kontrollieren können, die frei im Umlauf sind, sich im Untergrund herumtreiben, rebellieren, die weder Galauniform noch offizielle Stempel tragen. Solche Worte fürchten sie viel mehr als alle Bomben und Dolche.

Ryszard Kapuscinski, *Schah-in-schah**

Hoch oben an einer Wand im Vatikan findet sich ein kleines aus-geblichenes Porträt, das an ein 400 Jahre lang währendes Ringen erinnert. Umkränzt von Blumen und Lorbeer und unter den zwei Schlüsseln zum Himmel blickt ein bärtiger Mann nachdenklich nach links. Kaum einer der Betrachter vermag ihn zu erkennen. Doch die lateinische Inschrift »Galileus« klärt darüber auf, dass hier Galileo Galilei abgebildet ist, der berühmteste Wissenschaftler seiner Zeit. Er war im siebzehnten Jahrhundert von der Inquisition zu lebenslangem Hausarrest verurteilt worden. Inzwischen hat die Kirche ihr Urteil grundlegend revidiert und sein Bildnis mit den erwähnten Insignien geschmückt. Einige Meter neben Galilei blickt ein anderer, ebenfalls bärtiger Mann nach rechts. Sein Hut macht ihn als Kardinal kennt-lich. Es handelt sich um Roberto Bellarmino, den damaligen Leiter der Inquisition. Er war es, der als Erster versuchte, Galilei gefügig zu machen. Auch sein Porträt ist mit Lorbeer bekränzt, und auch hier finden sich die Schlüssel zum Himmel. Galilei und Bellarmino, harte Gegner zu Lebzeiten, werden beide von der Kirche geehrt, und ihre

---

* Ryszard Kapuscinski: *Schah-in-schah. Eine Reportage über die Mecha-nismen der Macht, der Revolution und des Fundamentalismus*, Frank-furt/Main 1997, S. 143.

Porträts schmücken im Vatikan dieselbe Mauer. Aber sie blicken unverwandt voneinander weg.

Noch heute, 400 Jahre nach dem Beginn der ersten kosmologischen Revolution, tut sich die römisch-katholische Kirche schwer, mit ihrer Vergangenheit zurechtzukommen. Als die Naturwissenschaft entstand, versuchte die Kirche, diejenigen ihrer Vertreter zumindest mundtot zu machen, die die Grenzen der christlichen Lehrmeinung übertraten. Zum Leidwesen einiger Wissenschaftler war es sehr schwierig, die verbotenen Pfade zu meiden, vor allem weil ihre erste bedeutende Leistung darin bestand, den alten aristotelischen Kosmos – diese abgeschlossene, in den Himmelssphären wie in einer Nussschale geborgene Welt – in tausend Scherben zu zerschlagen. Zum ersten Mal bot die Wissenschaft einen Einblick in das Wesen des Kosmos. Die Philosophen neuen Schlages begannen zu erklären, wie der Kosmos aufgebaut ist. Dabei widersprachen sie der aristotelisch-ptolemäischen Kosmologie, und die Kirche schlug zurück. Schließlich waren ihre wesentlichen Lehren auf eben jener Nussschale gegründet.

Die wissenschaftliche Kosmologie sollte schließlich über die aristotelischen Anschauungen obsiegen, doch das konnte für Galilei oder für die anderen Opfer dieses Kampfes noch kein Trost sein. Jahrhunderte nach diesem Ringen zwischen Theologie und Wissenschaft leidet die Kirche noch immer an ihrer Niederlage in der ersten kosmologischen Revolution.

Die Kirche verband eine Art Hassliebe mit Aristoteles und Ptolemäus, den antiken griechischen Architekten der abendländischen Kosmologie. Ihr Kosmos erschien den mittelalterlichen Denkern äußerst einleuchtend, denn die Sterne und die Planeten hatten sämtlich ihren natürlichen Ort. Dasselbe galt für die Elemente, aus denen alle Dinge im Kosmos bestanden. Die schwere Erde sank zum Zentrum des Kosmos hinunter und wurde zum Erdboden, auf dem wir gehen. Das leichtere Wasser sammelte sich über der Erde und bildete Meere und Flüsse. Die noch leichtere Luft bildete die Atmosphäre, in der die

Menschen leben können. Und das Feuer war das leichteste Element – schließlich streben die Flammen zum Himmel. Sonne, Mond, Planeten und Sterne, aus irgendeiner leichten, feurigen Substanz bestehend, bevölkerten den Himmel und zogen in kristallenen Sphären über der Erde ihre Bahnen. Was diese Kosmologie für die Kirche besonders interessant machte, war der »erste Beweger«, den der aristotelische Kosmos erforderte. Die griechische Kosmologie war damit schon an sich ein Beweis für Gottes Existenz.

Nur wenige Philosophen oder Theologen in Europa hinterfragten die Lehrmeinung, wonach der »erste Beweger«, der die kristallenen Sphären in Bewegung gesetzt hatte, identisch mit dem Gott der Christen war. Die Kirche nahm Aristoteles' Ideen freudig auf, denn sie erkannte den unschätzbaren Wert eines solchen Gottesbeweises. Doch bald wurde etlichen Theologen klar, dass die aristotelische Kosmologie der Bibel im Grunde widersprach. Die alte griechische Weisheit bestritt nämlich die Existenz eines allmächtigen Gottes – und das war eindeutig eine ketzerische Vorstellung. Die Risse in der Nussschale des aristotelischen Kosmos traten in der Kirchengeschichte bereits recht früh zu Tage. Schon Augustinus, der von 354 bis 430 lebte, wandte sich als einer der Ersten gegen die alten philosophischen Vorstellungen.

Für Augustinus war es eine heikle Frage, wie gemäß der aristotelischen Lehre die ursprüngliche Bewegung durch den »ersten Beweger« zu Stande kommen konnte. Das Problem war nicht diese Vorstellung an sich; der Teufel steckte vielmehr im Detail. Laut Aristoteles hatte der »erste Beweger« die äußerste kristallene Sphäre in Drehung versetzt und damit die Bewegungen aller Dinge im Kosmos ausgelöst, seien es der ewige Umlauf der Planeten am Himmel oder das Züngeln von Flammen auf einem brennenden Holzscheit. Wenn sich Gott entschiede – so erklärten die alten Philosophen –, sämtliche Bewegungen am Himmel anzuhalten, dann müssten jegliche Bewegungen auf der Erde und sogar der Ablauf der Zeit zum Stillstand kommen. Das Wasser in einem Wasserfall würde plötzlich nicht mehr herabtosen, und Vögel würden mitten im Flug erstarren. Weil Gott

aber die Bewegungen am Himmel nicht sehr oft anhält, ist diese
Theorie nicht überprüfbar. Doch nach den im Mittelalter gängigen
Auffassungen war sie es. Gott hatte, wenn man der Bibel Glauben
schenkt, die Bewegung am Himmel zumindest ein Mal angehalten.
Und schon waren die Aussagen der Bibel unvereinbar mit den aristo-
telischen Voraussagen.

Das Buch Josua berichtet im 10. Kapitel von einer Schlacht zwischen den Israeliten und den Amoritern. »Da standen die Sonne und
der Mond still, bis sich das Volk an seinen Feinden rächte.« Die
Männer Israels kämpften erfolgreich und erschlugen ihre Feinde –
und das, obwohl die Himmelskörper ihre Bewegungen eingestellt
hatten. Dies widerspricht eindeutig der aristotelischen Theorie, nach
der die Israeliten hätten ebenso unbeweglich sein müssen wie Sonne
und Mond.

Angesichts des Widerspruchs zwischen der Bibel und der griechischen Philosophie argumentierte Augustinus, dass der Ablauf der
Zeit unabhängig von der Bewegung der Himmelskörper sei; selbst
wenn Sonne und Mond am Himmel stillstünden, könnte sich beispielsweise eine Töpferscheibe durchaus weiterdrehen. Wenn Aristoteles und die Bibel einander widersprachen, so musste Aristoteles
eben nachgeben.

Die Diskrepanz zwischen der aristotelischen Philosophie und der
Bibel war unbestreitbar. Die Bibel beruht auf der morgenländischen
Philosophie, während die mittelalterliche Kosmologie auf der abendländischen Philosophie von Aristoteles und seinen Nachfolgern gründete. In diesen beiden Kulturen herrschten sehr unterschiedliche Auffassungen darüber, wie der Kosmos funktioniert, und doch wurden
sie in der offiziellen Theologie zu einer unersprießlichen Ehe gezwungen. Die zwangsläufigen Widersprüche führten zu einem jahrhun-
dertelangen Konflikt, der im dreizehnten Jahrhundert einen ersten
Höhepunkt erreichte.

Viele Theologen meinten in der Tradition des Augustinus, dass
ein allmächtiger Gott tun kann, was immer ihm beliebt. Wenn er es
will, so kann er die Planeten anhalten und davon den Ablauf der

Zeit unberührt lassen. Er kann eine Leere, ein Vakuum schaffen, was nach der aristotelischen Philosophie ein Ding der Unmöglichkeit ist. (Dieser *horror vacui*, der »Abscheu vor der Leere«, zwang die aristotelischen Gelehrten zu der völlig absurden Folgerung, dass jegliche Bewegung kreisförmig sein muss und eine geradlinige Bewegung unmöglich ist – denn Letztere würde hinter dem bewegten Gegenstand ein Vakuum erzeugen. Bei kreisförmiger Bewegung jedoch tauschten die Gegenstände einfach die Plätze, und es entstünde keine Leere.) Das aristotelische Verbot des Vakuums widerspricht jedoch direkt der Bibel. Gemäß der Schöpfungsgeschichte entstand der Kosmos aus der Leere, was für Aristoteles eine lächerliche Vorstellung gewesen wäre. Seine Regeln waren Fesseln an den Händen eines Gottes, der doch allmächtig ist, also keinerlei Beschränkungen unterliegen kann. Einige Theologen kamen daher zu dem Schluss, die aristotelischen Auffassungen seien unzutreffend. In der ersten Hälfte des dreizehnten Jahrhunderts verbot ein Kardinal Aristoteles' Werke *Physik* und *Metaphysik*. Nicht lange danach, im Jahre 1277, berief der Pariser Bischof Étienne Tempier eine Synode ein, die zentrale Aussagen der aristotelischen Kosmologie widerlegen sollte, darunter: »Gott kann das Himmelsgewölbe nicht in gerader Linie bewegen, weil dies ein Vakuum erzeugen müsste.« Wenn es Gott gefiele, das Himmelsgewölbe geradeaus zu bewegen, wer oder was könnte ihn daran hindern? Gewiss nicht Aristoteles. Die Synode verdammte die »Fehler«, die die Anhänger der griechischen Philosophie in die Ketzerei führten.

Die Aristoteles-Fraktion wehrte sich, darunter Thomas von Aquin, ein Mönch aus adligem Hause, der die Philosophie des Altertums ästhetisch – und theologisch – ansprechend fand. Er focht für eine tiefere Verankerung der aristotelischen Kosmologie in der offiziellen Theologie. Er starb 1274, nach vielen Jahren intensiver Erforschung auch solcher Fragen wie derjenigen, wie viele Engel auf einem Stecknadelkopf tanzen können.[1] Einige der Darlegungen des Thomas von Aquin wurden drei Jahre später von Tempier als Ketzerei verdammt, doch im Jahre 1323 wurde er posthum unterstützt. Der *Heilige* Tho-

mas von Aquin konnte ja wohl kaum ein Ketzer sein, und so wurden
Tempiers Verurteilungen kassiert. Dennoch war die Rolle des Aristoteles in der offiziellen Theologie alles andere als geklärt. Der Kampf
der »Fraktionen« wogte hin und her. Eine Zeit lang vertraten sogar
höchste Würdenträger der Kirche radikale anti-aristotelische Vorstellungen.

Im fünfzehnten Jahrhundert erklärte Nikolaus von Kues, seines
Zeichens Kardinal, dass die glitzernden Sterne am Himmel unserer
Sonne ähnelten; jeder Lichtpunkt am Firmament sei ein fernes Sonnensystem, in dem sich außerirdische Erden befinden könnten, und
diese könnten sogar Monde haben. Dies widersprach nun eklatant
der aristotelischen Grundüberzeugung, dass jedes Element im Kosmos seinen natürlichen Ort hat. Demnach musste die Erde einmalig
sein, weil das schwerste Element Erde nur an einem einzigen Ort
vorhanden sein kann. Sämtliche schweren Gegenstände – seien es
Steine, Ziegen, Bäume oder auch Menschen – streben danach, zum
Zentrum des Kosmos hinabzusinken. Sie werden nur von der ele-
mentaren Erde daran gehindert, die den Boden unter unseren Füßen
bildet. Nur Gegenstände aus leichteren Elementen wie Luft und Feuer
können am Himmel schweben. Daher ist laut Aristoteles die Vorstellung absurd, es könne andere Erden geben. Jedes Bröckchen Erde im
Himmel würde uns augenblicklich auf den Kopf fallen, denn es
müsste seinem natürlichen Ort im Zentrum des Kosmos zustreben.
Nikolaus von Kues war jedoch überzeugt, dass andere Welten – riesige Stein- und Erdbrocken – am Himmel schweben. Dies musste jedem Anhänger der aristotelischen Theorie völlig abwegig erscheinen.

Nikolaus von Kues ging sogar noch weiter. Er erklärte kühn, dass
alle jene außerirdischen Welten Bewohner hätten und dass es unendlich viele Welten im Kosmos gebe, die von außerirdischen Wesen geradezu wimmelten. Vielleicht würden jene Außerirdischen ihrerseits
des Nachts in den Himmel starren, irgendwann einen Lichtpunkt –
unsere Erde – sehen und sich fragen, ob dieses winzige Pünktchen
wohl auch Leben beherbergen könnte. Wenn es solche fernen Welten
und Wesen aber gäbe, wie könnte dann der Vatikan der Sitz der

Einen Wahren Kirche sein? Wie könnten außerirdische Wesen dem Papst gehorchen, da sie doch niemals etwas von Rom gehört hätten? Das Gedankengut des Nikolaus von Kues war für die Kirche eigentlich gefährlich, wurde aber kaum beachtet – auch dann noch nicht, als es nach 1543 wissenschaftliche Unterstützung durch den Arzt und Mathematiker Nikolaus Kopernikus fand. Auch Kopernikus hatte erkannt, dass die Erde keineswegs das Zentrum des Kosmos ist. Unbemerkt vom Klerus hatte damit die erste kosmologische Revolution eingesetzt.

Die Wissenschaft wäre wohl niemals in Konflikt mit der Kirche geraten, wenn sich die wissenschaftliche Revolution in einem Gebiet wie der Botanik oder Chemie vollzogen hätte, die weitaus weniger Zusammenhänge mit geistlichen Fragestellungen haben. Aber die Forscher stürzten sich auf die Kosmologie und berührten damit ein sehr heikles Thema, das traditionell den Theologen und Philosophen vorbehalten, also nicht Sache der Wissenschaftler war.[2] Der neue naturwissenschaftliche Ansatz ignorierte eine jahrtausendealte Tradition und brachte daher Gefahren mit sich. Wenn Wissenschaftler ihre Antworten am Himmel anstatt in den Schriften des Altertums suchten, so mussten sie sich sehr in Acht nehmen. In den Augen der Kirche war es ein regelrechter Affront, als die ersten wissenschaftlichen Kosmologen erklärten, sie könnten die Vorgänge am Himmel eher durch Beobachtung und Berechnung als durch göttliche Offenbarung klären. Die Wissenschaftler wurden so zu einer direkten Bedrohung für die Hirten der christlichen Herde. Ausgerechnet der fromme Domherr Nikolaus Kopernikus feuerte in dieser ersten kosmologischen Revolution sozusagen den ersten Schuss ab.

Kopernikus war eigentlich kein Astronom, sondern Arzt und Jurist (in dieser Eigenschaft bekleidete er übrigens das Amt des Domherrn). Doch Ärzte mussten zu seiner Zeit auch in Astrologie bewandert sein; nur so konnten sie nach gängiger Lehre die Leiden der Menschen deuten und ihre Körpersäfte wieder ins Gleichgewicht bringen. (Auch die Medizin folgte im Mittelalter den Pfaden der antiken griechischen Weisheit.) Als Kopernikus jedoch den einem Uhrwerk vergleichbaren Kosmos des Ptolemäus heranzog, um astrologische Tabellen aufzustellen, erwies sich das System als kompliziert, unhandlich und unzuverlässig. Der gelehrte Doktor verbrachte einen Großteil seines Lebens mit dem Versuch, eine überzeugendere und einfachere Erklärung der Planetenbewegungen zu finden.

Seine Bemühungen waren weitgehend fruchtlos. Lange Zeit glaubte Kopernikus, dass die fünf damals bekannten Planeten (Merkur, Venus, Mars, Jupiter und Saturn) auf mystische Weise an die fünf platonischen Körper gebunden seien. Dies sind die regelmäßigen Vielflächner: der Tetraeder mit vier, der Würfel mit sechs, der Oktaeder mit acht, der Dodekaeder mit zwölf und der Ikosaeder mit zwanzig gleichen Flächen. Jahrelang versuchte Kopernikus vergeblich, ein System zu entwerfen, in dem die Planetenbewegungen auf ineinander verschachtelten platonischen Körpern anstatt auf kristallenen Sphären beruhten. Es gelang ihm nicht.

Glücklicherweise fand Kopernikus eine noch bessere Lösung. Er erkannte schließlich, dass das ptolemäische System deshalb so kompliziert war, weil bei ihm die Erde im Zentrum des Kosmos saß, wohin sie – wie sich später wirklich erweisen sollte – nicht gehört. Kopernikus setzte stattdessen die Sonne in den Mittelpunkt und ließ die Planeten sie umrunden. Schon zeigte sich, dass dabei nicht mehr achtzig, sondern nur noch rund dreißig Epizykeln (kleine Nebenkreise auf den Hauptkreisen) nötig waren, um die zeitweise rückläufigen Planetenbewegungen zu erklären. Kopernikus' heliozentrisches (das heißt sonnenzentriertes) System war einleuchtender und einfacher, aber beileibe nicht perfekt, im Gegenteil: Das ptolemäische, geozentrische System ermöglichte noch immer eine genauere Vorhersage der Planetenbewegungen. Wenn sich die Wissenschaftler aus diesen beiden Systemen das besser funktionierende hätten aussuchen können, so wäre ihre Wahl gewiss auf das alte ptolemäische gefallen. Das »Uhrwerk« des alten Griechen schien eben zuverlässiger als das des mitteleuropäischen Domherrn.

Trotzdem war das kopernikanische System das erste Donnergrol-

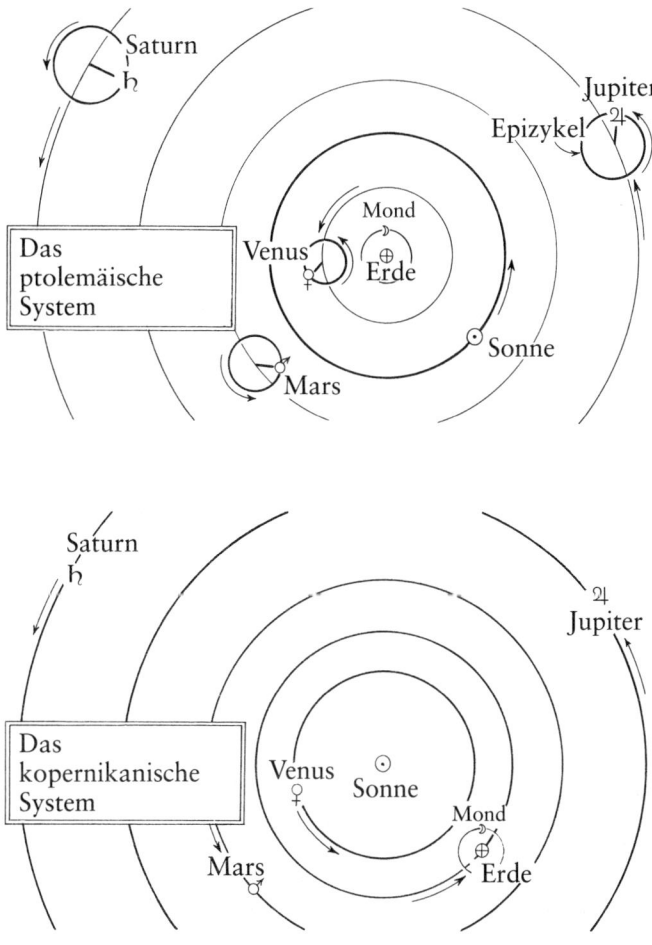

Das ptolemäische und das kopernikanische Planetensystem

len eines herannahenden heftigen Gewitters. Kopernikus stellte nämlich die Grundlage der aristotelischen Kosmologie in Frage, als er anstatt der Erde die Sonne in den Mittelpunkt des Kosmos setzte – wie es vor ihm schon Nikolaus von Kues getan hatte. Im Kosmos des Kopernikus befanden sich die Erde und alle anderen Planeten im Himmelsgewölbe. Dann konnte es aber nicht sein, dass Erde und

Wasser zum Mittelpunkt des Kosmos hinabsinken. Vielleicht traf sogar Nikolaus von Kues' kühnste Idee zu, dass alle Sterne am Himmel von außerirdischen Welten begleitet sind. Aber zur Zeit des Kopernikus war das heliozentrische System noch keineswegs gefestigt, und die Kirche hatte nicht die geringste Ahnung von der Bedrohung, die ihr hieraus noch erwachsen sollte. Als Kopernikus im Jahre 1543 sein Hauptwerk *De Revolutionibus Orbium Coelestium* (Über die Kreisbewegungen der Himmelskörper) herausgab, widmete er es sogar dem damaligen Papst Paul III. Kopernikus war freilich ein vorsichtiger Mann und stimmte der Veröffentlichung erst zu, als er schon auf dem Totenbett lag.

In Kopernikus' Todesjahr war noch eine weitere Umwälzung im Gange, die die Kirche erschütterte. Dabei ging es um theologische Kernfragen. 1517 hatte Martin Luther seine berühmt gewordenen 95 Thesen an das Portal der Wittenberger Schlosskirche geschlagen. Diese Hammerschläge hallten in der Christenheit wider, und immer mehr Menschen verweigerten, abgestoßen von der Korruption im Klerus, dem Papst den Gehorsam. Die protestantische Reformation gewann schnell an Einfluss. Um dieser Bedrohung zu begegnen, richtete die Kirche einen neuen Orden ein, die elitäre *Societas Jesu* (wörtlich: »Gesellschaft Jesu«). Die Jesuiten waren als Kämpfer gegen den Protestantismus gedacht und verschrieben sich insbesondere der Glaubensunterweisung. Ihre Lehrsätze beruhten ganz wesentlich auf aristotelischen Vorstellungen, zum Beispiel hinsichtlich der Planetenbewegungen, aber auch der Transsubstantiation, also der Wandlung des Brotes in den Leib Christi beim Abendmahl. Aus den aristotelischen Lehren zog die Kirche ihre wichtigsten Argumente in der intellektuellen Auseinandersetzung mit ihren Gegnern. Sich gegen den Aristotelismus zu wenden war nun so, als stelle man die Heiligkeit der Kommunion und sogar die Heilige Schrift selbst in Frage.

Die Kirche sah sich zunehmenden Angriffen ausgesetzt und tolerierte es immer weniger, wenn den aristotelischen Lehren widersprochen wurde. Doch erst 1616 setzte die Kirche die Schriften des

Kopernikus auf den Index. (Übrigens erkannte Martin Luther das Problem früher als die katholische Kirche und beeilte sich, Kopernikus als ruhmsüchtig hinzustellen. »Es ward gedacht eines neuen Astrologi, der wollte beweisen, dass die Erde bewegt würde und umginge, nicht der Himmel oder das Firmament, Sonne und Mond«, heißt es in seinen *Tischgesprächen*. »Der Narr will die ganze Kunst Astronomiae umkehren! Aber wie die Heilige Schrift anzeigt, so hieß Josua die Sonne stillstehen und nicht das Erdreich.« Die entsprechende Passage aus dem Buch Josua sollte für lange Zeit nichts als Schwierigkeiten bereiten.)

Als die Reformation immer mehr an Boden gewann, verfuhr die Kirche mit ihren Kritikern immer unnachsichtiger, auch mit denen, die sich der neuen Kosmologie zuwandten, nach der die Sonne im Zentrum steht. Das musste beispielsweise Giordano Bruno am eigenen Leibe erfahren. Nach jahrelanger Kerkerhaft wurde er am 17. Februar 1600 wegen seiner ketzerischen Vorstellungen auf dem Scheiterhaufen verbrannt. Bruno war ein Anhänger des von Kopernikus vertretenen heliozentrischen Modells des Sonnensystems. Außerdem glaubte er, wie zuvor auch Nikolaus von Kues, die Erde sei nur eine von unendlich vielen Welten.

Wir wissen nicht genau, welche Rolle Brunos kosmologische Auffassungen bei seiner Verurteilung spielten. Die Aufzeichnungen der römischen Inquisition über den Prozess gegen Bruno sind verloren gegangen, so dass nicht mehr zu klären ist, wie schwer die verschiedenen Anschuldigungen (wegen seiner Kosmologie, wegen seines persönlichen Verhaltens oder wegen beidem) waren. Aber man ging nun immer schärfer gegen die Ketzerei vor – auch dann noch, als das kopernikanische System später so überarbeitet war, dass es wirklich mit uhrwerkartiger Präzision funktionierte. Diese Leistung vollbrachten ein Aristokrat ohne Nase (aber mit einem ihn begleitenden Zwerg) sowie ein deutscher Astrologe und Mathematiker.

Der Aristokrat war Tycho Brahe, ein 1546 geborener, recht genusssüchtiger Däne. (Seine Fresssucht soll ein halbes Jahrhundert später zum Tod geführt haben.) Wie einen Hofnarren hielt sich Brahe einen zwergwüchsigen Mann, den er mit den Resten seiner Mahlzeiten fütterte. Noch viel ungewöhnlicher war aber sein Aussehen. Bei einem Duell hatte Brahe einen großen Teil seiner Nase verloren (als Fechter war er bei weitem nicht so gut wie als Astronom) und trug eine silberne Prothese. Dieser seltsame Mann führte nun einen Schlag nach dem anderen gegen den als vollkommen geltenden aristotelischen Kosmos.

In einer kühlen Novembernacht des Jahres 1572 entdeckte Brahe im Sternbild Cassiopeia plötzlich einen neuen Stern. Heute wissen wir, dass er eine Supernova gesehen hatte, den spektakulären Ausbruch beim Untergang eines Sterns. Für Brahe war dies ein unglaubliches Paradoxon. Das aristotelische Himmelsgewölbe galt als absolut unveränderlich – und doch hatte es sich vor seinen Augen verändert. Nach rund einem Jahr konnte Brahe anhand seiner Aufzeichnungen beweisen, dass der neue Stern sehr weit entfernt war, sogar viel weiter als der Mond. Er war also keine atmosphärische Erscheinung, sondern zweifelsfrei ein Teil des angeblich unveränderlichen Himmels. Und damit war er geradezu die Verkörperung der Unvollkommenheit.

Brahe errichtete nun auf der kleinen Insel Uraniborg nahe Kopenhagen eine Sternwarte, die ihresgleichen suchte. Die Sextanten, Quadranten und anderen Instrumente (das Teleskop war noch nicht erfunden) kosteten den dänischen Staat rund ein Drittel des Jahreshaushalts. Sie waren jede Öre wert. Im Jahre 1577 bewies Brahe, dass auch die Kometen, jene unregelmäßigen, verschwommen erscheinenden Objekte, die von Zeit zu Zeit am Himmel auftauchen, weiter von der Erde entfernt waren als der Mond. Demnach waren auch sie Himmelskörper und keine leuchtenden Wolken in der Atmosphäre. Er entdeckte zudem eine geringe, regelmäßige Schwankung in der Umlaufgeschwindigkeit des Mondes um die Erde. Nun war es offenkundig: Das Himmelsgewölbe war wechselhaft und unvollkommen.

Das dauerhafte Erbe Brahes war jedoch der ungeheure Schatz seiner Beobachtungsdaten. Im Jahre 1600 überredete er einen jungen

Astrologen und Mathematiker namens Johannes Kepler, bei ihm in Prag als Assistent zu arbeiten. (Nach seinem Zerwürfnis mit dem König von Dänemark hatte Brahe Uraniborg verlassen.) Kepler konnte anhand von Brahes Aufzeichnungen zeigen, dass die Planetenbahnen keine vollkommenen Kreise sind.

Im Unterschied zu Brahe glaubte Kepler an die kopernikanische Theorie, dass sich die Sonne im Zentrum des Planetensystems befindet; sein Mathematiklehrer hatte ihn mit diesem Konzept vertraut gemacht. Kepler schien vom heliozentrischen Kosmos angetan zu sein, obwohl dieser immer noch keine so genauen Voraussagen ermöglichte wie die alte geozentrische Kosmologie des Ptolemäus. Kepler konnte die Diskrepanzen schließlich klären, und im Jahre 1609 verkündete er, dass die Planetenbahnen keine Kreise seien, sondern Ellipsen. Nach Jahren zeitraubender, meist stupider Rechenarbeit hatte er sich von der fixen Idee der Kreisbahnen gelöst, wie sie Ptolemäus und auch Kopernikus hinterlassen hatten. Nun fügte sich alles ganz zwanglos ineinander: Mit dem neuen heliozentrischen Ansatz, der von allen philosophischen Vorurteilen befreit war, konnten die Planetenbewegungen nunmehr noch genauer berechnet werden als nach der ptolemäischen Methode. Das heliozentrische System war jetzt wirklich einfacher, präziser und eleganter als das geozentrische. Dies war das Totenglöcklein für die Lehren von Ptolemäus und Aristoteles – und für die Kosmologie, die die kirchlichen Lehren stützte.

Die Kirche erkannte jetzt klar die Bedrohung, die von der neuen Philosophie ausging, und jeder, der das Gedankengut des Aristoteles in Frage stellte, musste um sein Leben fürchten. Sogar Galileo Galilei, mit Papst Urban VIII. befreundet, lief Gefahr, auf dem Scheiterhaufen zu enden. In eben dem Jahr 1609, in dem Kepler sein Werk *Neue Astronomie* veröffentlichte, erfuhr Galilei, dass der holländische Brillenmacher Hans Lippershey ein Instrument erfunden hatte, mit dem man weit entfernte Gegenstände so sehen kann, als wären sie ganz nah. Galilei baute ein solches Instrument – ein Teleskop – nach und richtete es sogleich auf den Himmel. Alles, was er (wie Brahe vor ihm) sah, bewies für ihn, dass die aristotelische Kosmologie falsch war. Seine Beobachtungen und Entdeckungen widerlegten Punkt für Punkt all das, was vom aristotelischen Kosmos noch übrig war.

Als Galilei mit seinem Teleskop den Mond betrachtete, erkannte er Berge und Krater. Ein Himmelskörper, der – Aristoteles zufolge – aus einem reineren Stoff bestehen sollte als die Erde, erwies sich als ebenso narbig und zerklüftet wie die schroffsten irdischen Gebirge. Und als er die Sonne betrachtete, fand er die Sonnenflecken, die dem Ideal einer perfekten Kugel im Zentrum des Kosmos krass widersprachen. Auch auf Jupiter richtete Galilei sein Teleskop und fand prompt vier kleine Himmelskörper, die diesen Riesenplaneten umkreisen. Das war der unwiderlegbare Beweis, dass sich nicht alle Himmelskörper um die Erde drehen. Wenn diese fernen Monde den Jupiter umrunden und mit der Erde gar nichts zu tun haben, dann war es kaum vorstellbar, dass die Erde wirklich das Zentrum des Kosmos sein sollte. Beim Planeten Venus erkannte Galilei Phasen wie beim Mond, also ein regelmäßiges Ab- und Zunehmen. Diese Beobachtung entsprach völlig der kopernikanischen Theorie (Kopernikus hatte zwar geglaubt, das Fehlen der Venusphasen spräche gegen seine Theorie, dabei waren sie seinerzeit – ohne Teleskop – nur nicht zu erkennen). Dagegen war es im Rahmen der aristotelisch-ptolemäischen Kosmologie praktisch unmöglich, die Venusphasen zu erklären.

Das Teleskop war sozusagen die entscheidende Waffe der ersten kosmologischen Revolution. Galilei nutzte sie mit großem Geschick und entkräftete eine aristotelische Behauptung nach der anderen. Seine Beobachtungen überzeugten ihn davon, dass Aristoteles Unrecht und Kopernikus Recht hatte. Unglücklicherweise betrafen Galileis wissenschaftliche Untersuchungen ganz zentrale theologische Aspekte.

Im Jahre 1613 schrieb Galilei an einen seiner Schüler, einen Priester, dass die Auslegungen der Bibel irrig sein müssten, wenn sie mit den Beobachtungen der Wissenschaftler offensichtlich nicht vereinbar seien. Für Galilei waren wissenschaftliche Erkenntnisse stichhaltiger als theologische Glaubenssätze. Wenn sie einander widersprächen, dann habe die Theologie nachzugeben, nicht aber die Wissenschaft.

Dies war nun eindeutig ein Fall von Ketzerei. Vom Standpunkt der Kirche aus gesehen, versuchte Galilei, die christlichen Lehren zu verändern, indem er deren zentrale aristotelische Philosophie durch eine neue, nicht gesicherte Lehre ersetzte. Galilei war kein hl. Thomas von Aquin – er hatte kein Recht, der Kirche theologische Lehrmeinungen zu diktieren. Er war vielmehr auf dem besten Wege, Ketzer zu werden.

Kardinal Roberto Bellarmino, der Leiter der Inquisition, zitierte Galilei im Jahre 1616 zu sich nach Rom. Er machte Galilei eindringlich klar, dass die kopernikanischen Anschauungen ketzerisch seien, und befahl ihm, wie es in einem Bericht heißt, die kopernikanische Theorie »weder zu verteidigen noch daran festzuhalten«. Galilei nahm die Warnung durchaus ernst, zumal die Kirche die Ketzer immer härter verfolgte. So versammelte sich am 21. Dezember 1624, rund drei Jahre nach dem Tod von Bellarmino, in Rom eine Menschenmenge, um der Verbrennung des Leichnams eines Ketzers beizuwohnen, der drei Monate zuvor verstorben war. Selbst die Toten konnten vor den Scheiterhaufen der Gerechten nicht mehr sicher sein.

Zum Leidwesen Galileis – und zum Glück für die Nachwelt – konnte der Wissenschaftler in Galilei trotzdem nicht von seinen Überzeugungen ablassen, ungeachtet der zunehmenden Gefahr. Er wurde durch seine Beobachtungen unwiderstehlich von der neuen Kosmologie angezogen und verfasste weiterhin Schriften über die neue Sichtweise vom Himmel. Im Jahre 1633 verurteilte die Inquisition Galilei als Ketzer, und er musste feierlich abschwören.

»Wir ... urteilen und erklären, dass Sie, Galilei«, so hieß es im Urteil, »die der Heiligen und Göttlichen Schrift entgegenstehende Lehre geglaubt und vertreten [haben], dass die Sonne der Mittelpunkt der Welt ist und nicht von Osten nach Westen wandert; und dass sich die Erde bewegt und nicht das Zentrum der Welt ist; und dass eine Meinung geglaubt und verteidigt werden kann, obwohl festgestellt worden war, dass sie der Heiligen Schrift widerspricht.« Galilei hatte ja behauptet, die Wissenschaft könne die Theologen zwingen, ihre Auffassungen zu ändern statt umgekehrt. Ketzer, die gestanden und widerriefen, konnten mit dem Leben davonkommen; jene jedoch, die an ihren falschen Ideen festhielten, endeten auf dem Scheiterhaufen. Klugerweise widerrief Galilei und wurde nicht zum Tode, sondern nur zu Haft verurteilt. Als einzige Gunst gewährte es ihm Papst Urban VIII., einst sein Freund, dass Galilei nicht in einer nasskalten Zelle im Vatikan inhaftiert wurde: Er milderte die Strafe in lebenslangen Hausarrest in Galileis Villa in Arcetri bei Florenz ab.

Die Kirche war juristisch klar im Unrecht. Sie hatte einen Unschuldigen verurteilt, als sie Galilei wegen des Eintretens für wissenschaftliche Erkenntnisse bestrafte, die ihre verbohrten kosmologischen Auffassungen widerlegten. Dennoch behielt sie jahrhundertelang ihre Position bei. Im Jahre 1930 wurde Kardinal Bellarmino von Papst Pius XI. heilig gesprochen.

Noch in unseren Tagen müht sich die römisch-katholische Kirche mit ihrer Vergangenheit ab – allerdings nicht sehr erfolgreich. 1992 drückte Papst Johannes Paul II. das Bedauern darüber aus, dass die Vorgänge um Galilei einen »Mythos« gebildet hätten und »der Fall Galilei zum Symbol für die angebliche Ablehnung des wissenschaftlichen Fortschritts durch die Kirche« geworden sei, obwohl es nur ein »tragisches gegenseitiges Unverständnis« zwischen Galilei und der Kirche gegeben habe. Es seien Fehler gemacht worden. Doch nach Ansicht des Vatikans war nicht nur die Kirche im Irrtum gewesen. Im selben Jahr 1992 verteidigte Kardinal Paul Poupard die Inquisitoren, indem er erklärte, Galileis Argumentation sei nicht völlig schlüssig gewesen: »Galilei konnte ... die Bewegung der Erde nicht unwiderlegbar beweisen. Es hatte ja noch über 150 Jahre gedauert, bis [um 1800] die optischen und mechanischen Beweise für die Bewegung der Erde erbracht werden konnten.« Galilei, so der Vatikan, treffe also auch eine gewisse Schuld, weil er seine Belange nicht überzeugend genug vertreten konnte.

Gleichwohl ist es offensichtlich, dass die Kirche im Irrtum befangen war. Sie hatte sich an eine unhaltbare Kosmologie geklammert. Galilei hatte Recht; Aristoteles hatte Unrecht. Nachdem Isaac Newton die Gesetze der Gravitation und der Bewegung aufgestellt hatte, konnten die Mathematiker und Physiker nicht nur die Kepler'schen Gesetze bestätigen, sondern die Bewegungen im Sonnensystem mit lediglich zwei einfachen Gleichungen beschreiben. Sie mussten nur die Massen der Planeten und der Sonne sowie deren Positionen und Geschwindigkeiten zu einem bestimmten Zeitpunkt einsetzen – und schon konnten sie präzise berechnen, wo jeder Planet zu einem späteren Zeitpunkt am Himmel zu finden ist.

Zwar hatte die Inquisition über Galilei juristisch triumphiert, doch die erste kosmologische Revolution hatte die zwei Jahrtausende alten philosophischen und theologischen Lehren verworfen und sie durch wissenschaftliche Methoden ersetzt. Zum großen Verdruss der Kirchenführung mussten die theologischen Lehrsätze angepasst werden, als wissenschaftliche Erkenntnisse ihnen widersprachen. Erst 1822 strich die katholische Kirche die Hauptwerke der ersten kosmologischen Revolution aus dem Index der verbotenen Schriften: Kopernikus' *De Revolutionibus Orbium Coelestium* (Über die Kreisbewegungen der Himmelskörper), Keplers *Neue Astronomie* und Galileis *Dialogo sopra i due massimi sistemi* (Dialog über die zwei hauptsächlichen Weltsysteme). Die Kirche akzeptierte schließlich die neue Kosmologie, die den Nussschalen-Kosmos zertrümmert hatte. Nun begannen sogar Geistliche, den Kosmos zu erforschen – und gründeten dazu eine eigene Sternwarte!

Im Observatorium des Vatikans, das von Jesuiten betrieben wird, arbeitet man nun genau nach den wissenschaftlichen Methoden, die die Kleriker – nicht zuletzt die Jesuiten – einst bekämpft hatten. Der derzeitige Direktor des vatikanischen Observatoriums, Pater George Coyne SJ, kam zufällig vorbei, als ich die zu Beginn dieses Kapitels erwähnten Porträts von Galilei und Bellarmino im Vatikan betrachtete. Er wies mich auf ein drittes Porträt an derselben Wand hin, das ebenfalls mit Lorbeer und den Schlüsseln zum Himmel verziert ist. Es zeigt den Kardinal Baronius, dessen berühmten Ausspruch Galilei vergeblich zu seiner Verteidigung angeführt hatte: »Die Heilige Schrift lehrt uns, wie wir in den Himmel kommen, und nicht, was am Himmel vor sich geht.«

Anmerkungen

1 Thomas von Aquin folgerte mit Hilfe der aristotelischen Philosophie,
   dass sich zwei Engel nicht gleichzeitig an derselben Stelle befinden können (das ist sozusagen das mittelalterliche Gegenstück zum Paulischen
   Ausschließungsprinzip, das 1925 aufgestellt wurde). Die Engel auf dem
   Stecknadelkopf wurden später geradezu sprichwörtlich für die Lebens-
   ferne der Scholastik.
2 Erst später wurde die Bezeichnung *Naturphilosoph* durch *Naturwissenschaftler* ersetzt.

KAPITEL 3

Die zweite kosmologische Revolution
[Hubble und der Urknall]

Das Universum, so wurde früher schon einmal bemerkt, ist verwirrend groß, was um eines friedlichen und stillen Lebens willen die meisten Leute gern ignorieren. Viele würden mit Freuden irgendwohin umziehen, wo es nach ihren Vorstellungen zuginge und viel kleiner wäre, und das ist es, was die meisten Wesen tatsächlich tun.

Douglas Adams, *Das Restaurant am Ende des Universums**

Der Kosmos, wie ihn Kopernikus, Kepler und Galilei neu beschrieben hatten, war weitaus riesiger als der aristotelische Kosmos, aber auch viel beängstigender. Die Erde stand nicht mehr im Zentrum; sie war nur noch eine von vielen Welten, und in diesen wimmelte es womöglich von glotzäugigen Bestien. Nach unseren heutigen Maßstäben war Galileis Kosmos allerdings immer noch ausgesprochen klein.

Drei Jahrhunderte nach Galilei setzte die zweite kosmologische Revolution ein und zwang die Wissenschaftler zu akzeptieren, wie überwältigend groß der Kosmos ist. Neue Beobachtungen aus den 1920er Jahren machten deutlich, dass ihr altes Modell des Kosmos oder des »Universums« nur einen Bruchteil der Abermillionen von Galaxien umfasste, die das Weltall tatsächlich beherbergt. Es war sehr beunruhigend zu erkennen, wie unbedeutend unser Planet angesichts der unvorstellbaren Weite des Raums wirklich ist.[1]

So verschwindend klein die Erde, die Sonne und sogar die Milchstraße im Vergleich zur Weite des Universums auch sind – das Schockierendste bei der zweiten kosmologischen Revolution war nicht die

---

* Douglas Adams: *Das Restaurant am Ende des Universums*, München 1982, S. 66.

schiere Größe des Universums. Vielmehr war es die gleichzeitig ge-
wonnene Erkenntnis, dass es instabil ist. Die Kosmologen stellten
nämlich fest, dass das Universum nicht ewig und unveränderlich ist,
sondern endlich. Es wurde geboren, und es wird sterben.

Die zweite kosmologische Revolution zwang die Wissenschaftler
also, sich damit auseinander zu setzen, dass das Universum einst entstanden war und dereinst auch wieder vergehen wird. Dies war eine
so unbehagliche Vorstellung, dass einige Physiker nach einem Ausweg suchten, der keinen Untergang des Universums umfasste. Sogar
der eher nüchterne Albert Einstein fürchtete geradezu, »im Tollhaus
zu enden«, als er verzweifelt versuchte, den drohenden Tod des Kosmos aus dem theoretischen Gedankengebäude zu verbannen. Einstein
nahm dieses Risiko auf sich, weil er wusste, dass die zweite kosmologische Revolution die Astronomen zwingen würde, direkt ins Antlitz der Schöpfung zu blicken.

Die erste kosmologische Revolution hatte die aristotelische, wohl ge-
ordnete kleine Nussschale zerbrochen und den Wissenschaftlern eine
mächtige neue Theorie des Kosmos in die Hand gegeben. Sie ging
einher mit der Anwendung eines neuen astronomischen Werkzeugs,
des Teleskops. Galilei hätte die Unvollkommenheiten des Himmelsgewölbes ohne die in einem unscheinbaren Rohr montierten Linsen
niemals erkannt. In den Jahrzehnten nach Galileis Tod konnten die
Astronomen die Vergrößerung und auch die optische Qualität ihrer
Teleskope deutlich steigern. Doch es sollte noch 300 Jahre dauern,
bis neuartige Teleskope so leistungsfähig waren, dass ein weiteres
intellektuelles Feuerwerk entfacht werden konnte.

Natürlich verstrichen die drei Jahrhunderte keineswegs unge-
nutzt. Physik und Astronomie blühten auf und veränderten die Sichtweise der Naturwissenschaftler von den Vorgängen im Universum.
Newton glaubte, wie Aristoteles, dass sich das Licht augenblicklich
ausbreitet, also keine Zeit benötigt, um von der Sonne oder den Sternen zur Erde zu gelangen. Im Jahre 1676 bewies der dänische Astronom Ole Römer, dass diese Annahme falsch ist. Er konnte zeigen,

dass sich das Licht mit einer endlichen Geschwindigkeit ausbreitet, und ermittelte auch schon einen recht genauen Wert. Dazu wandte er das Newtonsche Gravitationsgesetz auf den Jupiter und seine vier großen Monde an. Als er mit Hilfe seines Teleskops die Zeitpunkte bestimmte, zu denen diese winzigen Lichtpunkte jeweils hinter Jupiter verschwanden, bemerkte er geringe Abweichungen von der berechneten Regelmäßigkeit. Weiterhin fiel ihm auf, dass die Differenzen größer wurden, je weiter sich die Erde vom Jupiter entfernte. Römer erkannte schließlich, dass die Diskrepanzen zwischen Berechnung und Beobachtung nicht auf falschen Annahmen beruhten, sondern darauf, dass das Licht für die enorme Entfernung zwischen Jupiter und Erde etliche Minuten benötigt.[2]

In den 300 Jahren nach Galileis bahnbrechenden Entdeckungen wurde der Himmel immer intensiver erforscht. So wie die Landvermesser auf der Erde die Formen und Größen der Kontinente ermittelten, bestimmten die Astronomen die Entfernungen zu den Planeten und den Sternen. Anders als die Geographen können die Astronomen ihre Messobjekte natürlich nicht aufsuchen, um die Abstände präzise zu messen, sondern sind auf gewisse Hilfsmittel angewiesen. Lange Zeit stand ihnen nur die Parallaxenmethode zur Verfügung.

Die Parallaxe erscheint schwer verständlich, dabei haben wir sie direkt vor der Nase – und das ist ganz wörtlich gemeint. Schauen Sie einmal auf einen entfernten Gegenstand und halten Sie dabei einen Zeigefinger nahe vor die Nasenspitze. Schließen Sie nun das linke Auge und halten Sie das rechte offen. Wechseln Sie nach einer Weile die Seite; jetzt blicken Sie nur mit dem linken Auge über den Zeigefinger hinweg auf den Gegenstand. Wiederholen Sie diesen Wechsel mehrmals. Jedes Mal scheint Ihr Finger seitlich hin- und herzuspringen. Dieser Effekt rührt von der Parallaxe her; sie ist im vorliegenden Fall der Winkelunterschied bei der Betrachtung durch das eine beziehungsweise das andere Auge. Jetzt halten Sie den Arm ausgestreckt, so dass der Zeigefinger eine Armlänge von den Augen entfernt ist. Wieder schauen Sie abwechselnd mit nur einem Auge auf denselben Gegenstand wie zuvor. Nun springt der Finger weniger weit hin und

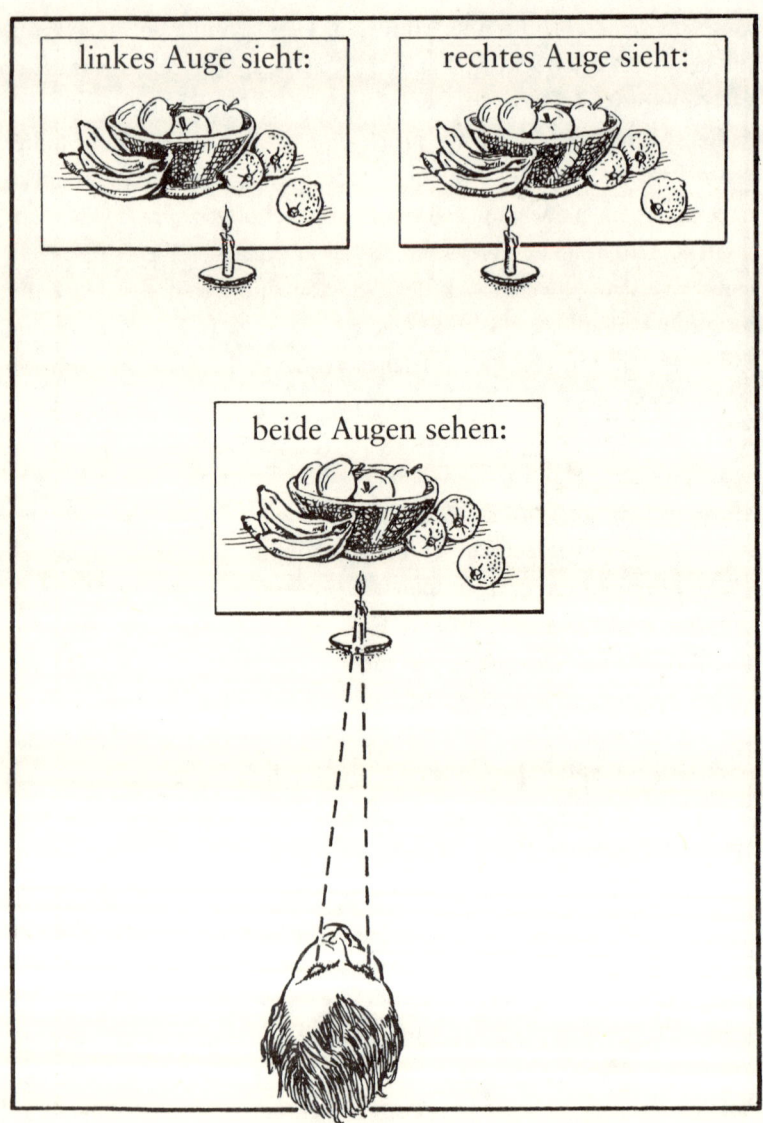

Die Parallaxe

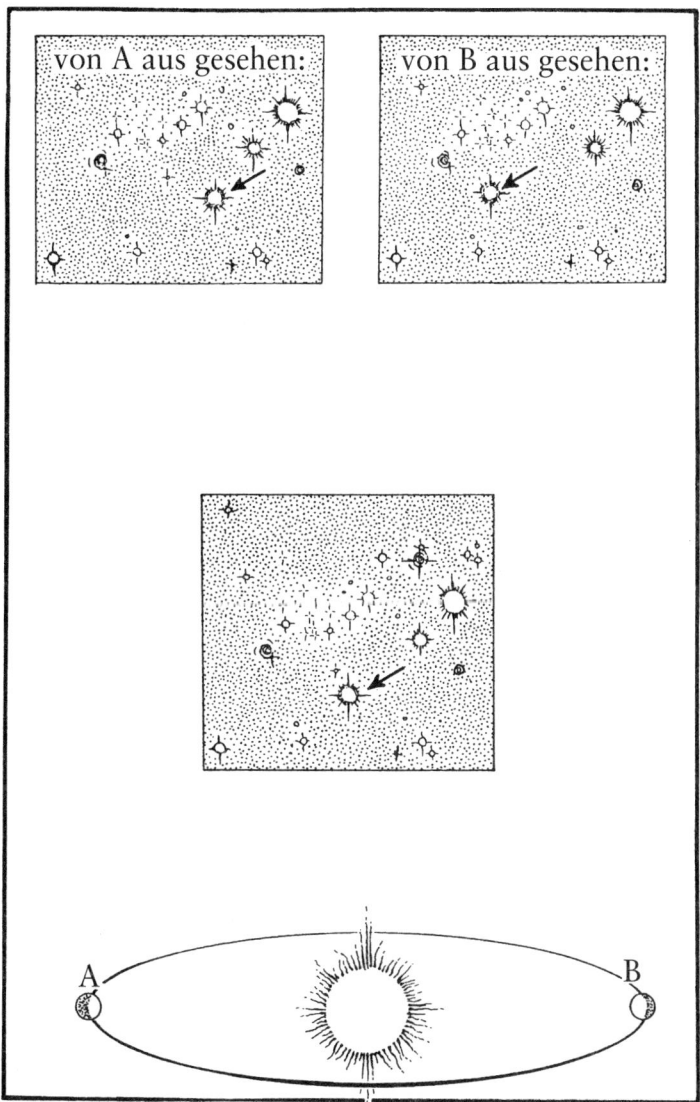

Die Parallaxe in der Astronomie

her. Je weiter Ihr Finger von den Augen entfernt ist, desto geringer ist der Unterschied.

Die Parallaxe beruht darauf, dass die Augen einen bestimmten Abstand voneinander haben. Dadurch entsteht in jedem Auge ein etwas anderes Bild eines bestimmten Objekts. Die Perspektiven beider Augen sind stets unterschiedlich, und zwar umso stärker, je näher das Objekt ist. Wenn Ihr rechtes Auge einen Finger an der Nasenspitze sieht, dann liegt dieser ganz links im Bild. Dagegen ist er für das linke Auge ganz rechts im Bild. Wenn Sie die Augen abwechselnd öffnen, sehen Sie – wie eben beschrieben – den Wechsel der Perspektive. Nur bei sehr weit entfernten Gegenständen ist der Unterschied der Perspektiven beider Augen praktisch vernachlässigbar.

Normalerweise ist es nachteilig, wenn ein Teil unseres Gehirns andere Informationen erhält als ein anderer. Bei der Parallaxe dagegen macht sich das Gehirn die Abweichungen sogar zu Nutze. Daraus, wie stark sich die beiden Bilder unterscheiden, kann es nämlich abschätzen, wie weit der Finger von den Augen entfernt ist. Ein großer Unterschied der Bilder bedeutet eine geringe Entfernung und umgekehrt. Die geometrische Größe, auf die es hier ankommt, ist der Abstand der Augen voneinander. Bei der Parallaxe spricht man dabei von der Basis; je größer sie ist, desto genauer kann man große Entfernungen bestimmen.

Auch in der Astronomie lässt sich die Parallaxe ausnutzen. Hier erzielt man eine ausreichend große Basis beispielsweise, wenn man das eine Bild vom Sternenhimmel sechs Monate später aufnimmt als das andere. Dann befindet sich die Erde genau am entgegengesetzten Punkt ihrer Umlaufbahn um die Sonne, wie in der Abbildung soeben gezeigt. Die Basis ist dann gleich dem Durchmesser der Erdbahn um die Sonne, also rund 300 Millionen Kilometer lang. Im frühen neunzehnten Jahrhundert nutzte der Mathematiker und Astronom Friedrich Bessel erstmals diese Parallaxe und ermittelte die Entfernung zum Stern 61 Cygni im Sternbild Schwan (*Cygnus*) auf etwa zehn Lichtjahre.

Leider konnte Bessel – wie auch andere nach ihm – diese Methode bei den meisten Himmelskörpern nicht anwenden. Selbst der Durchmesser der Erdbahn ist nämlich so klein, dass sich mit ihm als Parallaxenbasis nur bei den nächstgelegenen Sternen brauchbare Werte für die Entfernungen ergeben. Daher vermaßen die Astronomen zunächst unsere Nachbarschaft im Universum, also die Abstände der Erde von den Planeten, der Sonne und einigen hundert relativ nahe gelegenen Sternen. Sie fanden dabei heraus, dass der helle Streifen am Nachthimmel, die Milchstraße, in Wirklichkeit eine gewaltige scheibenförmige Ansammlung von Sternen ist. Sie vermuteten auch – durchaus zutreffend, wie man heute weiß –, dass sich die Erde innerhalb dieser Scheibe befindet. Dagegen erwies es sich als unmöglich, die Entfernungen zu etlichen mysteriösen, leuchtenden »Nebeln« zu bestimmen, die am Himmel verstreut sind.

In den Jahren vor der Französischen Revolution stellte der Astronom und »Kometenjäger« Charles Messier einen Katalog von Objekten auf, die leicht mit Kometen zu verwechseln sind. Sein Verzeichnis leuchtender Wolken und Spiralen sowie anderer nebelähnlicher Objekte war für ihn nur ein Hilfsmittel, um die wirklichen Kometen leichter davon zu unterscheiden. Aber für andere Astronomen waren Messiers Objekte – und ähnliche, von anderen Astronomen gefundene Nebel – sehr rätselhaft. Was waren diese mysteriösen Gebilde? Waren sie der Erde relativ nahe Wolken leuchtender Gase, oder waren sie etwa sehr weit entfernte Ansammlungen von Sternen?

Die Astronomen stritten sich heftig und veröffentlichten zahllose Artikel in wissenschaftlichen Zeitschriften, ohne allerdings zu einem Ergebnis zu kommen. Es gelang niemandem, die Entfernung zu einem dieser Nebel zu messen (die Parallaxenmethode versagt ja bei sehr großen Entfernungen), so dass keines ihrer Argumente stichhaltig war. Der Streit erreichte am Abend des 26. April 1920 einen Höhepunkt, als sich die Astronomen Harlow Shapley und Heber Curtis vor der National Academy of Sciences in Washington äußerten. Shapley erklärte, die Nebel seien nahe gelegene Gaswolken. Dagegen behauptete Curtis, es handle sich um entfernte Galaxien mit sehr vielen Sternen, ähnlich der Milchstraße. Aber die »Große Debatte«, wie die Auseinandersetzung meist bezeichnet wurde, war nicht nur ein Streit über Gaswolken. Sie war vielmehr ein Streit über die Ausdehnung des Universums.

Shapleys Kosmos unterschied sich kaum von dem Kosmos, wie Kepler ihn aufgefasst hatte. Darin umkreiste die Erde, ein unbedeutender Materieklumpen, unsere Sonne, und diese war Teil der Milchstraße, die das ganze bekannte Universum umfasste. Shapleys Kosmos war also vollständig in einer flachen Scheibe mit Sternen enthalten, auch unser Sonnensystem. Diese Sicht war sehr viel umfassender als die aristotelische Nussschalen-Kosmologie, und doch war der neue Kosmos mit einer Ausdehnung von nur einigen zehntausend Lichtjahren recht klein. Curtis' Kosmos dagegen war ungleich größer. In ihm umfasste die Milchstraße nicht den gesamten Kosmos, sondern war lediglich ein leuchtendes Feuerrad – und zwar nur eines unter Abertausenden ähnlicher Gebilde. Für Curtis war das Universum voller unzähliger Galaxien, jede so großartig wie die Milchstraße. Seine Ausdehnung müsste demnach mindestens einige Millionen, wenn nicht gar Milliarden Lichtjahre betragen. Selbst eine unendliche Größe war nicht ausgeschlossen.

In gewissem Sinne war der Streit zwischen Shapley und Curtis so sinnlos wie eine Debatte über Engel auf Stecknadelköpfen. Im Jahre 1920 ließ sich diese Frage durch Messungen nicht klären. Schließlich war es unmöglich, die Entfernungen zu jenen geheimnisvollen Nebeln zu bestimmen. Als die Debatte einschlief und das Publikum sich nach und nach davonschlich, wusste niemand zu sagen, ob Shapley oder Curtis obsiegt hatte. Jeder der beiden hätte Recht haben können: Das Universum konnte unvorstellbar weit ausgedehnt sein, aber ebenso gut auch nur ein ziemlich kleiner Sternenhaufen. Gegen Ende der 1920er Jahre trat mit Edwin Hubble dann aber ein junger Astronom auf den Plan, der die Frage ein für alle Mal klären sollte. Er stellte seine Messungen am großen Teleskop auf dem Mount Wilson bei Pasadena in Kalifornien an. Seine Entdeckungen waren zwei Paukenschläge, die die Kosmologen aufrüttelten. Sie zwangen die Wissenschaftler, sich mit der Unermesslichkeit des Universums zu befassen und einen Blick auf den Moment der Schöpfung zu werfen. Hubble setzte eine zweite kosmologische Revolution in Gang, die die Vorstellung von einem behaglichen kleinen Universum hinwegfegte.

Das wichtigste Werkzeug, mit dem Hubble die kosmologische Umwälzung einleiten sollte, wurde am 1. Juli 1917 errichtet. An jenem Tag wurde auf dem Mount Wilson ein riesiger Glasspiegel mit einem Durchmesser von rund 2,5 Metern angeliefert. Dieser viereinhalb Tonnen schwere Spiegel wurde zum Herzstück des damals weltweit größten Teleskops.

Ein Teleskop nimmt, im Prinzip wie unser Auge, Licht auf und entwirft ein Bild des betrachteten Objekts. Wenn man bei Nacht in den Himmel schaut und einen entfernten Stern funkeln sieht, dann erfährt das Auge vom Gehirn, dass es ein paar Photonen (»Lichtteilchen«) von diesem Stern erfasst hat. Die Augenlinse konzentriert die Lichtstrahlen so, dass sie sich in einem Punkt der Netzhaut im Augenhintergrund treffen. Hier nehmen bestimmte Rezeptorzellen, in diesem Fall die Stäbchen, den Sinnesreiz auf und leiten ihn über den Sehnerv an das Gehirn weiter. Dieses interpretiert den Reiz schließlich als Lichtpunkt. Wie alle optischen Instrumente ist auch das Auge nicht vollkommen, sondern unterliegt bestimmten Beschränkungen. Wir sehen bei weitem nicht alle Sterne am Himmel, nicht einmal die meisten, weil unser Auge nicht empfindlich genug ist. Nur das Licht der hellsten Sterne kann in den Stäbchen der Netzhaut einen Sinnesreiz auslösen. Ein Teleskop hingegen nimmt wegen seines großen Durchmessers viel mehr Licht auf, so dass mit ihm weitaus mehr Sterne zu erkennen sind als mit bloßem Auge.

Als Galilei im siebzehnten Jahrhundert eines der ersten Teleskope auf den Nachthimmel richtete, sammelte das Instrument so viel Licht aus einem winzigen Himmelsbereich, dass er als erster Mensch die vier winzigen Lichtflecke sehen konnte, die den Jupiter umrunden. Als er aber mit dem Teleskop die Sonne betrachtete, schädigte das gebündelte Licht seine Netzhaut, so dass er allmählich erblindete.

Im Laufe der Zeit konnte man immer größere und bessere Linsen und Spiegel anfertigen und den Astronomen daher leistungsfähigere Teleskope zur Verfügung stellen. Mit ihnen wurden immer feinere Details der Himmelskörper entdeckt. Beispielsweise fand der Franzose Charles Messier im Jahre 1763 am Nachthimmel einen verschwommenen Fleck, dem er die Nummer dreizehn gab; daher wird er heute in den Verzeichnissen als Objekt M13 geführt. Messier beschrieb ihn in seinem Tagebuch als »Nebelfleck ohne Stern, entdeckt im Gürtel des Herkules; er ist rund und glänzend, in der Mitte heller als am Rand«. In seinem Teleskop, das einen Durchmesser von ungefähr 20 Zentimetern hatte, sah Messier M13 als leuchtende Wolke, jedoch ohne jeglichen hellen Fleck darin. Deshalb sprach er von einem sternenlosen Nebel. Einige Jahrzehnte später allerdings, 1833, erklärte der britische Astronom John Herschel, dass dieser Nebel ein »gewaltiger Haufen von Sternen« sei, in dem es »Tausende von Sternen« geben müsse. Mit seinem besseren Teleskop sah Herschel also, dass Messiers »sternenloser« verschwommener Fleck tatsächlich eine Ansammlung sehr vieler Sterne ist, die Messier mit seinem kleineren Teleskop nur nicht hatte erkennen können. Je größer die Teleskope wurden, desto besser konnte man in ihnen weit entfernte Objekte einzeln ausmachen, und desto mehr Erkenntnisse konnten die Astronomen über sie gewinnen.[3]

Gegen Ende des Ersten Weltkriegs war das Teleskop auf dem Mount Wilson mit seinem 2,5-Meter-Spiegel das leistungsfähigste Teleskop der Welt. Mit seinen hier vorgenommenen Beobachtungen konnte der junge Astronom Edwin Hubble im Jahre 1919 endlich die Frage klären, wie weit die verschwommenen Nebel von der Erde entfernt sind. Das war nicht leicht, denn die Parallaxenmethode war nicht anwendbar, weil die Entfernungen zu groß sind. Zum Glück fand Hubble eine andere Methode.

Stellen Sie sich vor, Sie wollen herausfinden, wie weit ein großer Obelisk von Ihnen entfernt ist. Alle Obelisken haben eine ähnliche Form (eine sich leicht verjüngende vierkantige Säule, die in einer Pyramide endet), ob sie nun so klein sind wie Kleopatras Nadel in

London oder so riesig wie die am Denkmal von George Washington in der US-amerikanischen Bundeshauptstadt. Auf einem Foto, das einen Obelisken ohne Hintergrund zeigt, haben Sie keinen Größenvergleich: Sie können dann nicht feststellen, aus welchem Abstand das Bild aufgenommen wurde oder wie groß der Obelisk in Wirklichkeit ist. Wenn aber auf dem Foto eine Person neben dem Obelisken steht, dann können Sie Größe und Entfernung abschätzen, da wir Menschen alle ungefähr gleich groß sind. Wenn die aufgenommene Person im Vergleich zum Obelisken sehr klein ist, muss dieser sehr groß und auch weit entfernt sein. Ist die Person jedoch größer als der Obelisk, dann ist er relativ klein, und der Fotograf war beim Aufnehmen nicht weit von ihm entfernt. Beim Betrachten des Bildes nutzen Sie – eher unbewusst – die Größe der Person als Maßstab, mit dem Sie die Größe des Obelisken und den Abstand abschätzen, aus dem die Aufnahme entstand. In der Astronomie spricht man dabei von einer *Standardlänge*.

Hätte Hubble in einem jener mysteriösen Nebel eine Standardlänge gefunden, so hätte er dessen Entfernung von der Erde bestimmen können. Leider war das nicht der Fall. (Standardlängen spielen erst seit kurzer Zeit in der Kosmologie eine Rolle. Doch um 1920 konnten die Astronomen die Größe sehr weit entfernter Objekte noch nicht ermitteln.) Dafür fand Hubble etwas ebenso Brauchbares: eine Standardlichtquelle. Wie eine Standardlänge ein Objekt bekannter Größe ist, so ist eine Standardlichtquelle ein Objekt bekannter Helligkeit, mit deren Hilfe sich die Entfernung auf analoge Weise bestimmen lässt. (Unser Sehsinn kann Helligkeiten bei weitem nicht so gut einschätzen wie Größen, so dass Standardlichtquellen im Alltag kaum eine Rolle spielen. Mit fotografischen Filmen oder Platten oder mit deren elektronischem Gegenstück, dem CCD-Chip, können die Astronomen indes auch Helligkeiten beziehungsweise Lichtstärken mit hoher Genauigkeit ermitteln.)

Wenn Sie einem Freund bei Dunkelheit eine Taschenlampe geben und er damit von Ihnen weggeht, so erscheint Ihnen deren Licht mit zunehmender Entfernung immer schwächer. Wenn Sie sich gemerkt

Standardlänge und Standardlichtquelle

haben, wie hell Ihnen die Taschenlampe in geringem Abstand erschien, können Sie abschätzen, wie weit Ihr Freund schon von Ihnen entfernt ist: je schwächer der Lichtschein, desto größer der Abstand. Wenn nun eine Person bei Dunkelheit neben einem Obelisken steht und eine Taschenlampe mit bekannter Strahlkraft in der Hand hält, dann haben Sie eine zweite Methode, Ihre Entfernung vom Obelisken zu beurteilen, nämlich mit Hilfe der *Standardlichtquelle* oder auch *Standardkerze*.

Zu Hubbles Zeit, vor gut acht Jahrzehnten, kannten die Astronomen schon eine Standardkerze, nämlich eine Klasse von Sternen, die man als Cepheiden bezeichnet. Diese Sterne haben eine besondere Eigenschaft: Sie werden dunkler, danach heller, dann wieder dunkler, erneut heller – in einem immer wiederkehrenden Ablauf. Daher heißen die Cepheiden auch »Veränderliche«. Was die scheinbar »launischen« Cepheiden so nützlich macht, ist der Umstand, dass ihre Helligkeit mit der Geschwindigkeit ihrer Helligkeitsschwankung zusammenhängt. Wenn man misst, in welcher Zeit ein Cepheiden-Stern von Hell nach Dunkel und wieder nach Hell wechselt, kann man berechnen, wie hell er bei seiner maximalen Leuchtstärke ist. Als ein Objekt bekannter Helligkeit kann eine Cepheiden-Veränderliche daher als Standardkerze dienen, und man kann daraus ableiten, wie weit sie entfernt ist.

Die Astronomen bestimmten nun die Entfernungen zu einigen recht nahe gelegenen Cepheiden; der entscheidende Durchbruch gelang jedoch am frühen Morgen des 6. Oktober 1923. Der 2,5-Meter-Spiegel des Teleskops auf dem Mount Wilson war auf den »Andromeda-Nebel« gerichtet, das Paradebeispiel für die verschwommenen Flecke, die so viele Fragen aufgeworfen hatten. Auf den fotografischen Aufnahmen dieses Nebelflecks bemerkten die Forscher etwas, das sie noch nie zuvor gesehen hatten: Ein Stern war heller und daraufhin dunkler geworden … und dann wieder heller. Hubble glaubte zuerst an eine Nova, eine helle Sternexplosion, die aufflackerte und wieder schwächer wurde. Aber eine Nova wird danach nicht wieder heller. Hubble strich also seine Anmerkung »N« für »Nova«

auf den Fotoplatten und schrieb stattdessen: »VAR!« für »Variabler Stern«. Das Objekt war keine Nova, sondern eine Cepheiden-Veränderliche im Andromeda-Nebel.

Hubble hatte hiermit eine Standardkerze gefunden und konnte sie nutzen, um die Entfernung zu jener leuchtenden Wolke zu bestimmen. Seine Berechnungen ergaben, dass der Stern Hunderttausende von Lichtjahren entfernt ist (also so weit, dass das Licht auf der Fotoplatte Hunderttausende von Jahren alt war, als es die Erde erreichte). Diese Entfernung liegt weit, sehr weit jenseits unserer Galaxis, der Milchstraße. Damit war klar, dass der Andromeda-Nebel eindeutig keine Materieansammlung in der Milchstraße ist, sondern eine eigene Galaxie, womöglich so ausgedehnt wie die Milchstraße. Hubble fand im Andromeda-Nebel noch mehr Cepheiden und konnte sein Ergebnis bestätigen: Es handelt sich also um eine eigene Galaxie, Hunderttausende von Lichtjahren von uns entfernt.[4] (Das Objekt musste daher von »Andromeda-Nebel« in »Andromeda-Galaxie« umbenannt werden.)

Hubble richtete das Teleskop natürlich auch auf andere nebel- oder wirbelartige Scheiben, und zu seiner großen Freude fand er auch in ihnen Cepheiden-Sterne. Wie sich später herausstellte, ist Andromeda trotz der enormen Entfernung die uns am nächsten liegende von unzählig vielen Galaxien. Jeder dieser spiralförmigen Nebel ist eine vollständige Galaxie und noch viel weiter entfernt, als die Kosmologen angenommen hatten. Die »Große Debatte« war zu Ende, Curtis war im Recht gewesen. Die Milchstraße ist nur eine ganz kleine Insel im riesigen Ozean des Weltalls. Shapleys Vorstellung von einem winzigen Ein-Galaxien-Kosmos war schlichtweg falsch. Das Universum musste also nicht nur einige zehntausend, sondern Millionen (und mehr) Lichtjahre groß sein. Es enthält neben anderen Sonnen als der unseren auch andere Galaxien, gewaltige Ansammlungen von Sonnen.

Hubbles Kosmos war ein erschreckend leeres Gebilde, durchsetzt nur von einzelnen kleinen Oasen aus Sternen. Diese Erkenntnis war zweifellos bahnbrechend, und doch war sie Hubbles weniger bedeutende Entdeckung. Durch seine Entfernungsmessungen wurde den Kosmologen klar, wie gewaltig die Ausmaße des Universums sind. Aber schon bald, im Jahre 1929, zwang er sie, über die Geburt des Universums nachzudenken – und über dessen Tod.

Die zweite von Hubbles entscheidenden Entdeckungen beruht auf den »Fingerabdrücken« der Sterne. Alle Sterne (nicht nur die in Hollywood) sind im Grunde nichts als heiße Luft. Ein sehr heißes Gas strahlt Licht aus, und zwar mit ganz bestimmten Farben. So ist das Licht einer Natriumdampflampe gelb, während eine mit Neon gefüllte Entladungslampe rot leuchtet. Mit einem Prisma lässt sich das Licht der Gase in seine Komponenten zerlegen, wobei sich mehr oder weniger viele verschiedenfarbige Linien (die so genannten Spektrallinien) ergeben. Jedes Gas, sei es Natriumdampf, Neon, Wasserstoff oder Helium, hat ein eigenes Muster von Spektrallinien, das für die betreffende Substanz so charakteristisch ist wie ein Fingerabdruck für einen Menschen. Daher können die Astronomen den Spektrallinien eines Sterns entnehmen, welche chemischen Elemente zu seiner Strahlung beitragen (und in welchen Mengenverhältnissen sie vorliegen).

Hubble untersuchte natürlich die Spektrallinien, also die chemischen »Fingerabdrücke« verschiedener Galaxien etwas genauer. Dabei konzentrierte er sich auf die Spektrallinien des Wasserstoffs, des mit Abstand häufigsten Elements im Universum. Seltsamerweise befanden sich seine Linien nicht an den erwarteten Stellen. Zwar waren ihre Abstandsverhältnisse so groß wie sonst auch, aber ihre Farben beziehungsweise Wellenlängen waren sämtlich ein wenig zum roten Ende des Spektrums hin verschoben. Die Astronomen hatten diese Verschiebungen schon früher bemerkt, aber erst Hubble fand ihre Ursache. Sie liegt in der so genannten Rotverschiebung, die vom Doppler-Effekt herrührt – vom gleichen Phänomen, das die Polizei ausnutzt, um zu schnelle Autofahrer zu erwischen.

Wie sich der Doppler-Effekt auswirkt, kann man beispielsweise hören, wenn ein Eisenbahnzug vorbeifährt und der Lokführer dabei die Pfeife betätigt. Sobald der Zug vorbeifährt, wird der Ton der

Pfeife deutlich tiefer. Während des Herannahens werden die ankommenden Schallwellen sozusagen zusammengedrückt. Daher kommen pro Sekunde mehr Wellenberge an, als wenn der Zug steht. Die Frequenz ist also höher, und man hört einen höheren Ton. Während sich der Zug entfernt, werden die Schallwellen gedehnt, und es kommen weniger Wellenberge an. Nun ist die Frequenz und damit der Ton tiefer. Dieses Stauchen oder Dehnen von Wellen bezeichnet man nach seinem Entdecker, dem österreichischen Physiker Christian Doppler, als Doppler-Effekt. Bei einer Radarkontrolle wird ein Radarstrahl, der eine bestimmte Frequenz hat, auf das herannahende Auto gerichtet. Das Gerät empfängt den vom Auto reflektierten Radarstrahl, misst dessen Frequenz und errechnet aus dem Frequenzunterschied die Geschwindigkeit des Autos. Ist sie zu hoch, dann setzt es einen Bußgeldbescheid. – Wissenschaft kann ja so praktisch sein!

Wie das Beispiel der Radarkontrolle zeigt, tritt der Doppler-Effekt nicht nur bei Schallwellen auf, sondern ebenso bei elektromagnetischen Wellen. Allerdings ändern sich beim Licht und beim Schall unterschiedliche Dinge: Bei Schallwellen führt die Verschiebung der Frequenz zu einer veränderten Tonhöhe: je höher die Frequenz, desto höher der Ton. Beim sichtbaren Licht dagegen kommt es zu einer Farbänderung: Je höher die Frequenz von Lichtwellen wird, desto stärker verschiebt sich die Farbe zum Violetten hin, und je geringer sie wird, desto roter wird das Licht. Bei einem wegfahrenden Eisenbahnzug hört man daher einen tieferen Ton der Pfeife, und bei einem Stern, der sich von der Erde entfernt, wird die Farbe zum Roten hin verschoben.

Hubble stellte also fest, dass die »Fingerabdrücke« oder Spektrallinien der Galaxien zum Roten hin verschoben sind. Offenbar bewegen sie sich also von der Erde weg.[5] Zu Hubbles Überraschung trifft das auf *alle* Galaxien zu, deren Rotverschiebung er messen konnte. Und schlimmer noch: Je weiter eine Galaxie von uns entfernt ist, desto schneller strebt sie von uns weg. Das Universum fliegt auseinander! Das war ein geradezu schockierender Befund; er läutete das erste Gefecht der zweiten kosmologischen Revolution ein, denn er wider-

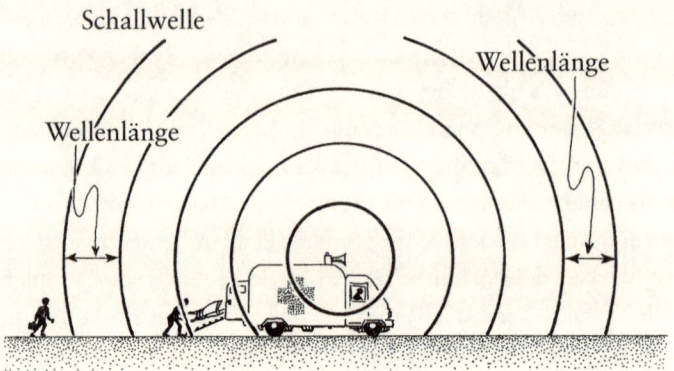

ruhender Sender

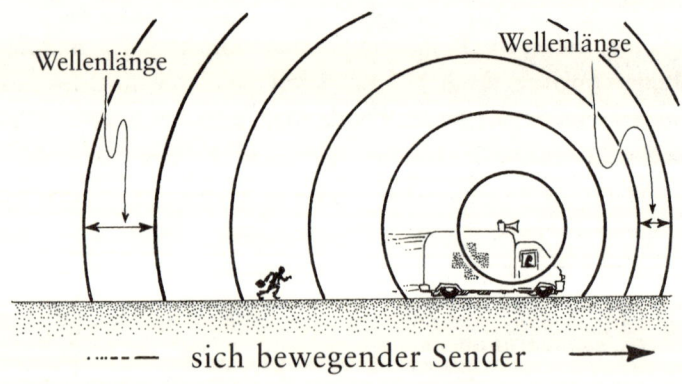

⋯—⋯— sich bewegender Sender ⟶

Der Doppler-Effekt

sprach eklatant der Vorstellung von einem ewigen, unveränderlichen Universum.

Wie ließ sich nun das seltsame Verhalten der Galaxien erklären? Die moderne Kosmologie hat darauf folgende Antwort: Stellen Sie sich das Universum als einen nicht prall aufgeblasenen gepunkteten Luftballon vor. Die Punkte auf der Oberfläche stellen die Galaxien dar. Wenn Sie den Luftballon weiter aufblasen, entfernen sich die Punkte voneinander. Gleichgültig, welchen der Punkte man herausgreift – die übrigen Punkte streben von ihm weg, und zwar umso schneller, je weiter sie von ihm schon entfernt sind. In etwa das Gleiche geschieht im Universum. Es dehnt sich aus, und wir sehen von unserer Milchstraße aus die anderen Galaxien in allen Richtungen von uns wegsausen. Je größer ihre Entfernung ist, desto höher ist ihre Geschwindigkeit und desto stärker die Rotverschiebung in ihren Spektren.

Diese Vorstellung eines expandierenden Universums wirft nun ein philosophisches Problem auf. Denken wir wieder an den Luftballon, der mit einer bestimmten Geschwindigkeit aufgeblasen wird. Diese Geschwindigkeit entspricht beim Universum der *Hubble-Konstante*. (Sie verknüpft die Entfernung einer Galaxie mit der Geschwindigkeit ihrer Entfernung von uns.) Stellen wir uns vor, die Ausdehnung des Universums sei von Anfang an gefilmt worden und wir könnten den Film rückwärts abspielen. Dann würde das Universum (wieder wie ein Luftballon) mit einer bestimmten Geschwindigkeit schrumpfen: eine Milliarde Jahre lang, zwei Milliarden Jahre, … zehn Milliarden Jahre, … und dann? Das Universum kann ja nicht ewig weiterschrumpfen, weil es irgendwann in einem einzigen Punkt konzentriert wäre. Wenn also der rückwärts laufende Film einen bestimmten Zeitpunkt in der Vergangenheit erreicht hätte, dann hätte es sich ausgeschrumpft und der Ballon – unser Universum – wäre verschwunden. Man nimmt heute an, dass dieser Zeitpunkt rund vierzehn Milliarden Jahre zurückliegt. Davor kann das Universum in seiner gegenwärtigen Form nicht existiert haben.

Schaut man sich den Film aber in der richtigen Richtung an, dann beginnt er bei demjenigen Zustand des Universums, in dem es praktisch nur ein Punkt war. Das war der Urknall (engl. *Big Bang*). Das Universum muss einen Anfang gehabt haben, und der kann nicht unendlich lange Zeit zurückliegen. Das Universum ist ungefähr vierzehn Milliarden Jahre alt; davor hat es einfach nicht existiert. Diese Vorstellung – dass das Universum ein Geburtsdatum haben muss – verblüffte zu Hubbles Zeit viele Wissenschaftler und stieß viele sogar ab, darunter auch Albert Einstein. Seine allgemeine Relativitätstheorie beschreibt ja im Grunde die »Gummihaut« des Universums (denken Sie an den Luftballon). Als Einstein – lange vor Hubbles Messungen – seine Theorie aufstellte, wurde ihm klar, dass das Universum demnach zwangsläufig instabil sein musste. Die Relativitätstheorie schließt aus, dass das Universum auf ewig unverändert weiterbesteht, sondern besagt, dass das Universum entweder expandieren oder sich zusammenziehen muss; auf keinen Fall kann es im gleichen Zustand bleiben.

Einstein fand die Vorstellung eines sich verändernden Universums so abstoßend, dass er an seinen Gleichungen immer wieder »herumbastelte«. Um das Problem der Endlichkeit des Universums loszuwerden, führte er die so genannte *kosmologische Konstante* ein, die mit dem griechischen Großbuchstaben Lambda (Λ) bezeichnet wird. Sie sollte die Kräfte ausgleichen, die auf die »Gummihaut« des Universums einwirken, und ihr eine gewisse Stabilität verleihen. Einsteins kosmologische Konstante war eine Möglichkeit, den Konsequenzen eines sich ständig verändernden Universums zu entgehen, eines Universums mit einem Anfang und einem Ende. Das Einfügen der Konstante Λ in die Gleichungen war wissenschaftlich nicht gerechtfertigt und erschien vielen Physikern unsinnig. Einstein selbst bedauerte später sein Herumfummeln an den Gleichungen (er scherzte einmal, er müsste für das Einführen dieser Konstante eigentlich psychiatrisch behandelt werden). Als Einstein von Hubbles Entdeckung erfahren hatte, die ja seine ursprünglichen Gleichungen bestätigte, nannte er die kosmologische Konstante die »größte Eselei« seiner ganzen Laufbahn.

Auch andere Wissenschaftler lehnten die Vorstellung eines endlichen Universums ab, das einen Anfang und vielleicht auch ein Ende haben sollte. Im Jahre 1948 schlugen die Astronomen Hermann Bondi, Thomas Gold und Fred Hoyle eine Alternative zur Urknalltheorie vor. Sie machte denen ein wenig Hoffnung, die an ein ewiges Universum glauben wollten. Die so genannte *Steady-State-Theorie* (so viel wie »Theorie vom stationären, unveränderlichen Zustand«) gründete sich auf der Annahme, dass das Universum als Ganzes gleich bleibt, selbst wenn sich die einzelnen Galaxien voneinander wegbewegen oder gar vergehen. In einem solchen stationären Universum sollten Materie und Energie auf ewig aus bestimmten Quellen hervorgehen und in Galaxien kondensieren, und die neu gebildeten Galaxien sollten voneinander wegrasen. Die ständige Entstehung von Materie machte die Vorstellung überflüssig, das Universum müsse eine dramatische Geburt gehabt haben.

Hubbles Entdeckungen warfen eine neue Frage über das Universum auf: Urknall oder *Steady State*? Ist das Universum endlich, oder ist es auf ewig unveränderlich? Die Debatte tobte jahrzehntelang. Die Kosmologen neigten der einen oder der anderen Meinung zu, je nachdem, ob sie die Vorstellung von einem endlichen Universum eher tröstlich oder eher erschreckend fanden. Die nächste Auseinandersetzung in der zweiten kosmologischen Revolution sollte die Frage jedoch ein für alle Mal beantworten. Hubbles Entdeckung hatte die Kosmologen gezwungen, über die Geburt und den Tod des Universums nachzudenken. Dann aber erlaubte ihnen ein allgegenwärtiges »Leuchten« im All – die kosmische Hintergrundstrahlung – einen ersten Blick auf die feurige Geburt des Universums. Die alte Behaglichkeit eines ewigen, unveränderlichen Universums war damit für immer dahin.

Das Universum hat eine Wand aus Feuer. Wohin die Astronomen ihre Teleskope auch richten, sie bemerken ein fernes Schimmern, das uns von überall her erreicht. Jenseits dieser enormen Wand aus Strahlung, noch weiter entfernt als die ältesten Sterne und Galaxien,

können die Astronomen nichts sehen. Wir sind gefangen in diesem
Käfig, den die kosmische Hintergrundstrahlung bildet; sie ist das
schwache Nachglühen des Urknalls.

Der Urknall war eine unvorstellbar heftige Explosion, bei der
sämtliche Masse und Energie im Universum sowie Gewebe der
Raumzeit entstanden. Dieses Gewebe, das Einstein mit seiner allgemeinen Relativitätstheorie beschrieb, dehnte sich unmittelbar nach
der Katastrophe blitzartig aus. Schon nach einem winzigen Sekundenbruchteil wurde die Ausdehnung langsamer, und freie subatomare
Teilchen – Quarks – begannen Protonen und Neutronen zu bilden.
Diese wurden durch unglaublich energiereiche Photonen ständig
herumgestoßen. Während sich die gesamte Masse ausdehnte, kühlte
sie ab (fühlen Sie einmal, wie kühl das Ventil einer Propangasflasche
ist, während ihr Gas entnommen wird). Das intensive Licht, das das
Universum durchflutete, strömte nach außen und wurde dabei weniger energiereich. Schon nach einigen Minuten war die Temperatur
des neugeborenen Universums deutlich abgesunken. Ein Teil der Protonen und der Neutronen vereinigte sich zu Atomkernen des Deuteriums (das ist Wasserstoff mit einem Neutron im Atomkern, im
Unterschied zum gewöhnlichen Wasserstoff), des Heliums und einiger schwererer Elemente. Das Universum war angefüllt mit Atomkernen und Elektronen – und mit Licht. Jedes Mal, wenn ein Elektron versuchte, sich mit einem Kern zu einem Atom zu vereinigen,
wurde es von einem Photon – einem »Lichtteilchen« – getroffen, das
sie wieder auseinander trieb. Umgekehrt konnte ein Photon nicht sehr
weit kommen, bevor es von einem Atomkern oder einem Elektron
abgelenkt wurde. Das Licht war daher wie in einem Käfig gefangen.
Diese Situation dauerte etwa 400 000 Jahre nach dem Urknall an.
Jetzt war das sich ausdehnende Universum so weit abgekühlt, dass
eine weitere Änderung eintreten konnte: Die Elektronen traten end-
gültig mit den Atomkernen zusammen. Diese so genannte *Rekombination* befreite das Licht aus seinem Käfig, und von da an war das
gesamte Universum von einem hellen Glühen erfüllt.

Das Universum dehnte sich unaufhörlich weiter aus. Das Licht der Rekombination ist immer noch im Universum unterwegs, aber während das Gewebe der Raumzeit expandierte, geschah das Gleiche mit dem Licht. Über Milliarden von Jahren wurden die sehr energiereichen (kurzwelligen) Gammastrahlen zu Röntgenstrahlen, dann zu sichtbarem Licht, und jetzt – vierzehn Milliarden Jahre nach der Rekombination – sind es Mikrowellen. Der erste »Urschrei« des Lichts ist heute zu einem »Flüstern« geworden, einem schwachen Leuchten, das einer Temperatur von 2,7 Kelvin entspricht. Dieses Schimmern ist die kosmische Hintergrundstrahlung, die unsere Erde aus sämtlichen Richtungen trifft.

Die heutigen Kosmologen kennen die kosmische Hintergrundstrahlung natürlich, doch in den ersten Jahrzehnten nach Hubbles Beobachtungen hatte sie noch niemand gesehen oder wusste auch nur, dass es sie gibt. Nur einige theoretische Ansätze ließen vermuten, es könnte einen schwachen Widerschein der Höllenglut des frühen Universums geben. Die ersten Hinweise darauf fand der Physiker George Gamow, als er sich für den überaus hohen Anteil an Helium im ganz frühen Universum interessierte. Der Kern des Heliumatoms besteht aus zwei Protonen sowie einem oder (meist) zwei Neutronen. In den ersten paar Minuten nach dem Urknall war das Universum ein Meer von Protonen, Neutronen und Elektronen (sowie vielen Photonen). Ein Teil der Protonen und der Neutronen stieß zusammen und bildete die Atomkerne von Elementen wie Helium oder Deuterium. Gamow nahm an, dass Druck, Temperatur und Dichte des Universums entscheidend dafür waren, wie häufig Protonen und Neutronen zusammenstießen und dabei auch Atomkerne schwererer Elemente als Wasserstoff bildeten. Er kam zu folgendem Schluss: Die in den ersten Minuten nach dem Urknall entstandenen Mengen an Helium und anderen, schwereren Elementen müssen Aufschluss geben über Druck, Temperatur und Dichte des Universums kurz nach seiner Geburt. Im gleichen Jahr 1948, in dem die *Steady-State*-Theorie aufgestellt wurde, berechneten die Physiker Ralph Alpher und Robert Herman die Temperatur, die die Strahlungsreste des Urknalls gemäß Gamows Ansätzen heute haben müssten. Ihr Ergebnis war, wie man später feststellte, um einige Kelvin zu hoch, aber der Kernpunkt der Aussage war richtig: Wenn das Universum wirklich in einem Urknall entstanden war, dann musste eine messbare Strahlungsmenge übrig sein. Die Berechnungen von Alpher und Herman wurden jedoch kaum beachtet und gerieten in Vergessenheit.

Die Geschichte fand erst fast zwei Jahrzehnte später ihre Fortsetzung. Der an der Princeton University wirkende Astronom Robert Dicke, berühmt für seine Konstruktion hoch empfindlicher Antennen, kam auf Grund anderer Überlegungen zu der gleichen Schlussfolgerung wie Gamow. Der Astrophysiker P. J. E. Peebles, der in den 1960er Jahren in Dickes Team arbeitete, berichtete später, Dicke habe Vorträge von Gamow gehört und sollte daher von den Ergebnissen des Teams um Alpher und Herman gewusst haben. Sie seien ihm aber nicht präsent gewesen. Ohne konkrete Kenntnis der Arbeiten von Gamow, Alpher und Herman leitete Dicke auf andere Weise die Existenz einer kosmischen Hintergrundstrahlung ab. Er ging von einem schwingenden Universum aus, das sich nach einem Urknall ausdehnte, dabei immer größer würde und schließlich im *Big Crunch* (wörtlich: »großen Knirschen«) in sich zusammenstürzen müsste, dem Gegenstück zum Urknall (*Big Bang*). Aus den »Trümmern« dieses Kollapses ginge dann der nächste Urknall hervor, und das Universum würde – wie Phönix aus der Asche – wiedergeboren, womit der Zyklus wieder von vorn begänne.

Damit jedoch aus den fundamentalsten Bausteinen erneut ein Universum entstehen könne, müssten die Kerne der schwereren Elemente, wie beispielsweise Uran oder Sauerstoff, aber auch Helium, zunächst zerlegt werden. Nur dann könnten die Teilchen beim nächsten Urknall »wiederverwertet« werden. Dazu traf Dicke einige Annahmen und stellte die entsprechenden Berechnungen an. Das Universum kühlt sich beim Expandieren ab, wird aber wärmer, wenn es sich zusammenzieht. Dicke glaubte, dass diese Erwärmung zum Zerfall der schwereren Atomkerne führen müsste, so dass die Elementarteilchen wieder verfügbar würden. Selbst wenn die Theorie des kollabierenden Universums nicht zuträfe, wäre die Berechnung der Temperatur des Universums unmittelbar vor dem *Big Crunch* auch in umgekehrter Richtung möglich und ergäbe die Temperatur des Universums kurz nach dem Urknall. Aus seinen Werten konnte Dicke ableiten, dass es eine vom Urknall übrig gebliebene Hintergrundstrahlung geben müsse. Dicke ließ daher zwei seiner Doktoranden eine Mikrowellenantenne bauen, mit der diese Strahlung nachgewiesen werden sollte. Peebles verfeinerte die theoretischen Berechnungen, kam aber (wie Alpher und Herman zwanzig Jahre zuvor) auf eine zu hohe Temperatur. »Ich habe unwissentlich Gamows Theorie noch einmal erdacht«, erklärte Peebles später.

Eigentlich war alles bereit für die Entdeckung der kosmischen Hintergrundstrahlung, aber die Wissenschaftler in Princeton ließen sie sich entreißen. Zu jener Zeit versuchten Arno Penzias und Robert Wilson, zwei Ingenieure der nahe gelegenen Bell Laboratories, Störsignale zu beseitigen, die bei ihren Mikrowellenantennen auftraten. Zuerst glaubten sie, die Störungen rührten von »einer weißen Substanz her, die allen Stadtbewohnern vertraut ist«. Aber auch nachdem man die Tauben vertrieben und die Antennen von ihren Hinterlassenschaften gereinigt hatte, war immer noch ein ständiges Rauschen im Mikrowellenbereich vorhanden, das aus allen Himmelsrichtungen zu kommen schien. Als Penzias und Wilson im Jahre 1965 von der in Princeton aufgestellten Theorie erfuhren, wurde ihnen klar, dass ihr störendes Rauschen in Wahrheit das Nachglühen des Urknalls ist. Es überträgt eine Botschaft aus der Frühzeit des Universums – eine Bestätigung, dass der Urknall wirklich stattgefunden hat und dass das Universum tatsächlich einen Anfang hatte. Penzias und Wilson erhielten für ihre Arbeit den Nobelpreis.

Die Entdeckung der kosmischen Hintergrundstrahlung war der letzte »Schuss« in der zweiten kosmologischen Revolution. Noch im Jahre 1920 wussten die Wissenschaftler nicht, ob das Universum einen Anfang hatte oder (auch) ein Ende haben wird. Diese Frage zu beantworten lag außerhalb der damaligen wissenschaftlichen Möglichkeiten. Nach Hubbles Entdeckung, dass sich das Universum ausdehnt, mussten die Kosmologen notgedrungen darüber nachdenken, dass das Universum geboren wurde und wie es sterben wird. 45 Jahre später (1965), als Penzias und Wilson die kosmische Hintergrundstrahlung entdeckten, konnten die Forscher einen ersten Blick auf die Entstehung des Universums erhaschen. Diese schwachen Mikrowellen aus allen Teilen des Himmels sind ein Schnappschuss aus der frühesten Kindheit unseres Universums. Er entstand nur 400 000 Jahre nach dem Urknall, als sämtliche Materie im Kosmos noch in der Hitze glühte, die durch die unvorstellbare Explosion freigesetzt wurde. Somit können sich die Kosmologen nicht mehr mit dem Bild eines ewigen, unveränderlichen Universums trösten. Sie wissen nun, dass das Universum ein Geburtsdatum hat, denn wir sehen ja die Bilder aus den Babytagen des Kosmos.

Anmerkungen

1   In Douglas Adams' Trilogie *Per Anhalter durch die Galaxis* wird ein furchtbares Foltergerät beschrieben, der so genannte Total-Perspektiv-Wirbel. Diese teuflische Vorrichtung treibt jeden in den Wahnsinn, denn sie zeigt die unglaubliche Weite des Alls und irgendwo darin einen winzigen roten Pfeil mit der Aufschrift »Sie befinden sich hier«.

2   Die Lichtgeschwindigkeit c beträgt 299 979,458 Kilometer pro Sekunde. Trotz dieses unvorstellbaren Tempos braucht das Licht von dem uns am nächsten gelegenen Stern (*Alpha Centauri*) gut vier Jahre. Entfernungen gibt man in der Astronomie meist in Lichtjahren an, das heißt der Strecke, die das Licht in einem Jahr zurücklegt; ein Lichtjahr entspricht knapp 9,5 Billiarden Kilometer ($9,5 \cdot 10^{15}$ km).

3   Weitere entscheidende Fortschritte erzielten die Astronomen, als sie die von den Teleskopen entworfenen Bilder nicht nur mit dem Auge betrachteten, sondern sie auf fotografischen Platten aufnahmen, die viel empfindlicher als die Netzhaut des Auges sind. In modernen Teleskopen sind statt Fotoplatten noch empfindlichere Halbleiterbauelemente eingebaut, so genannte CCD-Chips (die Abkürzung CCD bedeutet *charge-coupled device*, wörtlich: ladungsgekoppeltes Bauteil).

4   Der heute anerkannte Wert der Entfernung liegt etwas höher, nämlich bei gut zwei Millionen Lichtjahren. Hubble war ein Fehler unterlaufen, weshalb er eine zu geringe Entfernung des Andromeda-Nebels ermittelte. Auf den Fehler kommen wir in Kapitel 4 noch ausführlicher zu sprechen.

5   Diejenigen, die den Urknall bezweifeln, wenden sich meist gegen die Aus-
    sage, dass die Rotverschiebung auf sich von der Erde entfernende Ga-
    laxien hindeutet. Sie meinen stattdessen, das Licht würde auf dem langen
    Weg bis zu uns »altern«, wobei seine Frequenz abnimmt. Daher beruhe
    Rotverschiebung nicht auf dem Doppler-Effekt, sondern auf der »Alte-
    rung« des Lichts. Diese Vorstellung ist schon lange eindeutig widerlegt
    (eine nähere Erläuterung finden Sie in Anhang A).

KAPITEL 4

Die dritte Revolution setzt ein
[Amoklauf des Universums]

Ein Staatsstreich oder Umsturz läßt sich planen – eine Revolution nicht. Ihr Ausbruch, die Stunde ihres Losbrechens, überrascht alle, selbst jene, die sie selbst vorbereitet haben. Sie stehen erschrocken einer Naturgewalt gegenüber, die plötzlich auftaucht und alles auf ihrem Weg zertrümmert. Ihre zerstörerische Kraft ist von solcher Gewalt, daß sie oft am Ende auch jene Ideale vernichtet, die die Revolution ins Leben gerufen hat.

Ryszard Kapuscinski, Schah-in-schah*

Etwa den halben Durchmesser des Universums von uns entfernt sind zwei ungleiche Partner in einem Todestanz aneinander gebunden. Zwei Sterne, dem Ende ihrer Lebenszeit nahe, umkreisen einander, verbunden durch die gegenseitige und tödliche Gravitationsanziehung. Einer der Sterne ist geschrumpft und zeigt grelle Weißglut. Es ist ein Weißer Zwerg: der in sich zusammengefallene Rest eines Sterns, der einst unserer Sonne ähnelte. Nun aber ist er sogar kleiner als die Erde. Sein Widerpart ist zu einem Vielfachen seiner anfänglichen Größe aufgebläht und zu einem fast schon kühlen roten Monster geworden, das gerade den letzten Rest seines Brennstoffs verbraucht.

Der Weiße Zwerg und der Rote Riese umrunden einander. Die Gravitationskraft, die das Paar zusammenbrachte, wird es auch vernichten. Der aufgedunsene Riese wird durch die Gewalt seines Partners zu einer ungeheuren Träne verzerrt. Gas aus dem Roten Riesen strömt auf spiraligen Wegen von der Träne weg und wird vom Wei-

---

* Ryszard Kapuscinski: *Schah-in-schah. Eine Reportage über die Mechanismen der Macht, der Revolution und des Fundamentalismus*, Frankfurt/Main 1997, S. 143 f.

ßen Zwerg allmählich verschluckt, ähnlich wie Wasser, das auf einen Gully zuläuft. Während der Weiße Zwerg, Monat für Monat und Jahr für Jahr, das Gas in sich aufnimmt, wird er – fast unmerklich – immer schwerer. Doch irgendwann bricht die Hölle los.

Sobald der Weiße Zwerg zu schwer wird – genauer gesagt: 1,44-mal so schwer wie unsere Sonne –, ist sein labiler Zustand nicht mehr zu halten. Kommt jetzt nur noch ein kleines bisschen Gas hinzu, fällt der Stern plötzlich in sich zusammen. Im Nu schrumpft er unter einem gewaltigen Lichtblitz zu einer winzigen Kugel, um sofort in einer unvorstellbar heftigen Explosion zu verglühen. Das ist eine Supernova, eines der spektakulärsten Phänomene im Universum seit dem Urknall. Sie ist wie ein Leuchtfeuer im gesamten Kosmos sichtbar.

Die ersten beiden kosmologischen Revolutionen widerlegten die alten Vorstellungen über das Universum und unseren Platz darin. Die kopernikanische Sichtweise zerstörte den behaglichen aristotelischen Kosmos, in dem die Erde wie in einer Nussschale geborgen war. Hubbles Erkenntnisse und die Entdeckung der kosmischen Hintergrundstrahlung zeigten uns, dass das Universum einen Anfang hatte und ein Ende haben wird. Die Entdeckung von Supernovae war der Vorbote einer dritten kosmologischen Revolution. Die Forscher sind nun auf dem besten Wege, Fragen zu beantworten, die die Menschheit seit jeher beschäftigt haben. Wie entstand das Universum? Und wie wird es enden? Doch eine der Fragen, die die Forscher derzeit bewegen, ist schon beantwortet – dank der Sternenkatastrophe in der anderen Hälfte des Universums.

Die dritte kosmologische Revolution erwischte die Astronomen auf dem falschen Fuß. Sie glaubten ja recht gut zu wissen, wie das Universum funktioniert. Nach der Entdeckung der kosmischen Hintergrundstrahlung galt die Geburt des Universums als weitgehend geklärt. Man wusste also, dass es in einem unvorstellbaren Lichtblitz entstanden war und dass sich das Gefüge von Raum und Zeit seit dieser den Kosmos erschaffenden Katastrophe ständig ausdehnt.

Gleichwohl waren viele Einzelheiten noch unklar. Beispielsweise war das Alter des Universums nur so genau bekannt, wie man die Ausdehnungsgeschwindigkeit messen konnte. Und eben diese Messung war sehr schwierig und mit einer enormen Unsicherheit behaftet. Darüber hinaus wussten die Kosmologen kaum etwas über das spätere Schicksal des Universums. Es war nicht klar, ob es sich auf ewig ausdehnt oder ob es dereinst in einer Umkehrung des Urknalls, dem *Big Crunch*, in sich zusammenfällt. Das waren zentrale Fragen, und die Kosmologen meinten, sie würden durch immer präzisere Messungen irgendwann wie von selbst beantwortet. Es konnte zwar Jahrzehnte oder noch länger dauern, die unverbundenen Schlüsse zu verknüpfen, doch das Universum schien keine großen Überraschungen mehr bieten zu können. Man musste eben nur noch die Einzelheiten klären.

In den 1980er und frühen 1990er Jahren hatte die Geschichte des Universums nur einen recht nebulösen Anfang und noch kein Ende. In mühsamer, jahrzehntelanger Arbeit versuchten die Forscher, die Hubble-Konstante immer präziser zu bestimmen, um den Nebel zu lichten. Man musste ja nur die Ausdehnungsgeschwindigkeit und damit das Alter des Universums genauer ermitteln, um die Entstehung des Universums besser zu verstehen. Doch gegen Ende der 1990er Jahre wurden diese mühsamen, stupiden Messungen plötzlich sehr aufregend. Anstatt nur die Hubble-Konstante zu präzisieren, gewann man auf einmal ganz neue Erkenntnisse. Man beobachtete Supernovae, die mehrere Milliarden Lichtjahre (rund den halben Durchmesser des Universums) von uns entfernt sind. Diese Befunde veränderten die Sichtweise vom Universum dramatisch – sie enthüllten nicht nur, wie es entstanden war, sondern auch, wie es untergehen wird. Das war unglaublich überraschend. Die wissenschaftliche Welt geriet schier in Aufregung; Experiment auf Experiment machte deutlich, dass das Universum noch viel seltsamer beschaffen ist, als man je geglaubt hatte. Die dritte Revolution in der Kosmologie setzte im Jahre 1997 ein, und sie ist noch immer im Gange.

Der auslösende Funke entsprang einem eigentlich recht unspektakulären Forschungsgebiet. Eine der Methoden, mit denen man die Ausdehnung des Universums genauer ermitteln kann, umfasst Messungen an Supernovae. Dieses Verfahren ähnelt dem, das Hubble selbst angewandt hatte. Ebenso wie er suchten die Supernova-Jäger nach Standardkerzen, um die Abstände zu sehr weit entfernten Objekten bestimmen zu können. Hubble bevorzugte dabei die Cepheiden, eine Klasse variabler Sterne, die er in fernen Galaxien gefunden hatte. Damit konnte er zum einen zeigen, dass sich das Universum ausdehnt, zum anderen berechnete er näherungsweise die Geschwindigkeit dieser Ausdehnung. Ein Maß dafür ist die so genannte Hubble-Konstante, für die man üblicherweise das Formelsymbol H_0 schreibt. Es ist jedoch schwierig, diese Größe genau zu bestimmen. Hubble selbst erhielt einen ziemlich falschen Wert, weil man zu seiner Zeit die Eigenschaften der Cepheiden noch nicht sehr gut kannte.

Hubbles Fehler beruhte darauf, dass er allen Cepheiden die gleichen Eigenschaften zuschrieb. Gut zwei Jahrzehnte später, 1952, konnte der Astronom Walter Baade beweisen, dass diese Annahme falsch war. Mit demselben 2,5-Meter-Spiegel, an dem schon Hubble gearbeitet hatte, beobachtete Baade die Andromeda-Galaxie und fand heraus, dass es zwei Typen von Cepheiden gibt. Eine Art, deren Vertreter man als W-Virginis-Sterne bezeichnet, ist offenbar schwächer als die andere. Daher war Hubbles Standardkerze kein echter Standard, für den er sie jedoch gehalten hatte. Folglich waren die von ihm ermittelten Entfernungen zu den Galaxien zu groß. (Erinnern Sie sich an die Taschenlampe in Kapitel 3, die Sie Ihrem Bekannten mitgaben? Wenn Sie später feststellen, dass die Lampe doch nicht so hell leuchtet wie angenommen, müssen Sie Ihre Entfernungsabschätzung nach unten korrigieren.) Hubbles Wert der Konstante H_0 war, wie gesagt, zu groß, das heißt, er kam auf eine zu hohe Ausbreitungsgeschwindigkeit des Universums.

Dieser Umstand führte zu ernsten Problemen beim Interpretieren der Ergebnisse. Je größer der Wert von H_0 ist, desto schneller dehnt sich das Universum aus. Aber je rascher die Expansion abläuft, desto kürzer ist die Zeitspanne, in der es seine derzeitige Größe erreicht hat, sprich: desto jünger ist das Universum. (Umgekehrt bedeutet ein kleinerer Wert von H_0 eine langsamere Ausdehnung und somit ein älteres Universum.) Hubbles zu großer Wert von H_0 ergab also ein zu geringes Alter des Universums, nämlich zwei Milliarden Jahre. Doch dieser Wert widersprach eklatant anderen Ergebnissen. Beispielsweise lässt sich das Alter von Sternen bestimmen, wenn man ihre Größe, Temperatur und Zusammensetzung ermittelt. Solche Berechnungen ergaben, dass viele Sterne deutlich älter als zwei Milliarden Jahre sind. Natürlich kann kein Stern älter sein als das Universum, das ihn beherbergt. Irgendetwas konnte also nicht stimmen.

Jahrzehntelang hatten die Astronomen darüber gestritten, wie schnell sich das Universum denn nun ausdehnt – eine furchtbar peinliche Auseinandersetzung. Die Hubble-Konstante ist eines der wichtigsten Hilfsmittel der Kosmologen. Wenn sie aber nicht einmal wissen, wie alt das Universum ist – wie können sie dann Aussagen über seine Geschichte oder gar sein Schicksal machen? Hubbles Entdeckung, dass sich das Universum ausdehnt, hatte sieben Jahrzehnte andauernde intensive Forschungen auf diesem Gebiet eingeleitet. Die Forscher versuchten mit allen Mitteln, die Ausdehnungsgeschwindigkeit präziser zu bestimmen. Doch erst Anfang der 1990er Jahre verfügten sie über ein neues, wunderbares Werkzeug, um endlich Klarheit zu schaffen: ein Weltraumteleskop. Der Name spiegelt seinen Zweck wider. Das nach Edwin Hubble benannte Weltraumteleskop sollte vor allem dazu dienen, ein für alle Mal festzustellen, wie schnell sich das Universum ausdehnt.

Das Hubble-Weltraumteleskop wurde 1990 vom Space Shuttle *Discovery* in die Umlaufbahn gebracht. Im Vergleich zu den Teleskopen auf der Erde ist es geradezu winzig: Sein Spiegel ist mit nur 2,4 Metern Durchmesser viel kleiner als die Spiegel der modernen leistungsfähigen Teleskope. Doch sein großer Vorteil besteht darin, dass es sich oberhalb der störenden Atmosphäre befindet und daher enorm hoch aufgelöste Bilder liefern kann.

Die Atmosphäre erscheint uns als transparent, fängt aber einen merklichen Anteil des Sternenlichts ab. Außerdem sind die Aufnah-

men von Teleskopen auf der Erde wegen ständiger Turbulenzen in
der Atmosphäre stets etwas unscharf. Das bemerkt man selbst in den
klarsten Nächten: Die Sterne funkeln, anstatt gleichmäßig zu leuchten; sie scheinen sogar ein wenig hin und her zu zittern. Beim bloßen
Blick in die Himmelskuppel stören diese Effekte nicht sonderlich,
wirken vielleicht gar anheimelnd. Die Astronomen dagegen raufen
sich die Haare, wenn sie in fernen Galaxien oder Nebeln noch Details erkennen wollen. Die Aufnahmen werden unscharf, so dass feine
Strukturen nicht aufzulösen sind. Solche von Luftbewegungen her-
rührenden Störungen lassen sich heute durch adaptive Bildgebung
oder flexible Spiegel teilweise abmildern. Doch am besten ist es natürlich, die Beobachtungseinrichtungen außerhalb der Atmosphäre
anzubringen. Ein die Erde umkreisendes Observatorium hat aber
noch einen weiteren Vorteil. Mit ihm lässt sich auch Strahlung in den
Wellenlängenbereichen erfassen und auswerten, die von der Atmosphäre absorbiert (zum Beispiel Ultraviolett-, Röntgen- oder Gammastrahlung) oder die durch künstliche Strahlungsquellen überdeckt
werden (zum Beispiel Infrarot- oder Mikrowellenstrahlung). Aus diesen Gründen konnten die Astronomen es erreichen, dass erhebliche
Steuergelder für Weltraumteleskope ausgegeben wurden.

Leider hatte das Hubble-Weltraumteleskop einen »Geburtsfeh-
ler«, der von der Produktion des Spiegels herrührte: Es lieferte keine
scharfen Bilder. 1993 wurde dieser Fehler mit großem Aufwand korrigiert, indem man dem Teleskop sozusagen eine Brille aufsetzte. Von
da an war es ein spektakuläres, unübertreffliches Hilfsmittel der
Astronomen. Es übertrug unzählige Bilder des Himmels zur Erde,
aufgenommen in vielen Spektralbereichen, vom Infrarot über das
sichtbare Licht (wie beim Regenbogen) bis hin zum Ultraviolett.
Zum reichen Ertrag gehörten natürlich auch viele Aufnahmen von
eher exotischen Objekten. Aber die Wissenschaftler konzentrierten
sich darauf, so viele Daten wie möglich über die Cepheiden zu erlan-
gen, um die Hubble-Konstante noch genauer zu bestimmen. Dazu
zogen sie auch andere Messgrößen heran, beispielsweise die Rotationsgeschwindigkeit von Spiralgalaxien, die mit deren Strahlkraft

zusammenhängt. (Mit dem in den 1970er Jahren gefundenen Zusammenhang zwischen Umdrehungsgeschwindigkeit und absoluter Helligkeit – der so genannten Tully-Fisher-Relation – können auch Spiralgalaxien als Standardkerzen genutzt werden. Ihre Helligkeit ist zwar nicht so genau bekannt wie die der Cepheiden, doch dafür sind sie viel heller und daher auch aus wesentlich größerer Entfernung gut zu beobachten.)

Im Jahre 1999, nach sechs Jahren mühevoller Beobachtungen und Berechnungen, war das entscheidende Projekt abgeschlossen. Das von Wendy Freedman an den Carnegie-Observatorien in Pasadena geleitete Wissenschaftlerteam gab nun seinen Wert der Hubble-Konstante bekannt: H_0 = 72 km/(s · Mpc). Zur besseren Übersichtlichkeit lassen wir im Folgenden die Einheit der Hubble-Konstante weg und geben jeweils nur den Zahlenwert an.[1] Aber auch jetzt war die Kontroverse noch nicht beigelegt. »Das ist alles Quatsch«, erklärte Allan Sandage; auch er arbeitete an den Carnegie-Observatorien und hatte ebenfalls Daten des Weltraumteleskops Hubble ausgewertet. Sandage kam auf einen deutlich geringeren Wert für H_0 als Freedman, nämlich auf 60. Also konnte die Frage nach dem Wert der Hubble-Konstante nicht einmal mit Hilfe des Milliarden Dollar teuren Weltraumteleskops geklärt werden. Zum Glück versuchten zahlreiche andere Astronomen, den so wichtigen Wert der Ausdehnungsgeschwindigkeit des Universums auch mit anderen Methoden zu ermitteln. Eines der vielversprechendsten Verfahren hatte mit den Supernovae zu tun, den dramatischen Todeskämpfen von Sternen.

Wenn ein Stern massereich genug ist – wenn er also die Chandrasekhar-Grenze von 1,44 Sonnenmassen überschreitet –, dann wird er auf gewaltsame und höchst spektakuläre Weise sterben. Während seiner normalen Lebensdauer vollzieht sich in einem Stern ständig ein heftiges Ringen zwischen der Gravitation und der Kernfusion (vor allem von Wasserstoff- zu Heliumkernen). Die Gravitationskraft versucht, den Stern zu einer möglichst kleinen Kugel zusammenzupressen, während die enorme Wärme und die Strahlung des Kern-»Brennofens« die Masse auseinander treibt. Nach einer gewissen

Zeit jedoch (Millionen oder meist Milliarden von Jahren) geht der Wasserstoff zur Neige. Nun beginnt der Stern, Heliumkerne und dann sogar immer schwerere Kerne zu verschmelzen – wie in einem verzweifelten Versuch, den drohenden Kollaps noch abzuwenden. Schließlich ist sämtlicher Brennstoff verbraucht.[2] Nun kann der Fusionsofen dem Druck der Gravitationskraft nicht mehr entgegenwirken, und diese überwindet schließlich den inneren Druck des Sterns. Dann stürzt er in sich zusammen, und in einer gewaltigen Explosion wird eine ungeheure Energiemenge frei.

Ein relativ leichter Stern wie unsere Sonne setzt beim Kollaps (nach dem Erschöpfen des Kernbrennstoffs) nur wenig Energie frei. Dabei wird er zu einem Weißen Zwerg, einem winzigen Stern, der ungefähr so groß ist wie die Erde. Vor dem völligen Kollaps zu einem noch kleineren Volumen (und noch höherer Dichte) bewahrt ihn nur die gegenseitige Abstoßung der Elektronen: Werden sie durch die Gravitation dazu gezwungen, praktisch dieselbe Position einzunehmen, dann widersetzen sie sich aufs Heftigste. Doch selbst diese Abstoßung hat ihre Grenzen. Wenn der Stern massereicher ist, als es die Chandrasekhar-Grenze angibt, so ist die Gravitationskraft der großen Masse so hoch, dass sie den Widerstand der Elektronen überwindet. Dann kollabiert der Stern noch stärker und wird zu einem Neutronenstern oder einem Schwarzen Loch. Dieser Vorgang setzt eine enorme Energiemenge frei, und der Stern stirbt als Supernova. Solche Supernovae sind die heftigsten Explosionen, die man im Universum kennt. Ihre Strahlung ist Milliarden von Lichtjahren weit in allen Richtungen bemerkbar. Zum Glück für die Astronomen und die Kosmologen gibt es einen Supernova-Typ, Ia genannt, der als Standardkerze dienen kann. Gegenüber den Cepheiden hat sie den großen Vorteil, dass sie über das halbe Universum hinweg sichtbar ist.

Unterschiedliche Supernovae gehen aus Sternen mit unterschiedlichen Massen hervor. Wenn sie explodieren, setzen sie daher ganz verschiedene Energiemengen frei. Eine Art aber, die Typ-Ia-Supernova, explodiert stets auf die gleiche Weise, und zwar auf Grund ihrer besonderen Geschichte. Sie geht aus dem Todestanz zweier

Sterne hervor, einem gierigen Weißen Zwerg und seinem aufgeblähten Partner. Mit der Zeit wird der Zwerg immer schwerer, weil er seinem unglückseligen Begleiter ständig Gas entreißt. Sobald er die Chandrasekhar-Grenze überschreitet, explodiert er in einer Supernova. Folglich haben alle Typ-Ia-Supernovae bei der Explosion die gleiche Masse (die der Chandrasekhar-Grenze entspricht), setzen bei der Explosion dieselbe Energiemenge frei und haben damit auch die gleiche Helligkeit. Aus diesem Grund sind Typ-Ia-Supernovae als Standardkerzen anzusehen.

Zwei konkurrierende Astronomenteams, die die Hubble-Konstante genauer berechnen wollten, haben über Jahre hinweg Typ-Ia-Supernovae untersucht. Bei beiden Projekten – dem Supernova Cosmology Project und dem High-Z Supernova Search Team[3] – stammten die Daten vom Weltraumteleskop Hubble, vom Cerro-Tololo-Interamerikanischen Observatorium in Chile, von den Keck-Teleskopen auf Hawaii sowie von mehreren Teleskopen in anderen Ländern. Ziel der Arbeiten war es, die Ausdehnungsgeschwindigkeit des Universums in unseren Tagen – aber auch in der Vergangenheit – zu bestimmen. Das ist möglich, weil Supernovae über enorme Entfernungen hinweg sichtbar sind (der Rekord steht derzeit bei über 10 Milliarden Lichtjahren). Das Licht, das die Astronomen von einer eine Milliarde Lichtjahre weit entfernten Supernova betrachten, wurde von ihr ja vor einer Milliarde Jahren abgestrahlt. Wenn die Forscher also in die Weite des Raumes blicken, dann schauen sie im Grunde in die Vergangenheit zurück. Dies ist aufschlussreich, weil sich die Hubble-Konstante während der Entwicklung des Universums geändert hat.[4]

Das Universum dehnt sich aus, weil es unmittelbar nach seiner Entstehung sozusagen einen gewaltigen Tritt bekam. Das kann man ganz grob damit vergleichen, dass man einen Fußball praktisch senkrecht nach oben tritt. Er fliegt schnell hoch, wird aber allmählich langsamer, weil ihn die Schwerkraft nach unten zieht. An einem bestimmten Punkt hört seine Bewegung nach oben ganz auf, und er fällt auf den Boden zurück. Einige Kosmologen glaubten, dass das

Universum einen analogen Prozess durchmacht. Der von der Explosion verliehene Schwung nimmt ab, die Ausdehnung wird langsamer und hört irgendwann auf. Danach fällt das Universum auf Grund der Gravitationswirkung in sich zusammen, ähnlich wie der Fußball auf den Boden fällt. Das Universum schrumpft demnach immer stärker, erhitzt sich dabei und verschwindet schließlich im *Big Crunch* – der Umkehrung des *Big Bang* (des Urknalls). Es gibt freilich auch eine andere Möglichkeit. Angenommen, man tritt so heftig gegen den Fußball, dass er sogar die Erdanziehung überwinden kann; dabei wird er zwar langsamer, behält aber noch eine gewisse Restgeschwindigkeit, mit der er ins Weltall hinausfliegt. Er kommt dann niemals zur Erde zurück und verlässt auch das Sonnensystem. Einige Kosmologen vermuten, dass sich das Universum genauso verhält, sich also – mit allerdings abnehmender Geschwindigkeit – immer weiter ausdehnt und niemals wieder in sich zusammenfällt. Demnach wird das Universum ständig größer werden, sich dabei abkühlen und irgendwann sterben, wenn die Sterne ihren letzten Rest an Brennstoff verbraucht haben.

Gleichgültig, welcher Annahme die Kosmologen zuneigen – dem *Big Crunch* oder der ewigen Expansion –, sie sind sich darin einig, dass die Hubble-Konstante, wie die Geschwindigkeit des Fußballs, nicht zu allen Zeiten dieselbe war. Sie muss in der Vergangenheit größer gewesen sein, als sie es heute ist, so wie sich der Fußball unmittelbar nach dem Tritt schneller bewegt haben muss als etliche Sekunden später, während er nach oben stieg. Der Wert der Hubble-Konstante spiegelt das sich verändernde Ausmaß der Expansion wider, und der Index null im Ausdruck H_0 steht für den derzeitigen Wert der Ausdehnungsgeschwindigkeit. Die Hubble-Konstante müsste heute kleiner sein als vor einigen Milliarden Jahren, so wie der Fußball langsamer nach oben steigt als zu Beginn.

Die oben erwähnten beiden Teams, die die weltweit gesammelten Daten über Typ-Ia-Supernovae auswerteten, erwarteten nichts Außergewöhnliches. Für sie waren die Supernovae in unterschiedlichen Entfernungen von uns wie Schnappschüsse zu verschieden lange zurückliegenden Zeitpunkten und damit eine Möglichkeit, die Expansionsgeschwindigkeit des Universums zeitlich zu verfolgen. Damit wollten sie bestätigen, dass und in welchem Ausmaß sich die Ausdehnung des Universums im Laufe der Zeit verlangsamte. Im Jahre 1997 hatten beide Teams schließlich die nötigen Daten beisammen und konnten erstmals versuchen, eine der ältesten Fragen zu beantworten, die die Menschheit bewegen: Wie wird das Universum dereinst enden? Dabei eröffneten die Forscher ganz unbeabsichtigt ein neues – ein aufregendes und geradezu verstörendes – Kapitel in der Geschichte der Kosmologie.

Jede Supernova liefert einen Wert für die Geschwindigkeit, mit der sich das Universum zu einem bestimmten Zeitpunkt in der Vergangenheit ausdehnte. Man brauchte nur genug solcher Werte, um die bisherige Ausdehnung verfolgen zu können, wie in einer Zeitrafferaufnahme, die die Entwicklung des Universums im Laufe von Jahrmilliarden zeigt. Gegen Ende des Jahres 1997 hatten Saul Perlmutter vom Supernova Cosmology Project und Brian Schmidt vom High-Z Supernova Search Team so viele Daten von Supernovae, dass sie den Verlauf der Expansion des Universums zumindest grob skizzieren konnten.

In vielen alten Mythen wird geschildert, wie der Kosmos dereinst zerstört wird, aber die Wissenschaft hat diese Frage erst seit der zweiten kosmologischen Revolution aufgegriffen. Hubbles Arbeiten zwangen die Kosmologen, den Anfang und das Ende des Universums in ihre Betrachtungen einzubeziehen. Allerdings kannten sie über Jahrzehnte hinweg keine Methode, um sein letztes Schicksal aufzuklären. Also debattierten sie endlos darüber, wie das Universum einmal enden wird: in einer ewigen Ausdehnung oder im *Big Crunch*? Gemäß Einsteins Gleichungen muss einer dieser beiden Fälle eintreten, denn im Universum vollzieht sich ein andauerndes Ringen zwischen der Gravitation und der Wucht des Urknalls, und kein Wissenschaftler konnte sagen, welche Seite gewinnen würde. Der Sieger würde darüber entscheiden, wie das Universum enden wird. Die beiden Teams, die die Supernovae untersuchten und dabei feststellten,

wie schnell sich die Expansion des Universums änderte, versuchten
also nichts Geringeres, als dessen letztes Schicksal zu enthüllen.

Wenn die Gravitationskraft obsiegt, das heißt, wenn das Universum genug Materie enthält, um die vom Urknall verursachte Ausdehnung zu stoppen, dann wird sich die Expansion immer weiter
und weiter verlangsamen und schließlich ganz aufhören. In diesem
Szenario sehen die Astronomen, die Jahrmilliarden weit in die Vergangenheit zurückblicken, wie die Hubble-Konstante ständig ab-
nahm, auch heute noch abnimmt und letztlich bei null enden wird.
Die Expansion des Universums wird dabei durch die Gravitationskraft der Galaxien am Ende völlig verhindert. Aber das ist noch
nicht die ganze Geschichte. Die Schwerkraft bewirkt nicht nur, dass
sich die Ausdehnung nach und nach verlangsamt und aufhört, sondern führt zu einer anschließenden Kontraktion: Das Universum fällt
in sich zusammen, und zwar in immer rasanterem Tempo. (Den gesamten Vorgang können wir wieder mit dem Fußball vergleichen,
der mit einem kräftigen Tritt hochgeschossen wurde, von da an immer langsamer nach oben steigt und danach, immer schneller wer-
dend, auf den Boden zurückfällt.) So wie sich das Universum bei der
Expansion abkühlte, erwärmt es sich bei der Kontraktion. Bald wird
eine immer heftigere Strahlungsglut alles durchsetzen: zuerst durch
Ultraviolett-, dann Röntgen- und daraufhin Gammastrahlung. Nicht
einmal die Materie wird das überstehen. Die Elektronen fliegen von
ihren Atomkernen weg, und sogar diese zerplatzen dann. In den letzten Augenblicken des sterbenden Universums zerfallen selbst die Protonen und die Neutronen, die die Atomkerne gebildet hatten, und
das Universum vergeht im *Big Crunch*, dem Gegenstück zum *Big
Bang*, dem Urknall. In diesem Szenario stirbt das Universum den
Feuertod.

Vielleicht, so überlegten die Theoretiker, enthält das Universum
aber auch nicht genug Materie, deren Gravitationskraft der Wucht
der anfänglichen Explosion entgegenwirkt. Dann wird sich die Ausdehnung des Universums zwar stetig verlangsamen – schließlich beobachtet man ja eine Abnahme der Hubble-Konstante –, aber nie-

mals ganz aufhören. In diesem Fall fliegen die Galaxien auf ewig voneinander weg, erscheinen uns immer dunkler und verschwinden irgendwann aus dem Blickfeld. Die Sterne brennen aus und sterben ab, so dass nur noch leere Schalen aus kalter, toter Materie übrig bleiben. Stern auf Stern flackert auf und vergeht. Das Universum kühlt immer weiter ab, und auch der letzte Rest an Materie zerfällt zu Energie. Nach kurzen, heftigen Strahlungsausbrüchen bleibt dann nur noch kalte Strahlung übrig, die das Universum erfüllt. In diesem Szenario stirbt das Universum den Kältetod.

Die Jagd nach Supernovae ist schwierig und zeitraubend. Die Astronomen müssen unzählige Fotos von großen Teilen des Himmels schießen – wieder und immer wieder. Und plötzlich, nach Wochen oder gar Monaten, finden sie eine winzige Veränderung: An irgendeiner Stelle erscheint ein heller Lichtpunkt, der zuvor nicht dort gewesen war. Wenn es eine Typ-Ia-Supernova ist, dann kann man aus ihrer beobachteten Helligkeit ermitteln, wie weit sie von uns entfernt ist. Nach und nach fanden die Supernova-Jäger recht viele Supernovae, in ganz unterschiedlichen Entfernungen von der Erde. Aus der Rotverschiebung eines Objekts lässt sich ableiten, wie schnell es sich von uns entfernt. Wenn man nun alle Entfernungen mit den jeweiligen Rotverschiebungen, also den Geschwindigkeiten, in Verbindung bringt, erhält man insgesamt Aufschluss darüber, wie stark sich die Ausdehnung des Universums im Laufe der Zeit verlangsamte. Wenn sich die Expansion des Universums stark verlangsamt hat, dann wird es in einem Feuerball enden; wenn sie aber kaum langsamer geworden ist, dann wird es abkühlen und sich ewig ausdehnen.

Als die beiden Teams ihre ersten Ergebnisse über die Supernovae publizierten, merkten sie dabei an, dass sich die Ausdehnung des Universums bisher nicht stark verlangsamte. Perlmutter, Schmidt und ihre Kollegen erklärten also erstmals, dass die Gravitationskraft das Ringen verlieren wird und sich das Universum unvermindert und auf ewig ausdehnt. Dieser Ansicht neigen heute die meisten Wissenschaftler zu. Unser Schicksal ist der Kältetod.

Das war eine atemberaubende Entdeckung. Zum ersten Mal in

der Geschichte war man nicht mehr auf Mythen und Spekulationen angewiesen, sondern konnte das Schicksal des Kosmos durch menschliche Erkenntnis aufklären. Das war wohl einer der dauerhaftesten Erfolge der Kosmologie. Aber es war auch der Beginn der dritten kosmologischen Revolution, denn das Wissen vom Schicksal des Universums wurde mit einem schmerzlich hohen Preis erkauft. Die neue Erkenntnis warf nämlich die Vorstellung von der Natur des Universums gründlich über den Haufen.

Schon 1998, kaum ein Jahr nach jener ersten Publikation über das Schicksal des Universums, wurde das Ganze noch viel rätselhafter. Die Supernova-Jäger hatten natürlich weiterhin gemessen, wie hoch die Expansionsgeschwindigkeit zu früheren Zeiten war und wie hoch sie heute ist. Doch ihre weiteren Daten stürzten sie nur in Verwirrung. Noch 1997 hatten sie angenommen, dass sich die Ausdehnung des Universums nicht sehr stark verlangsamt; aber 1998 erkannten sie, dass sie sich ganz und gar nicht verlangsamt, sondern sogar beschleunigt. Das war so unerwartet, als sähe man den hochgeschossenen Fußball unaufhörlich höher steigen und dabei auch noch ständig schneller werden. Es schien, als habe man eine Art seltsamer Antigravitationswirkung entdeckt. Die Verblüffung der Kosmologen war komplett.

Bis dahin hatten alle Modelle des Universums auf der Annahme gegründet, dass die Expansion des Universums mit der Zeit langsamer wird. Die Supernova-Jäger entdeckten, dass die Hubble-Konstante – die letztlich die Ausdehnungsgeschwindigkeit angibt – in früheren Zeiten kleiner war, als sie heute ist. Damit war die bisherige, so vernünftig erscheinende Ansicht auf einmal grundfalsch, und die Kosmologen mussten eine ihrer zentralen Vorstellungen aufgeben. Und die Ironie der Geschichte wollte es, dass sie sich die »größte Eselei« in Einsteins Karriere noch einmal vornehmen mussten. War sie vielleicht doch kein so großer Fehler gewesen?

Einsteins »Eselei« war – wie schon früher erwähnt – die Einführung der kosmologischen Konstante Λ [Lambda]. Sie repräsentiert eine nicht besonders plausible abstoßende Wirkung. Einstein hatte die Konstante willkürlich eingeführt, damit seine Gleichungen ein Universum beschrieben, das nicht in sich zusammenfallen wird. Nach Hubbles Entdeckung, dass sich das Universum ausdehnt, hatte er sie jedoch wieder gestrichen und sich geärgert, dass er sie überhaupt je eingeführt hatte. Die neuen Messwerte zwangen die Kosmologen jetzt aber, beinahe siebzig Jahre nach ihrer Einführung, sich wieder mit der Größe Λ auseinander zu setzen. Weil sich das Universum immer schneller anstatt (wie allgemein erwartet) langsamer ausdehnt, mussten die Astrophysiker so etwas wie eine Antigravitationskraft erwägen, eine seltsame Kraft, die der Schwerkraft entgegenwirkt. Dass sich die Expansion stetig beschleunigt, deutet auf die Existenz einer abstoßenden Kraft hin: Irgendetwas bläst das »Luftballon«-Universum immer stärker auf. Niemand weiß, was es ist; es gibt inzwischen nur einige Vermutungen. So wurde diese Abstoßungskraft, symbolisiert durch Λ, plötzlich zu einem der größten Rätsel in Astronomie und Kosmologie.

Anmerkungen

1 Die Einheit der Hubble-Konstante wirkt etwas kompliziert, aber es lohnt sich, sie sich näher anzuschauen. Die Größe H_0 gibt ja den Zusammenhang zwischen einer Geschwindigkeit und einer Entfernung an: Je weiter ein astronomisches Objekt von der Erde entfernt ist, desto schneller bewegt es sich von ihr weg. Wir können die Einheit von H_0 auch so schreiben: (km/s)/Mpc. Es wird also eine Geschwindigkeit (in der Einheit km/s) durch eine Entfernung dividiert (in der Einheit Mpc, das heißt Megaparsec, rund 3,26 Millionen Lichtjahre). Wenn $H_0 = 72$ km/(s · Mpc) ist, dann bewegt sich eine Galaxie, die 1 Mpc weiter von uns entfernt ist als eine andere, um 72 km/s schneller von uns weg.

2 Den stabilsten Atomkern hat das Element Eisen, und man könnte fast sagen, jedes Element ist daher bestrebt, »eisern« zu werden. Das Verschmelzen von Wasserstoff- zu Heliumkernen bringt sie im Periodensystem dem Eisen ein wenig näher. Daher wird bei dieser Fusion Energie frei. Das ist theoretisch bei allen Elementen der Fall, deren Atomkerne leichter als die des Eisens sind. Die Verschmelzung von Atomkernen des Eisens ergäbe indes noch schwerere Kerne, dazu müsste aber Energie

aufgebracht werden. Daher endet die Kernfusion in Sternen spätestens mit dem Element Eisen, so dass der Kernbrennstoff irgendwann verbraucht ist.

3   Mit Hilfe der Größe Z, die das Ausmaß der Rotverschiebung angibt, bestimmt man in der Astronomie extrem große Entfernungen. Je höher der Wert von Z ist, desto stärker ist auf Grund des Doppler-Effekts die Rotverschiebung, und desto schneller bewegt sich das Objekt. Nach der von Edwin Hubble gefundenen Relation zwischen Entfernung und Rotverschiebung bedeutet dies, dass das Objekt dann auch weiter entfernt ist.

4   Der Wert einer Konstante ändert sich, wie die Bezeichnung besagt, normalerweise nicht. Die Astronomen verstehen unter dem Begriff »Hubble-Konstante« einfach den heutigen Wert, der die Ausdehnungsgeschwindigkeit des Universums angibt. (Weitere Einzelheiten werden weiter unten erläutert.)

KAPITEL 5

Die Sphärenmusik
[Die kosmische Hintergrundstrahlung]

Unsere Unfähigkeit, diese Harmonie wahrzunehmen, scheint auf die Überheblichkeit des Räubers Prometheus zurückzugehen, die der Menschheit so viel Übel gebracht hat … Wenn unser Herz so rein, so unschuldig, so weiß wäre wie das des Pythagoras, würden unsere Ohren klingen und wären angefüllt von jener wunderbaren Musik der ewig kreisenden Sterne. Dann würden alle Dinge in das goldene Zeitalter zurückzukehren scheinen.

John Milton, *On the Music of the Spheres*

Die Supernova-Jäger versetzten die Kosmologie in Aufruhr. Als sie das endgültige Schicksal des Universums zu ergründen versuchten, stießen sie auf den Einfluss einer mysteriösen Kraft, die eine immer schnellere Ausdehnung des Universums bewirkt und sich durch eine kosmologische Konstante beschreiben lässt. Nur widerwillig befassten sich die Forscher mit einer unbekannten Antigravitationswirkung, aber die Daten zwangen sie, die lächerliche Vorstellung des Universums zu akzeptieren, die zwangsläufig daraus folgte. So suchten sie nach einem Ausweg. Einige Wissenschaftler erklärten, die Supernovae seien gar nicht die Standardkerzen, für die man sie allgemein hielt. Angenommen, die Supernovae hätten in der Vergangenheit schwächer gestrahlt als heute – dann müssten sie doch weiter entfernt erscheinen, als sie es eigentlich sind, und die Berechnungen wären hinfällig.

Der Beweis, dass etwas berechtigt ist, was der Vorstellungskraft so sehr widerspricht wie die kosmologische Konstante, muss besonders überzeugend geführt werden. Die Daten über die Supernovae waren zwingende Hinweise darauf, dass sich die Ausdehnung des Universums beschleunigt. Wenn diese Daten die einzigen Anzeichen für eine Antigravitationswirkung gewesen wären, hätten die Forscher sie sicher als zwar interessante, aber bedeutungslose Messergebnisse abgetan. Doch es wurden noch andere, bessere Methoden entwickelt, das Schicksal des Universums zu prophezeien. Deren Ergebnisse bestätigen unser immer seltsamer wirkendes Bild des Universums. Die Wissenschaftler entziffern nach und nach die Inschrift auf den uns umgebenden Feuerwänden.

In diesen Feuerkäfig, in die kosmische Hintergrundstrahlung, ist die Geschichte des ganz jungen Universums eingraviert. Sie kündet nicht nur davon, wie das Universum geboren wurde, sondern auch davon, was es enthält und wie es dereinst enden wird. Im Frühjahr des Jahres 2000 konnten die Forscher die Botschaft in der kosmischen Hintergrundstrahlung endlich entschlüsseln. Ein Experiment namens Boomerang, mit einem sehr hoch aufsteigenden Ballon durchgeführt, lieferte ein erstes detailreiches Abbild der feinen Strukturen dieser Strahlung – doch das war erst der Anfang. Ein Jahr später gaben drei Teams ihre Daten praktisch gleichzeitig bekannt und zeigten uns damit ein klares Bild von Gebieten am äußersten Rand des Universums. Und im Jahre 2002 nahm ein Satellit die kosmische Hintergrundstrahlung aus allen Richtungen am Himmel auf. Diese neuen Messungen versprechen den Ursprung und das Ende des Universums auf eine Weise zu enthüllen, von der wir noch ein Jahrzehnt zuvor kaum träumen konnten.

Die Kosmologen entschlüsseln jetzt also, was die kosmische Hintergrundstrahlung uns berichtet. Dabei staunen sie schon über das Wenige, das sie gerade erst herausgefunden haben.

Um die kosmische Hintergrundstrahlung zu verstehen, müssen wir zeitlich bis zum Anfang des Universums zurückkreisen, zum Urknall selbst. Auf den ersten, flüchtigen Blick wirkt die Geschichte des Universums, wie sie die Forscher erzählen, fast so weit hergeholt wie die griechischen Mythen oder die Sagen von afrikanischen Stämmen. Aber anders als die Mythen werden die Berichte der Wissenschaftler in jeder Hinsicht durch Indizien gestützt, und diese werden umso klarer, je tiefer wir in die Geschichte einsteigen. So seltsam sie auch erscheint, die Wissenschaftler müssen sie hinnehmen, um ihre Beobachtungen erklären zu können, die sie am Himmel anstellen.

Ebenso wie in vielen alten Mythen steht am Anfang des Universums, wie die moderne Wissenschaft ihn sieht, das Nichts. Es gab keinen Raum, und es gab keine Zeit. Es gab nicht einmal eine Leere. Es gab gar nichts.

Innerhalb eines einzigen Augenblicks wurde aus dem Nichts ein Etwas. In einer ungeheuren Aufwallung von Energie schuf der Urknall den Raum und die Zeit. Niemand weiß, woher diese Energie kam – vielleicht durch ein rein zufälliges Ereignis, vielleicht auch durch einen von vielen ähnlichen Urknallen. Gleichwohl befand sich in dieser winzigen Keimzelle von Materie und Energie schon all das, woraus unser heutiges Universum hervorgehen sollte. Im Bruchteil einer Sekunde dehnt sich das Universum mit unvorstellbarer Geschwindigkeit aus; es wird durch eine Energie aufgeblasen, die die Forscher noch nicht so recht erklären können. Diese kurze Ära der Inflation hinterließ, wie wir in Kapitel 12 noch besprechen werden, ihre Spuren auf dem Gesicht des modernen Kosmos.

Während sich das neugeborene Universum ausdehnte, begann die Materie darin sich zusammenzuballen. In rund einer billionstel Sekunde nach dem Urknall bildeten sich aus der Strahlung Quarks, Gluonen und Leptonen, also die fundamentalen Bausteine der Materie. Wir werden diese Teilchen später noch näher kennen lernen, wollen sie hier aber ganz kurz vorstellen. Quarks sind relativ schwere, unteilbare Teilchen, aus denen die Materie in den Atomkernen besteht, und Gluonen sind »Klebeteilchen« (engl. *glue* = Leim), die die Quarks zusammenhalten. Leptonen, zu denen das Elektron gehört, sind leichtere, ebenfalls unteilbare Teilchen. Die Leptonen erfahren – im Gegensatz zu den Quarks – keine Wirkung der Gluonen. (Es mag seltsam erscheinen, dass einige Teilchen die Wirkung der Gluonen verspüren, andere dagegen nicht. Derartige Unterschiede sind uns aber im Alltag durchaus geläufig: Büroklammern werden von einem Magnet angezogen, Kupfermünzen dagegen nicht.) Wir müssen hier nicht weiter ins Detail gehen, sondern uns nur klar machen, dass Quarks, Gluonen und Leptonen die einfachsten Bausteine der Materie im Universum sind und dass das Universum bis etwa eine millionstel Sekunde nach dem Urknall eine brodelnde Suppe aus fundamentalsten Materiebausteinen und Strahlung war. In ihr schwammen Quarks, Gluonen und Leptonen herum, ständig von Strahlung getroffen; die Physiker nennen diese Suppe ein *Quark-Gluon-Plasma*.

In rund einer millionstel Sekunde kühlte die Suppe auf etwa zehn Billionen Kelvin ab. Die Materieteilchen verloren Energie und wurden langsamer. Die Quarks konnten der Anziehungskraft der Gluonen nicht mehr widerstehen und begannen sich zusammenzuballen. Das Quark-Gluon-Plasma wurde also an bestimmten Stellen dichter, ähnlich wie Wasserdampf zu Tröpfchen kondensiert, wenn er auf eine kühle Fensterscheibe trifft. Als die Quarks zusammentraten, bildeten sich neue Teilchen, darunter Protonen und Neutronen (die schweren Teilchen in den Atomkernen), aber auch exotischere Teilchen, die weniger lange leben.

Beim weiteren Abkühlen des Universums ballten sich sämtliche Quarks zu Teilchen wie Protonen und Neutronen zusammen. Diese neu entstandenen Teilchen waren noch sehr heiß, hatten also viel Energie. Daher schwirrten sie ständig herum und stießen dabei miteinander zusammen. Manchmal blieben sie aneinander haften, manchmal trennten sie sich auch wieder. Während sich das Universum weiter abkühlte und dabei ausdehnte, wurden die Protonen und die Neutronen langsamer. Und ebenso wie Quarks aneinander hafteten, sobald sie stark genug abgekühlt waren, blieben auch Protonen und Neutronen zusammen, als sie nicht mehr genug Energie hatten, um sich wieder zu trennen. Protonen und Neutronen verbanden sich also und bildeten Atomkerne: Deuterium, Helium-3, Helium-4 und einige etwas schwerere Kerne. Dies war die Ära der *Nukleosynthese*, der Kernbildung. Aber es trat nur ein kleiner Teil der Protonen und Neutronen zu Atomkernen zusammen. Die meisten blieben ungebunden. Ein solches einzelnes Proton ist der leichteste Atomkern, nämlich der des Elements Wasserstoff.

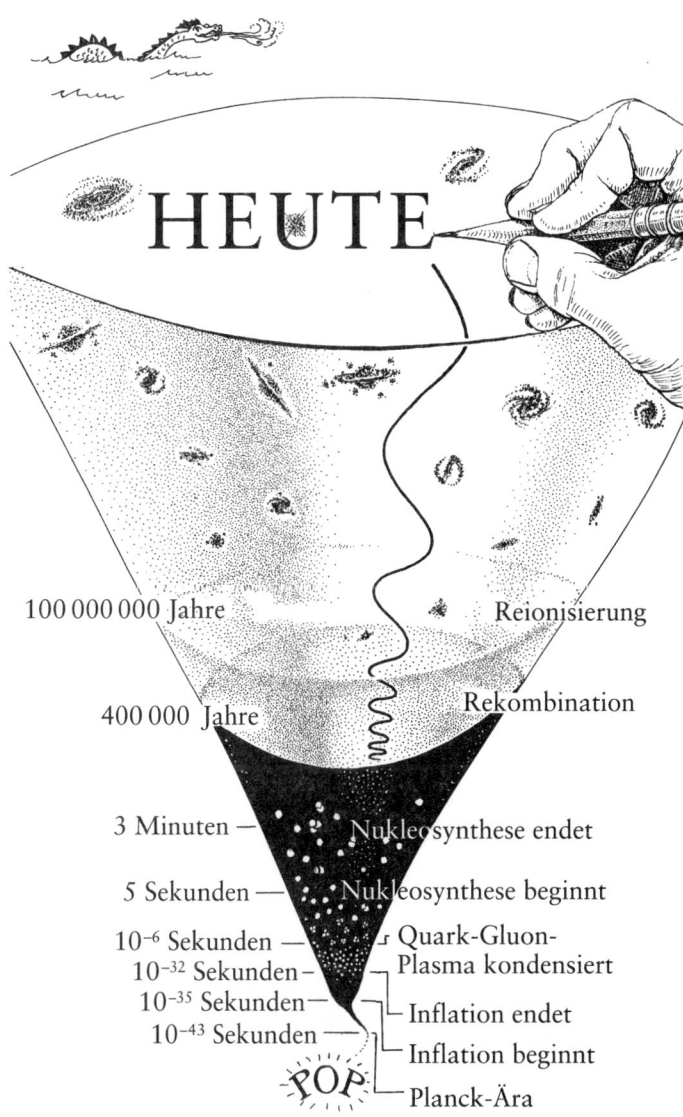

HEUTE

100 000 000 Jahre — Reionisierung

400 000 Jahre — Rekombination

3 Minuten — Nukleosynthese endet

5 Sekunden — Nukleosynthese beginnt

10^{-6} Sekunden — Quark-Gluon-
10^{-32} Sekunden — Plasma kondensiert
10^{-35} Sekunden — Inflation endet
10^{-43} Sekunden — Inflation beginnt
POP — Planck-Ära

Die Geschichte des Universums bis heute

Nahezu alle Materie im Universum entstand in den ersten wenigen Minuten der Schöpfung. Quarks und Leptonen gingen aus Energie hervor; dann verbanden sich Quarks zu Protonen und Neutronen, und diese vereinigten sich zu den leichten Atomkernen wie Deuterium, Helium-3 und Helium-4. (Diese Bildung von Helium-4-Kernen ähnelt derjenigen im Inneren der Sonne und auch in einer Wasserstoffbombe.) Nach einigen Minuten war das heiße, dichte Universum so weit abgekühlt, dass sich schwerere Atomkerne nicht mehr bilden konnten. Protonen und Neutronen trafen nicht mehr mit genug Energie aufeinander, um aneinander zu haften. Dann kam, einige Minuten nach dem Urknall, die Nukleosynthese zum Stillstand. Wasserstoffkerne bleiben Wasserstoffkerne, und Deuteriumkerne bleiben Deuteriumkerne. Nahezu die gesamte Materie im Universum, darunter die Wasserstoffatome in einem Glas Wasser, ist noch genau dieselbe wie die Materie, die in den ersten Augenblicken nach dem Urknall entstand.[1]

Inzwischen ist das Universum für die Nukleosynthese nicht mehr heiß genug. Die jetzt vorliegenden Mengenverhältnisse von Wasserstoff, Deuterium, Helium-3, Helium-4 und anderen ursprünglichen Atomkernen der chemischen Elemente werden sozusagen eingefroren – wobei »eingefroren« ein etwas gewagter Begriff ist, denn die Temperatur des Universums beträgt immer noch Tausende von Grad Celsius. Damit ist es bei weitem noch zu heiß, als dass die Atome der chemischen Elemente bestehen könnten.

Jedes Atom besteht aus dem Kern und der Elektronenhülle. Im Kern befinden sich Protonen und Neutronen (abgesehen vom Wasserstoffkern, der keine Neutronen aufweist). Der Atomkern ist relativ schwer, denn Protonen und Neutronen sind ja schwere Teilchen. Er ist umgeben von einer Wolke aus sehr leichten Elementarteilchen, den Elektronen. Zwischen ihnen und dem Atomkern herrscht eine elektrische Anziehungskraft (analog zu Mond und Erde, die auf Grund der Schwerkraft zusammenbleiben). Im heißen jungen Universum waren die Elektronen allerdings so energiereich, dass die Atomkerne sie nicht an sich binden konnten. Alles war durchsetzt von einer äußerst intensiven Strahlung. Deren Teilchen, die Photonen, verhinderten, dass sich die Elektronen mit den Kernen zu Atomen vereinigten. Das frühe Universum glühte unvorstellbar hell. Photonen rasten in allen Richtungen umher. Kaum dass sich ein Elektron einem Atomkern genähert hatte, schoss ein Photon hinzu und stieß es wieder weg. Das Universum musste sich erst abkühlen, und der Photonenhagel musste weniger dicht und weniger heftig werden, damit sich Elektronen und Kerne zu Atomen vereinigen konnten. Diesen Vorgang nennt man auch Kondensation.

Schon zwei Mal zuvor waren im Universum andere Kondensationsprozesse abgelaufen. Rund eine millionstel Sekunde nach dem Urknall war es so weit abgekühlt, dass freie Quarks zusammentreten und aus dem Quark-Gluon-Plasma Protonen und Neutronen bilden konnten. Einige Sekunden später waren diese Teilchen ausreichend abgekühlt, um sich ihrerseits zu Atomkernen zu vereinigen. Diese Ära der zweiten Kondensation – der Nukleosynthese – dauerte einige Minuten. Daran schloss sich eine sehr lange Phase der Abkühlung an. Es verstrichen 400 000 Jahre, bis die nächste Kondensation möglich war. Als die Temperatur nur noch bei 3000 Grad Celsius lag, sollte die Rekombination einsetzen, bei der Atome aus Kernen und Elektronen entstanden.

In der Zwischenzeit, also in der Zeitspanne von wenigen Minuten nach dem Urknall bis zur Rekombination 400 000 Jahre später, waren die positiv geladenen Atomkerne – Protonen und Neutronen – nicht an die leichten, negativ geladenen Elektronen gebunden. In einem solchen Zustand verhält sich die Materie ganz anders als die uns vertrauten Festkörper, Flüssigkeiten und Gase. Normalerweise ist jedes Elektron an ein bestimmtes Atom oder im Kristall gebunden; es kann zwar gelegentlich herausgeschlagen werden, kehrt aber schnell zum selben oder (meist) zu einem anderen Atomkern zurück. Wenn aber die Temperatur so hoch ist, wie sie es im frühen Universum war, dann liegen Elektronen und Atomrümpfe (Atomkerne mit weniger Elektronen als gewöhnlich) nebeneinander vor, das heißt, viele Elektronen sind nicht an einen bestimmten Kern gebunden.

Diesen Zustand nennt man Plasma[2], und seine Eigenschaften unterscheiden sich sehr von denen der gewöhnlichen festen, flüssigen oder gasförmigen Substanzen.

Plasmen haben sehr interessante Eigenschaften: Sie leiten den elektrischen Strom ähnlich wie ein Metall und sind – ebenso wie ein Metall – undurchsichtig. (Auch bei den Metallen gehört ein Teil der Elektronen nicht zu bestimmten Atomkernen, sondern verteilt sich über viele Kerne. Daher rühren die Ähnlichkeiten zwischen Metallen und Plasmen.) Wenn nun ein Lichtteilchen (ein Photon) auf ein Plasma trifft, wird es nicht weit eindringen können. Es wird nämlich schnell gestreut oder von den Elektronen und den Atomkernen absorbiert.[3] Daher war es im Universum vor der Ära der Rekombination (bei der sich Elektronen und Atomkerne zusammenfinden sollten) für ein Photon unmöglich, sehr weit zu kommen, ohne auf ein Elektron zu stoßen. Es wurde also immer wieder gestreut, so dass die ganze Masse für elektromagnetische Strahlung undurchlässig war, weil die Photonen sich nicht frei ausbreiten konnten. Mit anderen Worten: Das Licht war wie in einem Käfig gefangen, und das ganze Universum war wie ein undurchsichtiger Schaum, der nun im Laufe von Jahrtausenden abkühlte.

Doch plötzlich, 400 000 Jahre nach dem Urknall, wurde die Rekombination möglich. Nachdem Elektronen und Atomkerne viele Jahrtausende lang nebeneinander bestanden hatten, konnten sie sich zu Atomen zusammentun – und die Photonen wurden aus ihrem Käfig befreit. Das undurchsichtige Universum wurde auf einmal klar, und nach einer letzten Streuung konnten die Photonen in alle Richtungen wegsausen.

Als Arno Penzias und Robert Wilson die kosmische Hintergrundstrahlung entdeckt hatten – jene geheimnisvolle, überall am Himmel ständig vorhandene Strahlung –, sahen sie im Grunde einen matten Schimmer der letzten Streufläche, die meist *Last Scattering Surface* genannt wird. Das war die Plasmawolke, die das Licht ein letztes Mal streute, bevor es seines Weges ziehen konnte. Die kosmische Hintergrundstrahlung ist also die Strahlung, die während der Rekombination freigesetzt wurde und sich während der nächsten vierzehn Milliarden Jahre ausdehnte und abschwächte. Sie ist die älteste Strahlung, die die Astronomen jemals gesehen haben und sehen werden. Sie umgibt uns aus allen Richtungen: Wir sind in einem Käfig aus Feuer gefangen, und die kosmische Hintergrundstrahlung ist das Abbild der feurigen Mauern des Universums.

Die kosmische Hintergrundstrahlung erlaubte den Forschern nun einen ersten direkten Blick auf die unmittelbaren Nachwirkungen des Urknalls. Sie bestätigte die Urknalltheorie und widerlegte damit die Steady-State-Theorie. Die Geschichte der Urknalltheorie werden wir später noch besprechen, doch entscheidend für unser Verständnis vom Ursprung des Kosmos wurde die Ära der Rekombination. Die feurigen Mauern des Universums tragen die Botschaft über dessen Anfang. Freilich konnten die Wissenschaftler sie jahrelang nicht entziffern.

Das Problem lag darin, dass die kosmische Hintergrundstrahlung ein schwaches Flüstern ist, ein leises Echo des unglaublichen Lichtausbruchs, der seinem Materiekäfig entkommen war. Zu Beginn bestand sie aus sehr energiereichen Gammastrahlen, wurde aber mit der Zeit immer stärker gedehnt und verlor dabei ständig an Energie. Sie wurde also matter, kühlte ab und verwandelte sich in Röntgenstrahlen, dann in Ultraviolettstrahlen, in sichtbares Licht, schließlich über Infrarotstrahlen in Mikrowellenstrahlen. Diese sind auf der Erde sehr schwer nachzuweisen, unter anderem weil es sehr viele Geräte gibt, die Mikrowellen aussenden, darunter auch die Teleskope selbst. Alle diese Signale überdecken die schwachen Mikrowellen, die seit vierzehn Milliarden Jahren im Universum unterwegs sind.[4]

Jedes Materiestückchen hat eine bestimmte Temperatur. Die Temperatur ist in gewissem Sinne ein Maß dafür, wie heftig die Atome im betreffenden Gegenstand schwingen oder sich (beispielsweise in einem Gas) bewegen. Aber jeder Körper gibt auch Strahlung ab, wenn seine Temperatur deutlich höher als die des absoluten Nullpunkts (null Kelvin) ist. Mit Wärmebildkameras oder speziellen Nachtsichtgeräten lässt sich beispielsweise die Wärmestrahlung von Menschen oder Tieren erkennen. Diese Strahlung liegt im infraroten Teil des Spektrums, aber je höher die Temperatur eines Gegenstands ist, desto intensiver strahlt er und desto kleiner ist die Wellenlänge seines Strahlungsmaximums. So glüht Magma rot, und ein sehr hoch erhitzter Stahlstab kann Weißglut zeigen; beide strahlen also im sichtbaren Teil des Spektrums. Entsprechend strahlen kühlere Gegenstände, zum Beispiel ein Eiswürfel oder flüssiger Stickstoff, so schwach und mit so großen Wellenlängen, dass wir ihre Strahlung nicht sehen können. Gleichwohl strahlen sie, und zwar im Mikrowellenbereich, dessen Photonen noch viel weniger Energie haben als die des Infrarotlichts.

Die Temperatur eines Gegenstands ist also maßgebend dafür, mit welchen Wellenlängen er strahlt. Die Abhängigkeit der Strahlungsintensität von der Wellenlänge lässt sich mit dem so genannten Schwarzkörperspektrum beschreiben. Ein schwarzer Körper ist ein idealer Strahler, der nur die seiner Temperatur entsprechende Strahlung abgibt; auftreffende Strahlung reflektiert er nicht, sondern er absorbiert sie vollständig, wobei sie in Wärmeenergie umgewandelt wird. (Die Bezeichnung »schwarzer Körper« ist etwas irreführend, denn ein schwarzer Körper muss nicht immer schwarz sein; bei hoher Temperatur kann er durchaus Weißglut zeigen.) Aus dem Spektrum der von einem schwarzen Körper abgegebenen Strahlung kann man also seine Temperatur ableiten. Auch das Plasma, das die kosmische Hintergrundstrahlung erzeugte, verhielt sich weitgehend wie ein schwarzer Körper. Nach Milliarden von Jahren der Ausdehnung sieht diese Strahlung nun so aus wie die eines schwarzen Körpers mit einer Temperatur von 2,7 Kelvin (rund −270,3 Grad Celsius). Fast alles im Universum – glühende Stahlstäbe, Menschen, Eiswürfel und sogar die Erde selbst – strahlt im Mikrowellenbereich: zwar äußerst schwach, aber immer noch so stark, dass die Strahlen die kosmische Mikrowellenstrahlung überdecken.

Um nun die kosmische Hintergrundstrahlung zu finden, mussten die Forscher alle konkurrierenden Signale von anderen Objekten ausschließen oder herausfiltern. Das ist so schwierig, dass die Messungen jahrzehntelang nur die Tatsache bestätigten, dass diese Strahlung im erwarteten Wellenlängenbereich überhaupt existiert. Die Strahlungsdetektoren waren noch nicht empfindlich genug, um das Spektrum mit der erforderlichen Genauigkeit aufzunehmen. Es dauerte ein Vierteljahrhundert, bis man zeigen konnte, dass das Spektrum der Hintergrundstrahlung demjenigen eines schwarzen Körpers mit einer Temperatur von 2,7 Kelvin entspricht. Während die Experimentatoren sozusagen noch im Dunkeln tappten, wagten die Theoretiker schon Voraussagen über das, was die kosmische Hintergrundstrahlung enthüllen müsste, wenn die Instrumente nur empfindlich genug wären. (Das Fehlen experimenteller Befunde hat gute Theoretiker noch nie von neuen Ideen abgehalten.) Es sollte sich herausstellen, dass uns die kosmische Hintergrundstrahlung sehr viel zu sagen hat.

Zum einen war das ganz junge Universum keine gleichförmige Plasmawolke. An einigen Stellen war das glühende Plasma mächtig und dicht gewesen, an anderen dagegen dünner und weniger dicht. Als sich das Universum ausdehnte, ballte sich die Materie in den dichteren Teilen unter ihrer Schwerkraft zusammen und bildete letztlich Galaxien und Galaxienhaufen. Die weniger dichten Bereiche wurden während der Ausdehnung des Universums immer dünner und bildeten blasenähnliche Leerräume zwischen den Galaxienhaufen. Die Unterschiede zwischen den dichten und den weniger dichten Bereichen im Plasma – die *Massenfluktuationen* im ursprünglichen Universum – müssten in der kosmischen Hintergrundstrahlung ihre Spuren hinterlassen haben. Die schwache Mikrowellenstrahlung vom Rand des Raumes sollte also Informationen über die Materie und die Energie enthalten, die das Universum zu jener Zeit erfüllten.

Zu Anfang der 1970er Jahre erforschten Yakow Zel'dovic und andere Physiker die kosmische Hintergrundstrahlung. Ihre wohl wichtigste Erkenntnis war, dass Licht und Materie im Universum vor der Ära der Rekombination nicht gleichmäßig verteilt waren, sondern Schwankungen und Oszillationen aufwiesen. Demnach dürfte auch die kosmische Hintergrundstrahlung nicht gleichförmig sein. Statt eines monotonen »Zischens« aus allen Richtungen müsste sie

Bereiche aufweisen, in denen es heftiger, »heißer« zischt, und andere, in denen das Zischen schwächer und »kühler« ist. Die heißen Stellen müssten von dichteren, die »kühleren« Gebiete von weniger dichten Plasmawolken herrühren. Diese Ungleichmäßigkeit der kosmischen Hintergrundstrahlung ist ein Fall von *Anisotropie* (die Astronomen haben ja einen Hang zu griechischen Wörtern).[5] Wenn man diese Ungleichmäßigkeiten näher untersucht, kann man theoretisch berechnen, welche Art von Materie und Energie das frühe Universum aufwies. Aber noch bis 1990 fanden die Kosmologen keinerlei Beweise für eine Anisotropie der kosmischen Hintergrundstrahlung, denn die Instrumente waren noch nicht empfindlich genug. Mit einer Brille aus Milchglas lassen sich eben keine alten, verblassten Inschriften an den Mauern des Universums erkennen.

Im Jahre 1990 wurde schließlich der Satellit COBE gestartet, der das Problem lösen sollte. COBE steht für *Cosmic Background Explorer*, »Erforscher des kosmischen Hintergrunds«. Er kreiste hoch über der Erde, also oberhalb der Atmosphäre in der Leere des Weltraums, und nahm die Hintergrundstrahlung auf. Er war mit flüssigem Helium gekühlt und vor Strahlung von der Erde und der Sonne geschützt. Seine Aufnahmen zeigten erstmals die Anisotropie der kosmischen Hintergrundstrahlung, obwohl die feinsten Details noch nicht auszumachen waren. Den Wissenschaftlern kam es so vor, als hörten sie Musik aus der Ferne, ohne allerdings die Melodie erkennen zu können. Die Anisotropie, die man aus den Daten errechnete, war jedoch sehr schwach. Stellen Sie sich dazu vor, Sie stehen in einer großen Ansammlung von Leuten, die alle 1,80 Meter groß sind. Nehmen Sie weiter an, bei Isotropie wären alle Leute exakt gleich groß und bei Anisotropie würde sich die Körpergröße von Person zu Person ein kleines bisschen unterscheiden. Die Anisotropie, die die COBE-Aufnahmen in der kosmischen Hintergrundstrahlung enthüllten, würde in unserem Vergleich etwa einem Viertel der Dicke eines Menschenhaars entsprechen! So winzig diese Anisotropie auch war – COBE bewies, dass es sie gibt. (Die COBE-Daten gaben auch Hinweise darauf, dass das Spektrum der kosmischen Hintergrundstrahlung dem eines schwarzen Körpers ähnelt.) Gleichwohl ließ sich mit COBE – und mit einer weniger bekannten, gleichzeitig gestarteten Ballonsonde – eben kaum mehr zeigen, als dass überhaupt eine Anisotropie vorliegt; nähere Einzelheiten konnten nicht geklärt werden. COBE hatte bewiesen, dass es Inschriften auf den Mauern des Universums gibt, ohne dass wir sie jedoch lesen können. Die Kosmologen brannten darauf, sie endlich zu entschlüsseln.

Die alten griechischen Philosophen glaubten, der Kosmos sei von Musik erfüllt. Sie erklärten, die Menschen könnten die Musik der Sphären nur deshalb nicht hören, weil unsere Welt aus anderem Stoff bestehe als der Himmel darüber. Nach Auffassung der asketischen christlichen Denker ist die Welt der Sterblichen durch die Erbsünde verderbt, und unsere Sinne sind unfähig, die himmlische Harmonie wahrzunehmen. Könnten wir nur die Sphärenmusik hören, hat der blinde englische Dichter John Milton gesagt, dann sollte sich die Zeit umkehren, und wir könnten die Reinheit des Paradieses und das goldene Zeitalter des Kosmos erkennen. In gewissem Sinne hatte Milton Recht.

Zel'dovic und andere Physiker erkannten, dass das frühe Universum wie eine Glocke läutete. Jahrelang versuchten die Kosmologen vergeblich, diese uralte himmlische Musik zu hören. Die kosmische Hintergrundstrahlung ist ein Echo aus der Ära, in der das ganze Universum ein riesiges Musikinstrument war, das mit dem Nachhall des Urknalls klang. Als wir unsere Wahrnehmungen schließlich schärfen und die himmlische Musik hören konnten, brachte uns das zurück in die Zeit des ganz jungen Universums.

Nehmen wir an, wir hören aus der Ferne das Läuten einer Kirchenglocke. Wie kommt der Klang zu Stande? Nun, der auf die Glocke schlagende Klöppel bringt sie zum Schwingen. Die Art und Weise der Schwingung hängt vor allem von Größe, Form und Material der Glocke ab; diese Merkmale legen also fest, welchen Klang die Glocke abgibt. Durch ihre Schwingung erzeugt die Glocke regelmäßige Schwankungen des Luftdrucks, die sich wellenartig ausbreiten. Die Schallwellen bestehen darin, dass die Luft an einer bestimmten Stelle in regelmäßiger Abfolge etwas dichter und danach etwas weniger dicht als gewöhnlich ist. Anders ausgedrückt: Es breiten sich von der Schallquelle nach allen Seiten Zonen aus, in denen die Luft verdichtet beziehungsweise verdünnt ist. Schließlich trifft dieser periodische Wechsel von Überdruck und Unterdruck auf unser Trommelfell, das nun seinerseits in Schwingung gerät. Seine Bewegungen werden von feinsten Härchen im Ohr erfasst, und unser Gehirn wertet diese Sinnesreize aus: Wir hören schließlich den Ton oder den Klang. Nehmen wir an, die Glocke gibt den Ton c' ab, das so genannte eingestrichene c. Es liegt beim Klavier etwas links von der Mitte der Klaviatur. Schlagen wir diese Taste an, dann schwingt die zugehörige Saite 262-mal pro Sekunde, also mit einer Frequenz von 262 Hz. Sie überträgt ihre Schwingung auf die Luft, wodurch eine Schallwelle erzeugt wird, die schließlich auf unser Trommelfell trifft. Daher schwingt auch dieses mit 262 Hz, und wir hören den angeschlagenen Ton c'.

Nun ist die Tonhöhe, die ein Musikinstrument abgibt, bei weitem nicht alles. Eine Geige, eine Klarinette oder auch die menschliche Stimme können den gleichen Ton c' erzeugen – doch unser Ohr kann die drei Töne an ihrem Klang unterscheiden. Das liegt daran, dass niemals nur der betreffende Ton allein erzeugt wird, sondern außerdem eine ganze Reihe von Obertönen. Ein einfaches Beispiel ist die Saite einer Geige. Spielen wir den Ton c', dann schwingt sie nicht nur mit der Frequenz 262 Hz, sondern weist auch Oberschwingungen auf, unter anderem mit 524 Hz, 786 Hz, 1048 Hz und zahlreichen anderen, noch höheren Frequenzen. (Ein nahezu reiner Ton, also eine Schwingung mit praktisch nur einer Frequenz, kann mit einer Stimmgabel erzeugt werden.) Bei Musikinstrumenten sind die Oberschwingungen der Saiten durchaus erwünscht und werden durch die Formgebung des Resonanzkörpers noch unterstützt. Die vielen unterschiedlichen Obertöne und deren relative Intensitäten ergeben die Klangfarbe des jeweiligen Instruments. Vergleichen Sie einmal den süßen Ton einer Geige mit dem prächtigen Klang einer Trompete. Die verschiedenen Schwingungen, die unser Trommelfell erreichen, enthalten also Informationen über das Instrument, das sie erzeugt hat. Analog dazu können die Schwingungen des frühen Universums die Beschaffenheit des frühen Universums enthüllen. Wegen dieser Analogie spricht man auch hierbei von akustischen Schwingungen oder Oszillationen. Allerdings sind ihre Ausdehnungen sehr, sehr viel größer als die von Schallwellen auf der Erde. Das ganze Universum ist sozusagen das größte überhaupt vorstellbare Instrument, und die kosmische Hintergrundstrahlung ist das ferne Echo seines Klangs.

So wie die Schallwellen in abwechselnden Verdichtungen und Verdünnungen der Luft bestehen, gingen die akustischen Wellen im frühen Universum – vor der Ära der Rekombination – aus Zonen höheren beziehungsweise geringeren Drucks im Plasma hervor. Diese Wellen entstanden, weil die Materie im ursprünglichen Plasma zwei widerstreitenden Kräften ausgesetzt war. Die eine war die Schwerkraft oder Gravitationskraft. Diese relativ schwache Kraft versucht, die Materie zusammenzuballen. Wäre die Schwerkraft die einzige Kraft im Universum, so würde sich die gesamte Materie im Universum irgendwann zu einem einzigen, gigantischen Klumpen vereinigen. Zum Glück für uns wirken andere Kräfte der Gravitationskraft entgegen. Im frühen Universum ging die wichtigste dieser Kräfte vom *Strahlungsdruck* aus. Diese Kraft wird von den Photonen auf das Plasma ausgeübt.

Erinnern wir uns daran, dass sich Elektronen und Atomkerne in einem Plasma getrennt voneinander frei bewegen und dass ein Photon im Plasma nicht sehr weit kommt, bevor es von einem Teilchen gestreut wird. Aus der Sicht eines Elektrons ist das nicht gerade angenehm: Es ist einem unaufhörlichen Trommelfeuer durch Photonen ausgesetzt, wird also ständig hin und her gestoßen. Bei jedem Stoß nimmt es Energie auf und saust danach oft in die entgegengesetzte Richtung fort. Und das ist die Ursache des Strahlungsdrucks, der die Materie auseinander treibt. Während die Gravitationskraft bestrebt ist, die Teilchen zusammenzuhalten, versucht die Strahlung, sie voneinander wegzuziehen. Je heißer eine Ansammlung von Materie ist, desto mehr Photonen werden von ihr ausgestrahlt und desto höher ist der Strahlungsdruck, der sie auseinander treibt.

Die zwei widerstreitenden Kräfte – die nach innen gerichtete Gravitation und der nach außen gerichtete Strahlungsdruck – führten im Universum dazu, dass das ursprüngliche Plasma in Schwingung geriet. Stellen Sie sich dazu eine kleine Plasmawolke vor. Wenn die Gravitationskraft in ihr die Oberhand gewinnt, ballt sie sich zusammen und erwärmt sich dadurch.[6] Wegen der gestiegenen Temperatur entstehen im Plasma mehr Photonen, also eine intensivere Strahlung, so dass der Strahlungsdruck ansteigt, der expandierend wirkt. Bald hält er sich mit der kontrahierenden Wirkung der Gravitationskraft die Waage. Etwas später gewinnt der Strahlungsdruck sogar die Oberhand, und die Wolke dehnt sich aus. Dabei kühlt sie ab, so dass weniger Strahlung freigesetzt wird. Der Strahlungsdruck sinkt also wieder, die Schwerkraft dominiert erneut, und die Wolke kontrahiert sich erneut. Dieser ständige Wechsel von Ausdehnen und Zusammenziehen setzte schon sehr früh in der Geschichte des Universums ein.

Die Rekombination machte – 400 000 Jahre nach dem Urknall – diesem Gezerre plötzlich ein Ende. Jetzt vereinigten sich nämlich Elektronen mit Atomkernen, und das Plasma wurde zu einem durchsichtigen Gas: Die Photonen konnten es fast ungehindert passieren. Sie wurden viel seltener gestreut als zuvor und gaben daher kaum noch Energie an die Atome ab. Dementsprechend erzeugten sie kaum noch einen Strahlungsdruck. Schließlich gewann die Gravitationskraft die Oberhand: Die großen Materieanhäufungen ballten sich zusammen, und es entstanden Galaxienhaufen, Galaxien, Sterne und Planeten. Zwar hatten die akustischen Oszillationen mit dem Eintreten der Rekombination aufgehört, aber die theoretischen Kosmologen erkannten in den 1970er Jahren, dass jene Schwingungen im frühen Universum schließlich zu einer Anisotropie der kosmischen Hintergrundstrahlung geführt haben mussten. Verschiedene Materieanhäufungen wurden bei der Rekombination in unterschiedlichen Phasen von Kompression und Expansion angetroffen. Einige Anhäu-

(Lichtjahre)
Durchmesser von Materiewolken

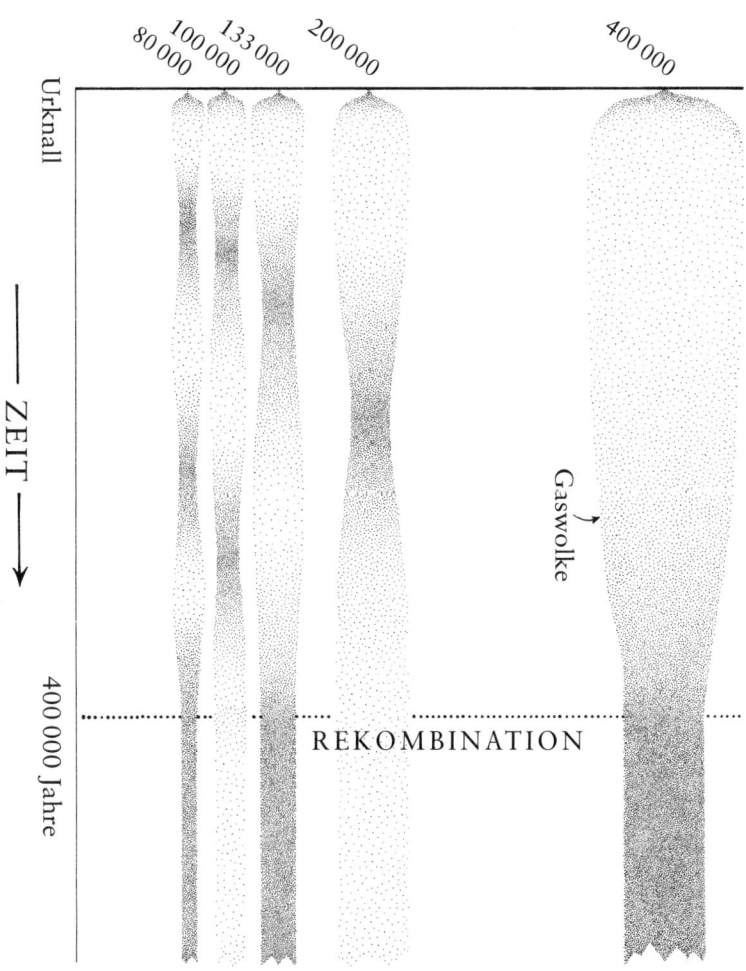

Akustische Oszillationen: Expansion und Kontraktion des Plasmas vor der Rekombination

fungen waren vollständig komprimiert und kurz davor, erneut zu expandieren; diese Materiehaufen waren heiß und dicht, und sie strahlten sehr hell. Einige Materieanhäufungen waren gerade voll expandiert, bevor sie wieder in sich zusammenfallen konnten; sie waren kalt und dünn, und sie strahlten nur schwach. Die Zustände der meisten Materieanhäufungen lagen irgendwo zwischen diesen beiden Extremen. Die akustischen Schwingungen – und die Anisotropie in der kosmischen Hintergrundstrahlung – gaben aber noch aus einem anderen Grund so viel Aufschluss über das frühe Universum. Dieser Grund lag in der Lichtgeschwindigkeit.

Gemäß Einsteins Relativitätstheorie lässt sich keinerlei Information schneller als mit Lichtgeschwindigkeit übertragen. Wir können einen Gegenstand also keinesfalls beeinflussen, bevor nicht das Licht den Weg von uns zu ihm zurückgelegt hat. Die Erde ist von der Sonne acht Lichtminuten entfernt. Nehmen wir an, die Sonne würde plötzlich und spurlos verschwinden – das würde uns Menschen erst acht Minuten danach beeinflussen können. Es wären uns auf jeden Fall noch acht Minuten in glücklicher Ahnungslosigkeit gewährt, in denen für uns die Sonne nach wie vor schiene. Die Erde würde in dieser Zeitspanne die Gravitationskraft der Sonne noch erfahren und ihre gewohnte Bahn ziehen. Nach Einsteins Theorie breitet sich auch die Gravitationswirkung mit Lichtgeschwindigkeit aus. So wie das Licht von der Sonne bis zur Erde acht Minuten benötigt, würde sich das Ausbleiben der Anziehungskraft der Sonne ebenfalls erst danach auf die Erde auswirken.

Wendet man diese Vorstellung nun auf das frühe Universum an, ergibt sich eine interessante Konsequenz. Das Universum war erst etwa 400 000 Jahre alt, als die Rekombination eintrat und die akustischen Schwingungen aufhörten. Folglich kann jedes Atom nur den Gravitationseinfluss der Materie innerhalb eines Radius von 400 000 Lichtjahren um sich herum spüren. (In der Sprache der Physiker: Das Atom ist »nicht kausal verknüpft« mit Atomen, die weiter als 400 000 Lichtjahre von ihm entfernt sind.) Außerdem kann weiter (zum Beispiel rund einige Durchmesser unserer Galaxis) entfernte

Materie nicht an den Schwingungen beteiligt gewesen sein. Das bedeutet nun, dass eine Materieanhäufung, die unter der Gravitationskraft in sich zusammenfällt, eine Ausdehnung von höchstens rund 400 000 Lichtjahren haben kann. Wäre sie größer, dann hätten die weiter entfernten Anteile die Gravitationskraft einiger anderer Anteile nicht erfahren haben können. Anders ausgedrückt: Es gibt eine maximale Größe der in sich zusammengefallenen Materieanhäufungen, und die heißen Stellen (*Hot Spots*) in der kosmischen Hintergrundstrahlung können einen bestimmten charakteristischen Durchmesser am Himmel nicht überschreiten. Der in Princeton wirkende Forscher P. J. E. Peebles errechnete, dass diese heißen Stellen einen Winkeldurchmesser von ungefähr einem Grad haben müssten, was in etwa der doppelten Größe des Vollmonds am Himmel entspricht.

Die Materieanhäufungen mit maximaler Größe hatten gerade genug Zeit gehabt, vor dem Eintreten der Rekombination in sich zusammenzufallen. Daher war ihre Strahlung intensiver als die der Umgebung, und die Astronomen können diese heißen Stellen heute – vierzehn Milliarden Jahre später – nachweisen. Doch nicht alle Materiewolken waren so groß wie die größten. Einige waren ein bisschen kleiner, vielleicht nur halb so groß. Diese Materiemengen waren in der halben Zeit, also in ungefähr 200 000 Jahren, auf ihre maximale Dichte kollabiert. Die Rekombination trat jedoch erst rund 200 000 Jahre später ein. Nachdem eine dieser kleineren Materiewolken so weit wie möglich in sich zusammengefallen war, hatte sie eine hohe Temperatur und strahlte sehr intensiv. Der Strahlungsdruck trieb die Materie auseinander, so dass sich die Wolke wieder etwas ausdehnte. Sie wurde also größer und erreichte gerade ihre Maximalgröße, als die Rekombination eintrat. Solche Wolken mit halber Maximalgröße waren relativ selten und kühler als die sie umgebende Materie. Sie führten zu kalten Stellen (*Cold Spots*) in der kosmischen Hintergrundstrahlung. Noch kleinere Materiewolken, mit rund einem Drittel der Maximalgröße, hatten während der 400 000 Jahre vor der Rekombination gerade genug Zeit zu kollabieren, sich auszudehnen und ein weiteres Mal zu kollabieren. Sie

führten zu heißen Stellen am Himmel, denn sie waren beim Eintritt
der Rekombination gerade vollständig (auf ihre maximale Dichte)
kollabiert.

Die Theoretiker erwarteten also, dass die kosmische Hintergrundstrahlung von heißen und von kalten Stellen (Hot Spots und Cold
Spots) durchsetzt ist. Die größten heißen Stellen sollten eine Winkelausdehnung von rund einem Grad haben und Hot-Spot-»Obertöne«
mit Ausdehnungen von einem drittel Grad, einem fünftel Grad und
so weiter aufweisen. Außerdem sollten sich in ihnen Cold-Spot-
»Obertöne« mit Ausdehnungen von einem halben Grad, einem viertel Grad und so weiter finden. Trägt man die Strahlungsintensität
gegen den Winkel auf, dann ergibt sich ein wellenförmiger Verlauf.

Peebles berechnete nun die Winkel, bei denen die Strahlungsintensität groß beziehungsweise klein sein sollte. Das erste Maximum sollte
ja bei einem Grad liegen, gefolgt von weiteren Maxima bei einem
drittel Grad, einem fünftel Grad und so weiter. Leider konnte man
die sehr geringen Intensitätsunterschiede damals nicht messen. Der

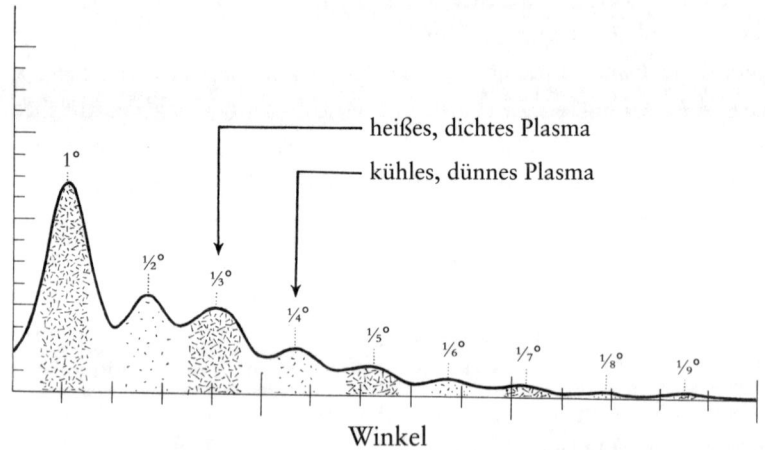

*Maxima und Minima in der kosmischen Hintergrundstrahlung.
Die Grautönungen deuten die unterschiedlich hohen Intensitäten
an.*

COBE-Satellit hatte nur eine Winkelauflösung von sieben Grad, weshalb die nur einen Grad großen heißen Stellen nicht zu erkennen waren. Außerdem waren sich die Astronomen ja nicht sicher, dass die Maxima und Minima an den erwarteten Stellen zu finden sind, denn auf Grund der besonderen Beziehung zwischen Raum und Zeit kann die Abbildung astronomischer Objekte verzerrt sein, so dass sehr fein strukturierte Merkmale noch schwerer zu erkennen sind.

Nachdem der COBE-Satellit gestartet war, mussten sich die Kosmologen noch ein weiteres Jahrzehnt gedulden, bis das erste Maximum in der kosmischen Hintergrundstrahlung gefunden war. Dann aber bestätigten sich die Vermutungen über das letzte Schicksal des Universums.

Im ununterbrochenen Tageslicht des antarktischen Sommers wirkt der Mount Erebus ganz anders, als es sein Name vermuten lässt (*Erebos* verkörperte in der griechischen Mythologie die Finsternis, insbesondere die der Unterwelt). Weiß gekleidet und zuweilen von Wolken verhüllt, ragt er majestätisch über der kalten Einöde empor. Für die Kosmologen war er im April 2000 eine eindrucksvolle Kulisse, als dem Boomerang-Team eine geradezu atemberaubende Aufnahme gelang. Dem Himmelsblau überlagert, mit ganz besonderen Farbtönen, zeigte sich die kosmische Hintergrundstrahlung und offenbarte ihre heißen und kalten Stellen. Endlich – nach vielen Jahren – wurden sie sichtbar. Eine Inschrift im Himmel kündete vom Schicksal des Universums, und jetzt konnten die Kosmologen sie endlich entziffern.

Das erste Instrument, dessen Auflösung fein genug war, die heißen und kalten Stellen in der kosmischen Hintergrundstrahlung zu erfassen, war ein ganz einfach aussehendes, aus Metall gefertigtes »Teleskop« namens Boomerang. Der Name wurde abgeleitet von der englischen Bezeichnung *Balloon Observations of Millimetric Extragalactic Radiation and Geophysics* (so viel wie »ballongestützte Beobachtung extragalaktischer Strahlung im Millimeterbereich und für geophysikalische Messungen«). Das Gerät hing an einem riesigen

Heliumballon, der erstmals im Sommer 1998 hoch über der Antarktis schwebte. In der Antarktis zu arbeiten ist nicht nur teuer, sondern auch beschwerlich, vor allem wegen der unvorstellbaren Kälte. Das Boomerang-Team, dem 36 Forscher aus verschiedenen Ländern angehörten, hatte aber zwei wichtige Gründe, seine Messungen und Experimente gerade hier anzustellen. Zum einen treten in der Antarktis die tiefsten Temperaturen auf, so dass die Wärmestrahlung des Erdbodens hier am schwächsten ist. Wie schon erwähnt, liegt sie im Mikrowellenbereich, genau wie die kosmische Hintergrundstrahlung aus der Weite des Universums. Je kälter also das Messinstrument und seine Umgebung sind, desto größer ist die Chance, geringe Schwankungen der nahezu gleichförmigen kosmischen Hintergrundstrahlung zu erfassen. Der zweite Grund, der die Antarktis zu einem idealen Beobachtungsort machte, ist eine etwas seltsame Windströmung, die über der Antarktis kreist. Lässt man einen Ballon an der richtigen Stelle hochsteigen, dann wird er von dieser Windströmung sozusagen eingefangen, umkreist mit ihr den Südpol und kehrt gut eine Woche später an dieselbe Stelle zurück. Genau diesen Kreislauf ließ das Boomerang-Team sein Teleskop absolvieren.

Der Boomerang-Mikrowellendetektor ist äußerst empfindlich. Er ist so ausgelegt, dass er Strahlung vom Himmel aufnimmt, ohne dass sich die Strahlung der Erde oder die des Instruments selbst störend auswirken. Die auftreffende Strahlung wird auf kleine Bolometer geführt, Wärmesensoren, die auch extrem schwache Signale erfassen können. Bei den Boomerang-Messungen waren die Bolometer, ähnlich wie in einem Spinnennetz, an dünnen Fäden aufgehängt, damit keine Wärme aus der Umgebung in sie hineingelangte. Sie funktionierten wunderbar.

Die Auflösung des COBE-Instruments war mit sieben Grad viel zu grob gewesen, um die winzigen heißen und kalten Stellen in der kosmischen Hintergrundstrahlung erkennbar zu machen. Mit den Boomerang-Sensoren erzielte man nun jedoch eine Auflösung von einem Drittel Grad. Jetzt mussten die Forscher nicht mehr wie durch Milchglasscheiben auf die kosmische Hintergrundstrahlung schauen.

Die Inschrift, die vom Schicksal des Universums kündet, wurde lesbar. Sie kündet auch von seiner Form.

Ja – auch von seiner Form. Es mag ebenso lächerlich erscheinen, von der Form oder Gestalt des Universums zu sprechen, als würde man seinen Duft erklären wollen, doch für Mathematiker und Physiker hat das Ganze durchaus Sinn. Die Gleichungen der allgemeinen Relativitätstheorie vergleichen Raum und Zeit mit einem flexiblen Material, ähnlich einem Gummituch. Die Differenzialgeometrie, eine Disziplin der höheren Mathematik, bietet die Hilfsmittel, um biegsame und dehnbare (elastische) Objekte zu beschreiben, also die Gestalt ihrer Oberflächen im Raum. Die entscheidenden Größen sind dabei die jeweilige Krümmung und die (mechanische) Spannung des »Gummituchs«. Die Beschreibung der Raumzeit mit der Gummituch-Analogie erscheint etwas künstlich, ist aber ein sehr nahe liegendes und leistungsfähiges Konzept, wenn man richtig damit umgeht.

Die Grundlage für Einsteins allgemeine Relativitätstheorie wurde seine entscheidende Erkenntnis, dass Raum und Zeit sich, mathematisch gesehen, wie eine glatte Oberfläche verhalten. Das hat einige wichtige Konsequenzen. Zum einen erklärt es, woher die Gravitation kommt. Ein massereiches Objekt, zum Beispiel unsere Sonne, verzerrt das Gewebe der Raumzeit; sie verbiegt es, ähnlich wie eine Kegelkugel, die auf einer Matratze liegt. Legt man nun nahe der Kugel eine kleine Murmel auf die Matratze, wird sie zur großen Kugel hinrollen, weil diese die Matratze stärker krümmt. Im Prinzip genauso ist es im Universum: Ein Asteroid, der sich der Sonne nähert, wird in die Sonne stürzen, weil ihm die Krümmung der Raumzeit diese Änderung der Bewegungsrichtung aufzwingt.

Warum sprechen wir hier vom Raum und der Zeit und nicht nur vom Raum? Nun, Einstein erkannte, dass die uns geläufigen Bewegungen in den drei Dimensionen des Raumes – auf und ab, rechts und links, vor und zurück – auch die Bewegungen in der vierten Dimension, der Zeit, beeinflussen. Wenn wir uns in einem Raumschiff sehr schnell im Raum bewegen, beispielsweise von der Erde weg, dann geht unsere Armbanduhr ein ganz, ganz kleines bisschen langsamer als eine Uhr, die auf der Erde zurückbleibt. Raum und Zeit haben zwar etwas unterschiedliche mathematische Eigenschaften (unser vierdimensionales Universum hat drei »raumähnliche« Dimensionen und eine, die »zeitähnlich« ist), sind aber gleichwohl untrennbar miteinander verwoben. Beeinflussen wir den Raum, so beeinflussen wir zwangsläufig auch die Zeit, und umgekehrt. Darin liegt ihr mathematischer Zusammenhang.

Weil sich Raum und Zeit gemeinsam wie ein Gewebe verhalten, kann die Raumzeit Krümmungen aufweisen. Diese können »lokal« (das heißt örtlich begrenzt) sein, wie die Verzerrungen, die durch die Sonne verursacht werden. Sie können aber auch »global« sein, also das ganze Universum erfassen.[7] Das können wir mit der Erde vergleichen. In bestimmten Gebieten – »lokal« – finden sich Gebirge und Täler, Hügel und Mulden sowie verschiedene kleinere Formationen, deren Krümmungen die Landschaft prägen. Aber aus großer Entfernung, »global«, sieht die Erde wie eine Kugel (ein Globus) aus. Ihre Krümmung ist dagegen lokal – über geringe Entfernungen hinweg – praktisch nicht wahrnehmbar. Auch das Universum hat eine Form. Lokal kann es entweder flach sein oder gekrümmt. Bei der Krümmung unterscheidet man eine *positive Krümmung* (wie bei einer Kugel) und eine *negative Krümmung* (ähnlich der einer Mulde bei einem Sattel). Alle diese Formen sind natürlich in vier Dimensionen zu verstehen, so dass man sie sich nur schwer vorstellen kann, auch wenn man es übt. Wir wollen hier aber die dreidimensionalen Entsprechungen – eine Ebene, eine Kugel oder eine Sattelmulde – als brauchbare Näherungen verwenden, wenn wir die Gegebenheiten in unserem vierdimensionalen Universum zu beschreiben versuchen.

Gemäß den Gleichungen der allgemeinen Relativitätstheorie hängt die Form des Universums stark davon ab, wie viel Materie und Energie es enthält. Einsteins Gleichungen besagen, dass Materie und Energie das Gefüge der Raumzeit krümmen und dass das Universum als Ganzes umso stärker gekrümmt sein muss, je mehr Materie und Energie sich in ihm befinden. Ist eine kritische Menge an Materie und Energie überschritten, dann hat das Universum eine positive Krümmung, wie eine Kugel. Wenn die Menge kleiner als eine bestimmte kritische Menge ist, dann hat das Universum eine negative Krümmung, wie bei einer Sattelmulde. Liegt aber die gesamte Menge an Materie und Energie im Universum gerade beim Grenzwert zwischen den Werten für positive und für negative Krümmung, so ist das Universum flach wie eine Ebene. Die Wissenschaftler verwenden für die Menge von Materie und Energie im Universum das Symbol Ω (den griechischen Großbuchstaben Omega). Der Betrag von Ω bestimmt also die Krümmung des Universums; liegt er unter der kritischen Dichte, ist also Omega kleiner als eins ($\Omega < 1$), dann hat das Universum eine negative Krümmung, wie eine Sattelmulde. Ist aber Omega größer als eins ($\Omega > 1$), dann ist die Krümmung normalerweise positiv, und das Universum hat die Form einer Kugel. Und bei $\Omega = 1$ ist das Universum praktisch flach, wie eine Ebene. (Denken Sie aber daran, dass dies alles, wie gesagt, eigentlich in vier Dimensionen zu verstehen ist.)

Die Größe Ω hat nun eine ganz besondere Bedeutung, denn die Krümmung des Universums hängt mit seinem späteren Schicksal zusammen. Omega, der letzte Buchstabe des griechischen Alphabets, symbolisiert ja seit jeher das Ende von allem, so wie der Buchstabe Alpha für den Anfang steht. Der Betrag von Omega ist, wie eben ausgeführt, ein Maß für die im Universum befindliche Menge an Materie und Energie. Daher entscheidet er über den Sieger im immer während Kampf zwischen Expansion und Kontraktion. Er legt demnach fest, ob sich das Universum immer weiter ausdehnt oder ob es infolge seiner Masse dereinst in sich zusammenstürzt. Ebenso wie Ω die Krümmung des Universums angibt, so verrät es uns also auch, auf welche Weise das Universum sterben wird. Wenn die Dichte von Energie und Materie unterhalb der kritischen Dichte liegt (also bei $\Omega < 1$), dann ist sie zu gering, um der Ausdehnung des Universums entgegenzuwirken: Das Universum dehnt sich ewig und unbegrenzt aus und stirbt den Kältetod. Bei $\Omega > 1$ liegt dagegen mehr als genug Materie und Energie vor, um die Wucht der anfänglichen Explosion zu überwinden: Die Ausdehnung des Universums hört irgendwann auf, und es geht im *Big Crunch* in Flammen auf. Der Fall $\Omega = 1$ ist besonders gelagert: Das Universum dehnt sich ewig aus. Auch hier stirbt das Universum einen Kältetod.[8]

Die Krümmung des Universums, die Menge an Materie und Energie in ihm und auch sein endgültiges Schicksal hängen sämtlich miteinander zusammen.[9] Bestimmt man eine der Größen beziehungsweise Aussagen, so lässt sich daraus auf die anderen beiden schließen. Die kosmische Hintergrundstrahlung wies den Kosmologen nun den Weg, die Krümmung des Universums direkt zu messen.

Nach Einsteins allgemeiner Relativitätstheorie breitet sich das Licht nicht unbedingt geradlinig aus. Vielmehr folgt es den Konturen der Oberfläche der Raumzeit, die man Geodäten nennt. In einer Ebene sind die Geodäten gerade Linien. Wenn zwei Ameisen gleich schnell in derselben Richtung auf zwei parallelen Geraden laufen, haben sie stets denselben Abstand voneinander. Gleiches gilt in einem flachen Universum für zwei parallele Lichtstrahlen, die sich einem Beobachter nähern. Auf einer Oberfläche mit einer Krümmung hat dieser Begriff der Parallelität hingegen keinen Sinn. Die Geodäten auf einer Kugel (die ja eine positive Krümmung hat) sind Großkreise, auf dem Globus beispielsweise die Längengrade oder Meridiane. Laufen zwei Ameisen vom Nordpol weg, jede entlang eines Meridians, so entfernen sie sich immer weiter voneinander (erst hinter dem Äquator kommen sie sich wieder näher). In einem positiv gekrümmten Universum verfälscht ein dazu analoger Effekt die scheinbare Größe entfernter Objekte: Ankommende Strahlen werden auseinander getrieben, weshalb Objekte größer erscheinen als bei gewöhnlicher Abbildung. Auf einer Oberfläche mit negativer Krümmung, wie bei einer Sattelmulde, tritt der gegenteilige Effekt ein, und entfernte Objekte erscheinen kleiner als normalerweise.

Diese Zusammenhänge bieten nun eine Möglichkeit, die Krümmung des Universums zu ermitteln. Man braucht nur eine Standardlänge. Wir stellen uns ein Objekt bekannter Größe vor und verschieben es um eine große Strecke – beispielsweise um den halben Durchmesser des Universums. Nun vergleichen wir seine scheinbare

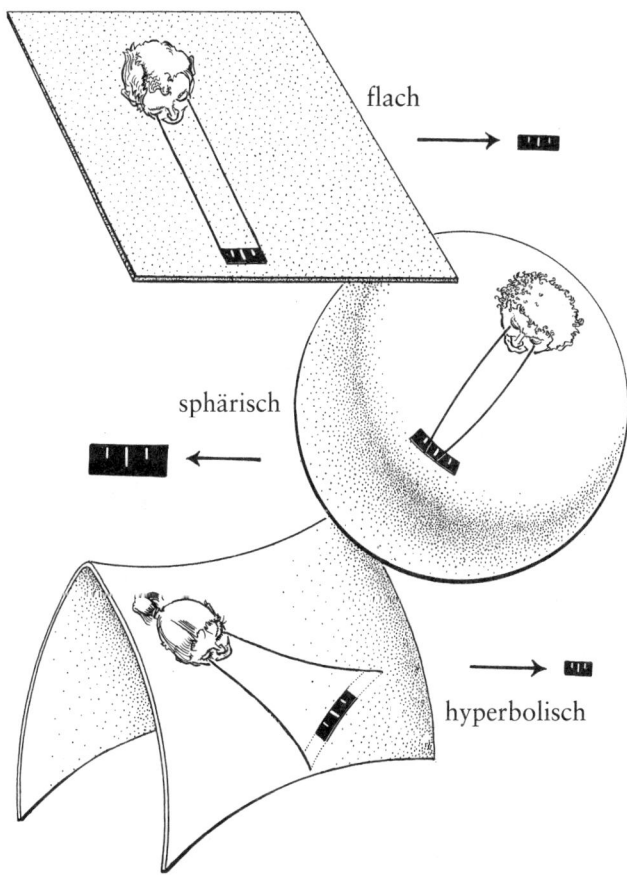

flach

sphärisch

hyperbolisch

Wie die Krümmung der Raumzeit die Abbildung entfernter Objekte beeinflusst.

Größe mit der Größe, die wir anhand der Gegebenheiten erwarten. Ist sie kleiner als erwartet, dann ist das Universum negativ gekrümmt, ähnlich wie eine Sattelmulde. Ist sie aber größer als erwartet, dann hat das Universum eine positive Krümmung, ähnlich wie eine Kugel. Das einzige Problem ist dabei, eine geeignete Standardlänge zu finden.

Genau das aber gelang im Boomerang-Projekt. Die größten heißen Stellen in der kosmischen Hintergrundstrahlung sind nämlich Standardlängen. Die Theoretiker konnten genau errechnen, wie groß diese heiße Stellen sein müssen; das war abzuleiten aus der Entfernung, die das Licht in den 400 000 Jahren zwischen Urknall und Rekombination zurücklegen konnte. Diese heißen Stellen sind also von bekannter Größe – und das auf dem entferntesten Objekt, das die Astronomen jemals sehen werden. Weil man ihre Größe kennt, können die heißen Stellen als Standardlängen dienen. Ist das Universum flach, dann erwarten die Theoretiker, dass diese Stellen eine Winkelausdehnung von etwa einem Grad haben. Ist es wie eine Kugel positiv gekrümmt, dann müssten die Stellen größer erscheinen (vielleicht anderthalb oder zwei Grad). Ist das Universum dagegen wie eine Sattelmulde negativ gekrümmt, dann müssten die heißen Stellen kleiner erscheinen (vielleicht zwei Drittel oder ein halbes Grad).

Die größten heißen Stellen haben nun genau die von den Theoretikern vorhergesagte Winkelausdehnung von einem Grad. Dies bedeutet, dass das aus fernen Teilen des Universums bei uns eintreffende Licht nicht durch die Form der Raumzeit beeinflusst wurde. Das Universum ist also weder wie eine Kugel noch wie eine Sattelmulde gekrümmt. Die Boomerang-Daten lieferten stichhaltige Indizien dafür, dass das Universum keine Krümmung hat. Unsere kleine Welt mag rund sein, aber das Universum ist flach.

Dieser Befund stützte auch eindrucksvoll die Schlussfolgerungen der Supernova-Jäger. Die mathematischen Zusammenhänge besagen, dass sich ein flaches Universum ewig ausdehnt. Aus den Messungen an Supernovae konnte man nun Folgendes schließen: Das Universum wird sich unaufhörlich ausdehnen, wobei die Expansion schneller, also nicht langsamer, wird. Die beiden Ergebnisse – auf ganz unterschiedliche Arten erzielt – bestätigten einander. Das ließ wenig Raum für Spekulationen von Forschern, die dieses oder jenes Einzelergebnis anzweifelten. Die Kosmologen waren jetzt sozusagen gezwungen, sich einig zu sein. Zum ersten Mal in der Geschichte der Menschheit wissen wir, auf welche Weise das Universum dereinst enden wird. Wir haben also eine der Fragen beantwortet, die die Philosophen schon in den frühesten Kulturen beschäftigt haben, und wir wissen jetzt, dass das Universum einen Kältetod sterben wird.

Die Erkenntnis, dass das Universum flach ist, bescherte uns das Wissen über das Schicksal des Kosmos, sie erledigte aber auch das Problem, das die Supernova-Jäger aufgeworfen hatten. Sie hatten herausgefunden, dass sich das Universum immer schneller ausdehnt, konnten aber keine Ursache für diese ständige Beschleunigung angeben, ohne die Existenz irgendeiner abstoßenden Kraft anzunehmen, die durch die kosmologische Konstante Λ beschrieben würde. Es war ein dramatischer Augenblick in der Kosmologie, und viele Forscher glaubten, dass mit den Supernova-Daten irgendetwas nicht stimmen konnte. Die Boomerang-Messungen der Krümmung des Universums und des Betrags von Ω bestätigten jedoch die Supernova-Daten. Die Messung von Ω ist wie eine Volkszählung, denn es wird sozusagen der ganze Inhalt des Universums ermittelt – sämtliche Materie und sämtliche Energie. Die Boomerang-Daten bewiesen, dass es neben der Materie noch etwas anderes im Universum geben muss, nämlich etwas, das aus ihm ein flaches Universum macht. Die Inschrift auf den Wänden des Universums schien von der Existenz irgendeines anderen Einflusses zu künden – vielleicht einer geheimnisvollen »dunklen Energie«, beschrieben durch die kosmologische Konstante Λ. Das stand nun fest. Die Wissenschaftler mussten einräumen, dass ihnen der weitaus größte Teil der Materie im Universum (noch) verborgen blieb. Nur rund fünf Jahre zuvor hätte sich niemand träumen lassen, dass die Kosmologie jemals in eine solche Lage geraten könnte. Die dritte kosmologische Revolution war in vollem Gange.

Anmerkungen

1   Schwerere Elemente wie Sauerstoff und Kohlenstoff sind auf der Erde sehr häufig, aber im Universum äußerst selten. Sie entstanden nämlich nicht beim Urknall oder kurz danach, sondern werden – noch heute – im Inneren von Sternen gebildet. Hier herrscht ein enorm hoher Druck, ähnlich wie im frühen Universum, so dass die Dichte und die Temperatur

hoch genug sind, um leichte Atomkerne miteinander zu verschmelzen. Alle auf der Erde anzutreffenden schwereren Elemente sind im Inneren eines Sterns entstanden, der bei seiner Explosion die Materie in einer gewaltigen Wolke wegschleuderte. Darauf bezog sich Carl Sagan, als er erklärte, auch wir seien letztlich aus Sternenstaub erschaffen.

2 Übrigens wurde die Bezeichnung Quark-Gluon-*Plasma* in Anlehnung an die Bezeichnung *Plasma* für eine mehr oder weniger stark ionisierte Substanz gewählt. So wie in einem Plasma die Elektronen und die Kerne oder Atomrümpfe frei sind, bewegen sich im Quark-Gluon-Plasma die Quarks und die Gluonen frei.

3 Die US-amerikanischen und die russischen Militärs haben mit Plasmawolken experimentiert, mit denen sie Flugzeuge für das Radar unsichtbar machen wollten. Radarwellen sind ja im Grunde auch Lichtwellen, allerdings in einem anderen Wellenlängenbereich.

4 Zeit und Raum sind untrennbar ineinander verwoben, und das macht es so schwer, etwas zu beschreiben, das vor sehr langer Zeit oder in sehr großer Entfernung geschah. Die Rekombination vollzog sich vor knapp vierzehn Milliarden Jahren, also vor sehr langer Zeit. Aber wir empfangen ja heute die Lichtwellen aus jener Zeit, die für den Weg bis zur Erde vierzehn Milliarden Jahre benötigten. Daher kann man sagen, es handelt sich um ein Ereignis, das jetzt geschieht, jedoch in sehr großer Entfernung. Wenn wir sehr weit entfernte Objekte betrachten, so schauen wir auch zeitlich sehr weit zurück.

5 *Isotrop* nennt man etwas, dessen Eigenschaften in allen Richtungen gleich sind. Das griechische Wort *isotropos* bedeutet »von gleicher Beschaffenheit«. Das Gegenteil von *isotrop* ist *anisotrop*; beispielsweise gibt es Kristalle, in denen sich das Licht in verschiedenen Richtungen auf unterschiedliche Weise ausbreitet.

6 Wie schon erwähnt, erwärmt sich ein Gas oder ein Plasma, wenn es komprimiert wird, und kühlt beim Expandieren ab.

7 Dies ist ein hübsches Beispiel dafür, wie schwer es ist, mit unserer Alltagssprache so enorme »Dinge« wie das Universum zu beschreiben. Unter »global« verstehen wir etwas, das weltweit ist, also die gesamte Erde umfasst oder betrifft. Doch wenn wir das Universum insgesamt betrachten, dann repräsentiert dieses »Globale« nur etwas unvorstellbar Winziges.

8 Die Kosmologen waren von der Vorstellung eines flachen Universums sehr angetan, weil es mathematisch einfach zu beschreiben ist. Doch sämtliche Messungen – die wir uns für ein späteres Kapitel aufheben – deuten darauf hin, dass die gesamte Menge an Materie und Energie im Universum nur ein Drittel derjenigen Menge beträgt, die ein flaches Universum aufweisen müsste.

9 Bevor die Wissenschaftler die Möglichkeit einer kosmologischen Konstante Λ (Lambda) ernsthaft erwogen, galt die Krümmung des Univer-

sums als für sein Schicksal bestimmend. Eine positive Krümmung bedeutete, dass das Universum im *Big Crunch* kollabieren wird. Dagegen folgerte man aus einer negativen Krümmung oder der Krümmung null, dass es sich ewig ausdehnen wird. Die Größe Λ warf dieses schöne Weltbild jedoch über den Haufen. Wenn man sie einbezieht, kann das Universum durchaus gekrümmt sein und sich ewig ausdehnen, aber es kann auch eine negative Krümmung haben und in sich zusammenfallen. Es gibt zwar einen Zusammenhang zwischen beiden Auffassungen, doch ist ihre Beziehung zueinander komplizierter, als man früher annahm.

KAPITEL 6

Das dunkle Universum
[Was ist mit der Materie los?]

O erstgeschaffener Strahl, du großes Wort:
»Es werde Licht, und Licht ward über allem«,
Warum entbehre ich dein erst Gebot?

John Milton, Simson, der Kämpfer*

In der Kosmologie sind inzwischen Messungen mit atemberaubender, zuvor nicht gekannter Genauigkeit möglich. Die Kosmologen müssen sich nicht mehr mit groben Schätzungen der wesentlichen Eigenschaften unseres Universums zufrieden geben, sondern können in den Himmel blicken und aussagekräftige Messungen vornehmen. Deren hohe Genauigkeit liefert indes ein überraschendes und beunruhigendes Bild des Kosmos. »Es ist ein absurdes Universum«, erklärt Michael Turner, Kosmologe an der Universität Chicago.

Die Absurdität steckt in einer einzigen Größe, nämlich in Ω, der Menge an Materie und Energie im Universum.[1] Mit ihren neuen Verfahren konnten die Kosmologen und Astronomen schließlich erstmals die Größe Ω ermitteln. Sie fanden bis ins letzte Detail heraus, woraus das Universum besteht, wie es geboren wurde und wie es enden wird. Doch die erstaunlichen Ergebnisse zwingen die Wissenschaftler, ihre Theorien über die Natur des Universums zu überdenken.

Die Daten über Supernovae und über die kosmische Hintergrundstrahlung zeigten, dass $\Omega = 1$ ist; demnach ist das Universum flach und wird sich ewig ausdehnen. Diese Erkenntnis war zwar ein großer Erfolg der Kosmologen, stellte sie aber vor ein unerhörtes Problem:

---

* John Milton: *Simson, der Kämpfer. Ein dramatisches Gedicht*, Berlin 1958, S. 47 (Verse 83–85).

Auf den ersten Blick scheint das Universum nicht genug Materie und Energie aufzuweisen, um flach sein zu können.

Zur Größe Ω tragen zwei Komponenten bei: Materie und Energie. Den Materieanteil zu bewerten sollte nicht allzu schwer sein. Schließlich hat man die Eigenschaften der Materie lange Zeit untersucht, und aus ihr bestehen ja die Sterne und die Galaxien, die den Himmel übersäen. Doch als die Kosmologen die Materiemenge zusammenrechneten, die sie insgesamt finden konnten (auch die der fernsten Galaxien, die man in den größten Teleskopen noch erkennen kann), war die hochgerechnete Gesamtmenge bei weitem zu klein, um den Wert $\Omega = 1$ zu ergeben. Als nun die Messungen der kosmischen Hintergrundstrahlung zweifelsfrei belegten, dass $\Omega = 1$ ist, mussten die Kosmologen einräumen, nicht zu wissen, woraus der größte Teil des Universums eigentlich besteht. Peinlich.

Dabei gab es nicht nur ein Rätsel, sondern gleich zwei. Die Supernova-Daten zeigten, dass ein unbekannter Einfluss, eine *dunkle Energie* – möglicherweise durch Einsteins kosmologische Konstante zu beschreiben –, die immer schnellere Ausdehnung des Universums verursacht. Als ob das noch nicht schlimm genug wäre, deutete das neue Bild des Universums auch darauf hin, dass eine seltsame, unbekannte Komponente der Materie, die *dunkle Materie*, weitgehend darüber bestimmte, auf welche Weise sich das Universum entwickelte. Niemand hat jemals »dunkle« Materie gesehen, niemand konnte sie jemals in einem Labor einfangen oder zeigen, und niemand kann ihre Eigenschaften genau beschreiben. Die meisten Kosmologen sind jedoch davon überzeugt, dass dunkle Materie und auch dunkle Energie (die die seltsame Antigravitation bewirkt) existieren und dass sie die Eigenschaften des Universums festlegen. Die Wissenschaftler gehen sogar noch weiter und behaupten, dass im Universum viel, viel mehr dunkle Materie als gewöhnliche Materie vorhanden ist, aus der Sterne, Planeten – und auch wir Menschen – bestehen.

So weit hergeholt diese kosmologische Vorstellung auch erscheint, sämtliche astronomischen Messungen – der kosmischen Hintergrundstrahlung, der Galaxienverteilung, der Strahlung ferner Supernovae, der Mengenverhältnisse verschiedener Materiearten im tiefen Weltraum – zwingen die Kosmologen zu der Annahme: Zwei Drittel des Universums sind unsichtbar und bestehen zum größten Teil aus einem Stoff, den die Menschen noch nie gesehen oder nachgewiesen haben. Das Porträt des Universums, das nun aufscheint, könnte von einem Surrealisten stammen. »Wir mögen aus Sternenstaub hervorgegangen sein«, erklärt Turner, »aber das Universum nicht.«

An diesem Punkt zweifeln Sie vermutlich das Bild des Universums stark an, wie ich es hier skizziere. Das sollten Sie auch. Kein guter Wissenschaftler akzeptiert vertrauensselig eine neue Behauptung, und das sollte auch kein Leser tun. Dennoch kamen die Kosmologen Schritt für Schritt dazu, das neue Bild des Universums hinzunehmen, und ich werde ihren Weg zurückverfolgen, um auch Sie zu überzeugen.

Bei unseren weiteren Betrachtungen wird uns die Größe Omega (Ω) leiten, und wir werden nacheinander jede ihrer Komponenten untersuchen. Die erste ist die Materie, das Antlitz des dunkel-unklaren Universums.

Die Geschichte der Materie ist fast so alt wie das Universum selbst. Unmittelbar vor der Nukleosynthese, also in der Zeitspanne zwischen einer millionstel Sekunde und einigen Sekunden nach dem Urknall, war das Universum voller Protonen und Neutronen, die sich so schnell bewegten, dass sie nicht zusammenbleiben konnten. Diese schwereren unter den subatomaren Teilchen zählen zu den Baryonen.[2] Der weitaus größte Anteil der uns bekannten Materie ist baryonisch. (Die Protonen und Neutronen tragen ja sehr viel mehr zur Masse der Atome bei als die wesentlich leichteren Elektronen.) Wenige Sekunden nach dem Urknall war das Universum so weit abgekühlt, dass Protonen und Neutronen aneinander haften konnten. Nun begann die Nukleosynthese: Einige Protonen und Neutronen stießen zusammen und blieben beieinander; sie bildeten dabei die Atomkerne anderer, schwererer Elemente als Wasserstoff, beispielsweise Helium.

Der Kern eines Atoms besteht aus Protonen und Neutronen; nur der Wasserstoffkern besteht aus lediglich einem Proton. Das Proton ist ein äußerst stabiles Teilchen, kann also ewig bestehen bleiben, ohne zu zerfallen.[3] Im Gegensatz dazu ist das freie (also nicht in einem Atomkern gebundene) Neutron recht instabil. Sich selbst überlassen, zerfällt es innerhalb von rund fünfzehn Minuten. Dabei entsteht ein etwas leichteres Proton, und es wird ein Elektron abgestoßen. Hätten sich die kurz nach dem Urknall gebildeten Neutronen nicht gelegentlich mit einem oder zwei der herumfliegenden Protonen zu Atomkernen verbunden, dann wären gar keine Neutronen übrig geblieben, und sämtliche Baryonen im Universum wären Protonen gewesen. In diesem Fall müsste die gesamte, kurz nach dem Urknall gebildete baryonische Materie – die ursprüngliche baryonische Materie – aus Wasserstoff bestanden haben. Aber dem war nicht so. Ungefähr 25 Prozent der ursprünglichen baryonischen Materie im Universum bestand offenbar aus Heliumkernen.

Die Nukleosynthese bewahrte die Neutronen vor dem Aussterben. Wenn ein Neutron auf ein Proton prallte, hafteten beide Teilchen aneinander und bildeten einen schwereren Atomkern, den von Deuterium. Der ist zwar – anders als ein freies Neutron – nicht besonders stabil, zerfällt aber nicht spontan. Dank dieser Beständigkeit ist ein Teil des Deuteriums, das während der Nukleosynthese gebildet wurde, noch heute vorhanden. Die ursprüngliche baryonische Materie enthielt also Deuterium und auch Wasserstoff; doch die Geschichte der Nukleosynthese war damit noch nicht zu Ende. Im Gewühl der Atomkerne in den ersten Minuten nach ihrer Entstehung traf ein Proton zuweilen auf einen Deuteriumkern, wobei ein Atomkern des Helium-3 entstand. Bei der Vereinigung mit weiteren Neutronen wurde aus dem Helium-3- ein Helium-4-Kern. All diese (und etwas schwerere) Atomkerne wurden während der Nukleosynthese gebildet. In dieser Phase war das Universum heiß und dicht genug, um die Kernverschmelzungen zu fördern, aber einige Minuten nach dem Urknall dehnte sich das Universum aus und kühlte dabei ab, so dass der »Brennofen« erlosch. Protonen, Neutronen und gerade entstandene Atomkerne hatten nicht mehr genug Energie, um bei weiteren Zusammenstößen aneinander haften zu bleiben. Weil herumschwirrende Protonen oder andere Atomkerne keine weiteren Neutronen oder Protonen mehr aufnehmen konnten, war die Ära der Nukleosynthese (einige Sekunden bis einige Minuten nach dem Urknall) nun zu Ende. Die ursprüngliche baryonische Materie im Universum blieb auf ewig erhalten. Ihren größten Anteil, ungefähr 75 Prozent, macht der Wasserstoff aus, und der Rest besteht aus Helium sowie Spuren einiger anderer Elemente.

In den 1940er Jahren erkannte George Gamow, dass das Mengenverhältnis von Wasserstoff zu Helium, Deuterium und den anderen Elementen in der ursprünglichen Materie sehr eng mit der Dichte der Materie im frühen Universum zusammenhängen muss.[4] Nehmen wir einmal an, die Baryonen wären im frühen Universum relativ dünn gesät gewesen. In diesem Fall wären Protonen und Neutronen während der Nukleosynthese nicht sehr häufig zusammengestoßen, weil sie ja weit voneinander entfernt waren. Sie wären herumgeirrt wie ein Trapper in der Wildnis von Alaska, der auch nur selten auf andere Menschen trifft. Wenn also die Dichte an Baryonen im frühen Universum klein war, dann wären Protonen und Neutronen nicht oft aufeinander getroffen, und es wären im Verhältnis nur sehr wenige Deuterium- und Heliumkerne entstanden. Daher müssten die ursprünglichen Gaswolken – fast unbeeinflusste Materie, die im nahezu leeren intergalaktischen Raum schwebt – auch heute noch fast ausschließlich aus Wasserstoff bestehen. Sie dürften also nur wenig Helium und Deuterium enthalten, weil vor dem Ende der Nukleosynthese bloß ein sehr kleiner Anteil der Materie seine endgültige Form angenommen hatte.

Nehmen wir nun den anderen Extremfall an, nämlich eine äußerst hohe Dichte an Baryonen im frühen Universum. Unter diesen Umständen wären Protonen und Neutronen sehr oft zusammengetroffen (ähnlich wie in der U-Bahn die Pendler im Berufsverkehr). Die allermeisten Stöße hätten dann Atomkerne von Deuterium, Helium, Lithium und anderen, etwas schwereren Elementen ergeben – und zwar so lange, bis die Temperatur des Universums so weit gefallen war, dass keine Zusammenballungen mehr stattfinden konnten. Ein sehr großer Teil der Wasserstoffkerne wäre dabei in schwerere Kerne umgewandelt worden. In diesem Fall, also bei einer hohen Dichte an Baryonen im frühen Universum, müssten die ursprünglichen Gaswolken heute höhere Anteile an Helium und anderen Elementen enthalten; entsprechend geringer müsste der Wasserstoffanteil sein.

Gamow kam zu dem Schluss, dass die Bedingungen im frühen Universum aus den relativen Mengen an Wasserstoff und an Helium sowie anderen Elementen in den ursprünglichen Gaswolken zu erschließen sein müssten. Viel Wasserstoff und wenig Helium bedeuteten demnach eine geringe Dichte an Baryonen im frühen Universum, und umgekehrt. Der frühe Baryonenanteil sollte also die entscheidende Größe sein.

Wie schon gesagt, gibt die Größe Ω die Dichte an Materie und Energie im Universum an. Zudem verknüpfen Einsteins Gleichungen diese Dichte mit der Krümmung des Universums. Daher definierten die Kosmologen die Größe Ω so, dass bei $\Omega = 1$ die Dichte an Materie und Energie gerade so hoch ist, dass das Universum flach ist. Bei $\Omega > 1$ liegt eine positive Krümmung vor (wie bei einer Kugel), bei $\Omega < 1$ eine negative (wie bei einer Sattelmulde). Zu allem Überfluss, wie es zunächst scheint, haben die Kosmologen eine weitere Größe eingeführt. Diese, mit Ω_b bezeichnet, gibt die baryonische Komponente von Ω an. Bestünde das Universum vollständig aus Baryonen, dann wäre Ω_b gleich Ω. Nun finden sich im Universum aber keineswegs nur Baryonen; daher ist Ω_b nur ein Teil (eine Komponente[5]) von Ω. So oder so lässt sich Ω_b ermitteln, indem man das Mengenverhältnis von Wasserstoff zu Helium-4 und anderen Elementen in den ursprünglichen Gaswolken bestimmt. Viel Wasserstoff und wenig Helium-4 entsprechen einem kleinen Wert von Ω_b, und umgekehrt.[6]

Mit Hilfe hoch empfindlicher Spektrometer lässt sich die Strahlung untersuchen, die die ursprünglichen Gaswolken durchdringt. Aus den dabei absorbierten Strahlungsanteilen – beziehungsweise aus dem Spektrum – kann man die Anteile der verschiedenen Ele-

baryonische dunkle Materie
(≈ 4,5 % von Ω)

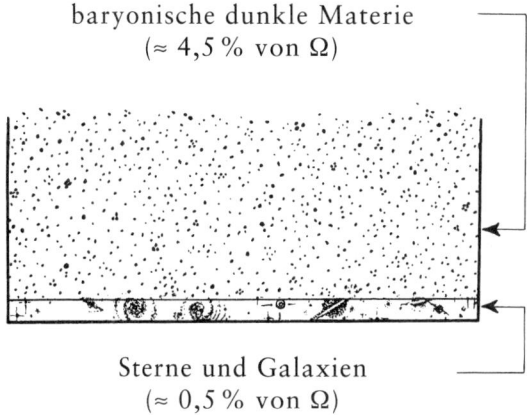

Sterne und Galaxien
(≈ 0,5 % von Ω)

Der Beitrag der baryonischen Materie zum Betrag von Omega

mente in den Gaswolken ableiten. In den letzten Jahren wurden die Messmethoden weiter verfeinert, so dass die ermittelten Werte für die Mengenverhältnisse des Wasserstoffs zu den schwereren Elementen als recht zuverlässig gelten können. Aus ihnen ergibt sich für Ω_b ein Wert von rund 0,05. Das bedeutet, die baryonische Materie macht ungefähr 5 Prozent der Menge aus, die für ein flaches Universum notwendig ist.

Es gibt aber noch eine andere Möglichkeit, die im Universum vorhandene Gesamtmenge der baryonischen Materie zu bestimmen. (Das ist ja die uns vertraute Materie: Den allergrößten Teil der Materiemasse auf der Erde, in Sternen und Galaxien tragen Baryonen bei.) Also müssen die Astronomen im Grunde nur abschätzen, wie viele Galaxien sich im Universum befinden und wie viel Materie sie durchschnittlich aufweisen. Dennoch versagt diese Methode, und zwar gründlich. Nimmt man alle sichtbare Materie im Universum zusammen, so kommt man für Ω_b auf einen Wert von ungefähr 0,005. Das ist aber nur ein Zehntel des Wertes, der nach der Urknalltheorie aus der Nukleosynthese hätte hervorgehen müssen. Wie ist diese Diskrepanz zu begründen? – Mit dunkler Materie.

Die Vorstellung, dass der größte Teil der Materie im Universum sozusagen dunkel ist, also den Teleskopen verborgen bleibt, ist natürlich beunruhigend. Etwas Unsichtbares kann man nun mal nicht sehen, oder? Und doch haben die Forscher es gesehen. Um die dunkle Materie zu finden, versuchen sie nicht, sie direkt zu beobachten, sondern halten Ausschau nach ihrer Wirkung. Sie suchen ihre Gravitationsanziehung, die gegenseitige Anziehungskraft zwischen Objekten, die eine Masse haben.

Die Gravitationskraft oder Schwerkraft ist den Physikern seit dem siebzehnten Jahrhundert vertraut. Im Jahre 1687 veröffentlichte Isaac Newton in seinem Hauptwerk, den *Principia*, die von ihm gefundenen Gesetzmäßigkeiten zur Gravitation und zur Bewegung von Körpern. Sie blieben über 200 Jahre lang so gut wie unangetastet, bis Anfang des zwanzigsten Jahrhunderts Albert Einstein die Relativitätstheorie hinzufügte. Doch für Objekte, die sich nicht in zu starken Gravitationsfeldern befinden und die sich nicht allzu schnell bewegen, gelten die Newton'schen Bewegungsgesetze nach wie vor fast uneingeschränkt.

Die Newton'schen Bewegungsgesetze sind in unserem Sonnensystem recht gut erfüllt. Wenn wir die Masse und die momentane Position eines Gegenstands oder Himmelskörpers im Sonnensystem kennen, können wir die Richtung und die Stärke der Gravitationsanziehung berechnen, die von den anderen Körpern auf ihn ausgeübt wird, und wir können berechnen, wie er sich unter diesem Einfluss bewegen wird.[7] Die Erde ist von der Sonne ungefähr 150 Millionen Kilometer entfernt. Aus dem Abstand und aus den Massen von Sonne und Erde können wir ableiten, wie stark die Anziehungskraft zwischen ihnen ist. Wir können außerdem berechnen, dass die Erde auf ihrer Umlaufbahn rund 29,6 Kilometer pro Sekunde schnell sein muss, um nicht in die Sonne hineinzustürzen. Diese Geschwindigkeit wurde auch gemessen. Jupiter ist mit 773 Millionen Kilometern von der Sonne weiter entfernt, erfährt also eine schwächere Gravitationswirkung und muss die Sonne nur mit rund 13 Kilometern pro Sekunde umrunden. Und Neptun, etwa 4,5 Milliarden Kilometer vom

Zentrum des Sonnensystems entfernt, muss lediglich 5,4 Kilometer pro Sekunde aufbringen. Für einen Umlauf um die Sonne benötigt er fast 165 Erdenjahre. Je weiter ein Planet also von seinem Zentralgestirn entfernt ist, desto schwächer wirkt dessen Anziehungskraft auf ihn und desto langsamer zieht er seine Bahn. Das folgt zwangsläufig aus Newtons Gravitations- und Bewegungsgesetzen, und es gilt für alle derartigen Systeme mit scheibenähnlicher Struktur.

Auch in so gewaltigen Formationen wie den Spiralgalaxien gelten dieselben Gesetzmäßigkeiten. Je weiter ein Stern vom Zentrum seiner Galaxie entfernt ist, desto schwächer wirken die anderen Sterne der Galaxie auf ihn ein, die ihn zur Mitte der Galaxie hinziehen. Folglich wird er auch langsamer um das Zentrum kreisen. Nach den Newton'schen Gesetzen muss das einfach so sein. – Aber ganz so einfach ist es nicht! Gegen Ende der 1960er Jahre richtete die Astronomin Vera Rubin am Carnegie-Institut in Washington zwei Teleskope auf die uns recht nahe gelegene Andromeda-Galaxie. Sie wollte messen, wie schnell die Sterne deren Zentrum umrunden. Wie es etliche Jahre vor ihr auch Edwin Hubble auf dem Mount Wilson getan hatte, untersuchten Rubin und ein Kollege dazu die Strahlung von Wasserstoff und anderen Elementen mit der Frage, ob sie durch den Doppler-Effekt zum roten oder zum blauen Ende des sichtbaren Spektrums hin verschoben ist. Daraus sollte abzuleiten sein, wie schnell und in welcher Richtung sich die Sterne relativ zur Erde bewegen und wie schnell sie das Zentrum der Andromeda-Galaxie umkreisen.

Gemäß den Newton'schen Gesetzen müssten sich die Sterne umso langsamer bewegen, je ferner sie dem Zentrum der Galaxie sind. Doch Rubins Messungen ergaben etwas anderes. Im Jahre 1970 konnte sie zeigen, dass die Sterne das Zentrum der Andromeda-Galaxie praktisch gleich schnell umrunden (mit ungefähr 240 Kilometern pro Sekunde), unabhängig davon, wie weit außen sie sich befinden.[8] Newton war offenbar widerlegt, und mit einem der grundlegenden Naturgesetze schien etwas nicht zu stimmen. Rubins Beobachtung war jedoch kein Zufall; als andere Astronomen sich weitere Ga-

laxien vornahmen, fanden sie denselben Sachverhalt: Die Sterne umkreisen das Zentrum ihrer Galaxie mit etwa derselben Geschwindigkeit, obwohl nach den anerkannten Newton'schen Bewegungsgesetzen die weiter außen befindlichen Sterne langsamer sein müssten.

Galaxie für Galaxie stellte sich heraus, dass die Newton'schen
Gesetze verletzt wurden. Entweder waren sie falsch, oder die Galaxien
waren doch nicht – wie allgemein angenommen – scheibenförmig.
Nur wenige Astronomen wagten die hergebrachten Gleichungen an-
zuzweifeln; aber konnte eine Scheibengalaxie keine Scheibenform
haben? Wenn die Astronomen das Teleskop auf eine Spiralgalaxie
richten, so sehen sie eine Scheibe. Wenn sie die Sterne zählen, deren
jeweilige Masse abschätzen und dann Newtons Bewegungsgesetze
anwenden, sollten die Ergebnisse die Gegebenheiten einer Scheibengalaxie beschreiben. Wenn eine Galaxie nun wie eine Scheibe aussieht und Newton sagt, sie habe sich wie eine Scheibe zu verhalten,
wie kann es dann sein, dass sie keine Scheibe ist? Es gibt nur eine
Möglichkeit: Sie muss mehr enthalten als nur die sichtbaren Sterne –
dunkle Materie.

Wenn eine Galaxie zusätzliche Materie aufweist, die nicht hell
strahlt wie die sichtbaren Sterne, können wir diese Materie zwar
nicht erkennen, aber ihre Gegenwart kann dafür das seltsame Rota-
tionsverhalten der Sterne erklären. Eine Wolke aus dunkler Materie,
die die Galaxie umgibt – ein dunkler Halo, der den Teleskopen verborgen bleibt –, hat dennoch eine Masse und übt daher auch eine
Gravitationskraft aus. Ein solcher Halo aus dunkler Materie bewirkt
also, dass sich die Sterne schneller bewegen, als auf Grund der Gesamtmasse der sichtbaren Sterne zu erwarten ist. Wenn eine Galaxie
von einem Halo aus dunkler Materie umgeben ist, umrunden auch
die äußersten Sterne das Zentrum fast so schnell wie die innersten –
genau wie es Vera Rubin und andere Astronomen festgestellt hatten. Rubin akzeptierte die Vorstellung von dunkler Materie im Halo,
durch die die Sterne den Newton'schen Gesetzen scheinbar widersprachen; aber die meisten Astronomen taten sich damit sehr schwer.
Einige Physiker zweifelten lieber die bislang unangefochtene Bezie-

hung zwischen Gravitationskraft und Abstand an, als Zuflucht zu einer seltsamen, unsichtbaren Materie zu nehmen, die jede Galaxie im Universum begleiten sollte.

Die Newton'schen Gesetze abzulehnen ist ein radikaler Ansatz, um das Problem der Sternbewegungen in den Galaxien zu lösen. Er mag aber auch nicht viel schlechter sein als die Annahme einer Hülle aus dunkler Materie um jede Galaxie. Man braucht Newtons Gleichungen nur ein wenig zu modifizieren, so dass sie bei sehr großen Entfernungen eine geringfügig höhere Gravitationskraft ergeben als die gewohnten Formeln. Dann kann man mit ihnen die höhere Geschwindigkeit der äußeren Sterne in den Galaxien erklären, ohne eine Wolke aus dunkler Materie bemühen zu müssen. Die wohl ausgefeilteste dieser Theorien trägt die Kurzbezeichnung MOND (für »modifizierte Newton'sche Dynamik«). Sie wurde im Jahre 1983 von Mordechai Milgrom aufgestellt, einem Physiker am Weizmann Institute of Sciences in Israel. Mit den MOND-Gleichungen ließen sich die Geschwindigkeiten der äußersten Sterne in den Galaxien gut erklären, nicht aber die von Galaxien, die die Mitte ihres Galaxienhaufens umkreisen. Das war von Beginn an ein Schwachpunkt dieser Theorie. Das Universum ist übersät von massereichen Galaxienhaufen, von denen jeder Hunderte von Galaxien enthält, die einander umkreisen.

Unsere Galaxis, die Milchstraße, gehört wie die Andromeda-Galaxie und andere uns recht nahe Galaxien zum Virgo-Superhaufen. Die Bezeichnung ist abgeleitet vom Sternbild Jungfrau (lat. *virgo*), weil das Zentrum dieses Superhaufens im Sternbild Jungfrau zu finden ist. Galaxien umrunden das Zentrum ihres Haufens natürlich in weitaus größeren Abständen, als Sterne das Zentrum ihrer Galaxie umkreisen. Die MOND-Gleichungen ergeben mit ihrer (gegenüber der Newton'schen) höheren Gravitationskraft für die Galaxien und für das Gas in Galaxienhaufen enorm hohe Geschwindigkeiten beim Umrunden des Zentrums. Neuere Messungen bestätigten diese Werte aber nicht. Milgrom selbst räumt inzwischen ein, dass die MOND-Theorie die Bewegungen in Galaxienhaufen nicht gut beschreibt. »Es ist rätselhaft«, erklärt er und vermutet, dass zusätzliche unsichtbare Materie die Diskrepanz erklären könnte. »Es ist immer Platz für noch unentdeckte Materie«, sagt er dazu. Das bedeutet nichts anderes, als dass auch in der MOND-Theorie eine gewisse Menge dunkler Materie anzunehmen ist – obwohl gerade dieser Ansatz ohne dunkle Materie auskommen sollte. Obwohl Milgrom noch an MOND festhält, hält er es für möglich, dass seine Theorie eines Tages widerlegt wird. »Als ihr Urheber sähe ich sie gern als revolutionär, aber ich habe durchaus eine gewisse Distanz«, meint er. »Ich wäre sehr betrübt, aber nicht schockiert, wenn [die Lösung] sich als dunkle Materie herausstellen sollte.«

Weil auch die beste Alternative zur Annahme dunkler Materie problematisch ist – und sogar selbst etwas dunkle Materie erfordert –, müssen sich Kosmologen und Astronomen mit der Existenz irgendeiner Form von unsichtbarer Materie abfinden. Auf andere Weise ist der Zusammenhalt von Galaxien und Galaxienhaufen nicht zu erklären. So unangenehm es auch sein mag, etwas Unsichtbares und bislang nicht Nachweisbares hinzunehmen – dies ist die beste Alternative.

Wenn wir die Existenz dunkler Materie akzeptieren, dann ist es offensichtlich, dass die Astronomen scheitern mussten, als sie die Galaxien und ihre Sterne durchzählten, um die gesamte Masse im Universum abzuschätzen. Nimmt man den Inhalt aller sichtbaren Galaxien zusammen, so berücksichtigt man ja definitionsgemäß nur das, was man sieht. Wenn das Universum jedoch einen merklichen Anteil dunkler Materie aufweist, wie es die Werte der Galaxienrotation nahe legen, wird die Methode der Galaxiendurchmusterung eine bei weitem zu geringe Menge an baryonischer Materie ergeben. Genau das ist geschehen, und es erklärt, warum Ω_b so viel größer sein kann, als es der sichtbaren Masse im Universum entspricht. Zurzeit deutet alles darauf hin, dass ein Zehntel der baryonischen Materie im Universum Strahlung abgibt und damit sichtbar ist und dass neun Zehntel aus dunkler Materie bestehen. Damit passt alles zusammen.

Die Astrophysiker sind also gezwungen, die Existenz dunkler Materie hinzunehmen, denn nur so sind ihre Beobachtungen zu erklären. Nehmen wir sämtliche Befunde zusammen: über die Bewegungen der Sterne um das Zentrum ihrer Galaxie, über die Bewegungen der Galaxien um die Mitte ihres Galaxienhaufens und schließlich über die Mengenverhältnisse der Elemente in den ursprünglichen Gaswolken. Alle diese Befunde führen zwangsläufig zu dem Schluss, dass die Materie größtenteils unsichtbare Materie ist. Alle Versuche, die Beschaffenheit des Universums zu erklären, ohne dunkle Materie anzunehmen, sind kläglich gescheitert. Vielleicht sind auch Sie, wie fast alle Kosmologen, davon überzeugt. Sollten Sie es nicht sein, warten Sie die weiteren Beweise ab, die ich noch anführen werde. Aber seien Sie gewarnt: Es wird alles noch seltsamer, denn es gibt nicht nur eine Art von dunkler Materie. Neben der gewöhnlichen Materie, die uns umgibt, haben wir eben die baryonische dunkle Materie beschrieben. Eine dritte Form nennt man exotische dunkle Materie, und das ist keine baryonische Materie. Die Physiker können diese exotische Form dunkler Materie noch nicht so recht beschreiben oder erklären, aber sie sind sich darin einig, dass sie existiert. Diese Annahme scheint kaum plausibel und mag sogar beunruhigend sein – aber sie betrifft den Kernpunkt eines der drängendsten Probleme der Kosmologie.

Anmerkungen

1 Genauer gesagt gibt Ω nicht die Menge, sondern die Dichte von Materie und Energie an. Um diesen Unterschied müssen wir uns hier aber nicht kümmern.

2 Im Griechischen heißt *barys* »schwer« und *leptos* »leicht«. Leptonen (darunter das Elektron) sind also leichte Teilchen. Mittelschwere Teilchen (darunter das Pion) zählen zu den Mesonen. Wie Sie sicher schon vermutet haben, ist *mesos* das griechische Wort für »Mitte« oder »mittel«.

3 Das Proton ist stabil, soweit wir heute wissen. Es kann jedoch sein, dass auch dieses Teilchen nach sehr, sehr langer Zeit zerfällt.

4 Die Berechnungen dazu inspirierten Gamows Kollegen Ralph Alpher und Robert Herman zu den ersten Voraussagen der kosmischen Hintergrundstrahlung.

5 Die anderen Komponenten werden wir in späteren Kapiteln noch besprechen. Zudem berücksichtigen die Kosmologen die Ausdehnung des Universums, indem sie Ω und verwandte Größen mit einem Faktor multiplizieren, der die Hubble-Konstante enthält. Aus Gründen der Verständlichkeit lasse ich diesen Faktor durchgehend weg.

6 Bei anderen Elementen als Helium-4 liegen die Dinge aber nicht so einfach. Beispielsweise *sinkt* der Anteil an Deuterium mit steigender Dichte, weil es bei der Bildung von Helium-4 verbraucht wird. Entsteht jedoch weniger Helium-4, dann bleibt mehr Deuterium erhalten. Man konnte feststellen, dass die Häufigkeiten aller schwereren Elemente bestens mit den Voraussagen übereinstimmen, ebenso mit der von Gamow initiierten Theorie. Das ist – unabhängig von der kosmischen Hintergrundstrahlung – eine weitere zuverlässige Bestätigung der Urknalltheorie. Nach ihr sollte sich unter allen denkbaren Bedingungen ein bestimmtes Mengenverhältnis von Wasserstoff zu Helium-3, zu Helium-4, zu Deuterium sowie zu Lithium ergeben. Genau das wurde auch festgestellt. Damit hat sich eine weitere Voraussage der Urknalltheorie erfüllt. Diese wird also gestützt durch die Nukleosynthese sowie die von Hubble ermittelte Ausdehnung des Universums und die kosmische Hintergrundstrahlung.

7 Eine Ausnahme ist allerdings der Planet Merkur, dessen beobachtete Bewegung von den Newton'schen Werten etwas abweicht. Dank Einsteins Arbeiten wissen wir inzwischen, dass die Masse der Sonne die Raumzeit in ihrer Nähe verzerrt. Der der Sonne sehr nahe Merkur ist dieser Krümmung der Raumzeit ausgesetzt (wovon Newton nichts ahnen konnte), so dass seine Umlaufbahn den Newton'schen Gesetzen nicht genau entspricht.

8 Im Titel ihrer Abhandlung bezeichnete Rubin die Andromeda-Galaxie nicht als Galaxie, sondern als Nebel, wie es vor Hubbles Zeit üblich gewesen war. Alte Gewohnheiten sind auch in der Wissenschaft offenbar schwer zu überwinden.

KAPITEL 7

Noch dunkler
[Das Rätsel der exotischen dunklen Materie]

Eine kosmische Philosophie soll nicht so konzipiert werden, dass sie auf den Menschen passt, sondern dass sie auf den Kosmos passt.

G. K. Chesterton, *The Book of Job*

Die Astronomen nahmen natürlich an, dass Baryonen den weitaus größten Teil der Masse im Universum ausmachen. Und selbstverständlich wussten sie, dass es auch andere Teilchen gibt, darunter das Elektron, das zu den Leptonen gehört. Nun sind Baryonen in der Regel viel schwerer als Leptonen (beispielsweise hat das Neutron eine ungefähr 2000-mal höhere Masse als das Elektron). Daher hielten die Physiker den nichtbaryonischen Anteil der Materie für unbedeutend. Die »gewöhnliche« Materie müsste demnach fast ausschließlich baryonisch sein. Sie konnten kaum falscher liegen.

Als sich die Forscher mit den Komponenten von Ω näher befassten, erkannten sie, dass die gewöhnliche baryonische Materie nur einen kleinen Bruchteil der gesamten Materiemenge im Universum ausmacht. Die Kosmologen bezeichnen die gesamte Materiemenge im Universum mit Ω_m. Dieser Wert ist wesentlich höher als die Menge der gewöhnlichen baryonischen Materie im Universum, die mit Ω_b bezeichnet wird. Das wirft nun ein großes Problem auf: Nicht nur, dass der größte Teil der Materie im Universum dunkle Materie ist – er ist auch keine uns vertraute baryonische Materie. Das Universum besteht weitgehend aus exotischer Materie, die den Wissenschaftlern unbekannt ist. Daran haben sie noch heftiger zu schlucken als an der Existenz dunkler Materie.

Sehr gewichtige Gründe sprechen dafür, dass es sowohl exotische Materie als auch dunkle Materie gibt. Den Wissenschaftlern war die

Vorstellung dunkler Materie unangenehm – eine unsichtbare Komponente des Universums schien unnatürlich zu sein –, doch sie waren gezwungen, sie hinzunehmen. Die Galaxienbewegungen sowie die Häufigkeit von Helium und anderen Elementen in den ursprünglichen Gaswolken deuten ja darauf hin, dass sich in den Weiten des Weltalls viel mehr Materie befindet, als wir sehen können. Es gibt freilich noch ein weiteres stichhaltiges Indiz für die Gegenwart dunkler Materie: unsere eigene Existenz. Das junge Universum war nicht glatt und gleichförmig. Materie und Energie waren auf der Oberfläche der Raumzeit nicht gleichmäßig verteilt, sondern es gab dichtere und weniger dichte Bereiche, sozusagen Klumpen und Poren. In der kosmischen Hintergrundstrahlung erkennen die Physiker an den heißen Stellen die frühen Klumpen und an den kühlen Stellen die frühen Poren. Im heutigen Universum sehen die Klumpen und Poren jedoch völlig anders aus. Die Klumpen, in denen sich die Materie unter ihrer eigenen Gravitationskraft zusammenballte, entwickelten sich zu riesigen Galaxienhaufen, und aus den Poren wurden gewaltige, fast leere Gebiete im Raum, in denen sich hier und da aus dürftigem Zustrom von Gas eine Galaxie bildete. Nur auf Grund dieser Ungleichförmigkeit konnten unsere Sonne und die Erde entstehen. Wäre das frühe Universum nämlich gleichförmig gewesen, wäre die Milchstraße, unsere Galaxis, wohl nicht entstanden. Die Klumpen und die Poren enthüllen folglich die Existenz nicht nur von baryonischer dunkler Materie, sondern auch von exotischer dunkler Materie.

Es ist recht schwierig, sich die Struktur des Universums vorzustellen. Im Maßstab von Hunderten von Millionen Lichtjahren – nur ein Bruchteil der Ausdehnung des Universums – sinken Sterne und sogar einzelne Galaxien zur Bedeutungslosigkeit herab. Stellt man das Universum in diesem großen Maßstab dar, darf man für jede Galaxie, also für jede riesige Ansammlung Hunderttausender von Sternen, nur einen winzigen Punkt einzeichnen. Aber ganz so einfach ist es nicht. Die richtige Stelle für jeden dieser Punkte ist nämlich schwierig zu finden, weil die Entfernungen zu den einzelnen Galaxien nur mit einer gewissen Unsicherheit ermittelt werden können. Die von Hubble gefundene Beziehung zwischen Geschwindigkeit und Entfernung erlaubt den Astronomen zwar eine recht gute Schätzung des Abstands, doch der Teufel steckt im Detail. Einzelne Bewegungen von Galaxien und der von Staubwolken herrührende Anteil roten Lichts können die Berechnungen erschweren. Erst gegen Ende der 1980er Jahre waren die Forscher in der Lage, ein stimmiges Bild der großmaßstäblichen Struktur des Universums zu entwerfen. Es entsprach freilich nicht dem, was sie erwartet hatten: Die Galaxien waren nicht mehr oder weniger gleichmäßig im gesamten Universum verteilt, sondern es gab riesige Lücken, in denen fast keine Galaxien anzutreffen sind, und dünne Streifen aus Galaxien, die die Superhaufen miteinander verbanden. Wir leben in einem Universum, das einem Schweizer Käse gleicht.

Für die Lücken und Streifen ist ein recht empfindliches Kräftegleichgewicht verantwortlich. Im Universum dominiert über große Entfernungen hinweg die Gravitationskraft. Sie wirkt immer anziehend: Zwei Körper, wenn sie denn beide eine Masse aufweisen, ziehen einander an. Je nachdem, wie hoch ihre Bewegungsenergie ist, können sie durch die Gravitationskraft zusammenbleiben, wie beispielsweise Mond und Erde oder Erde und Sonne oder die Sonne und die übrigen Sterne in der Milchstraße. Haben die betreffenden Objekte aber eine zu hohe Energie der Relativbewegung, fliegen sie trotz der Anziehungskraft voneinander weg. Sie entfliehen also dem Einfluss des jeweils anderen Objekts, weil die Gravitationskraft mit wachsendem Abstand stark sinkt.

Die Stärke der Gravitationskraft hat einen enormen Einfluss auf die Struktur des Universums: Je größer ihr Betrag ist, desto »körniger« wird das Universum sein. Stellen wir uns in einem Gedankenexperiment vor, die Gravitationskraft würde plötzlich drastisch zunehmen. Dann wären die Umlaufbahnen der Planeten um die Sonne nicht mehr stabil. Zumindest die innersten Planeten würden in die Sonne hineingezogen, und sie würde dadurch noch massereicher. Nur noch wenige Planeten (wenn überhaupt noch welche) würden

die schwerer gewordene Sonne umrunden. Auf ähnliche Weise würde
jede Galaxie unzählige Sonnen dichter und dichter an den gähnenden
Schlund des superschweren Schwarzen Lochs in ihrem Zentrum
heranziehen. Die am nächsten gelegenen Sterne würden also »ge-
schluckt«, wenn die Gravitationskraft zunähme. Dadurch würden
die Galaxien schrumpfen und dabei immer dichter werden. Einige
der einander umkreisenden Doppelsterne würden ineinander fallen
und größere Sterne bilden.[1] Damit blieben weniger Sterne übrig,
und die Galaxien wären dicht und klein, angefüllt mit massereichen
Sternen. Außerdem kämen jene Galaxien einander näher, die das
Zentrum eines Galaxienhaufens umrunden. Die Haufen würden also
ebenfalls schrumpfen, denn die Galaxien würden zusammenprallen,
und die dichten Haufen bestünden danach aus weniger, aber masse-
reicheren Galaxien anstatt aus vielen kleineren Galaxien. Letztlich
gäbe es auch weniger Galaxienhaufen, weil die gewaltigen Ansammlungen von Galaxien ja in sich zusammengefallen wären. Die Materie im Universum wäre dann nicht mehr etwa gleichmäßig verteilt,
sondern in wenigen, massereichen Galaxienhaufen konzentriert. Das
ist gemeint, wenn das Universum als »körnig« bezeichnet wird.

Lassen wir nun in unserem Gedankenexperiment die Gravitationskraft deutlich schwächer werden. Dann wäre das Universum viel weniger körnig, als es heute ist. Die massebehafteten Objekte würden
einander nicht so stark anziehen, so dass Gaswolken sich nur selten
zu Sternen vereinigen könnten. Ebenso würden sich weniger Sterne zu
Galaxien und weniger Galaxien zu Galaxienhaufen zusammenballen.
Die einzelnen Objekte wären also durch die Gravitation insgesamt
schwächer aneinander gebunden. Die Konsequenz einer geringeren
Gravitationskraft wäre eine gleichmäßigere Verteilung der Materie
im Universum – das damit weniger »körnig« wäre.

In Wirklichkeit lässt sich die Stärke der Gravitationskraft natürlich nicht einstellen, sondern ist für jeden gegebenen Abstand konstant. Doch der Einfluss der Gravitationskraft auf das Universum ist
nicht gleich bleibend; er hängt vielmehr davon ab, wie viel Materie
in ihm enthalten ist. Bei sehr großer Materiemenge im Universum ist

der Einfluss der Gravitationskraft sehr stark. Dabei ist diese Kraft selbst nicht stärker als zuvor, aber es ist mehr Materie vorhanden, die diese Kraft ausübt. Und damit hat die Gravitationskraft unter den Einflüssen, die das Universum formen, eine sehr hohe Bedeutung. Umgekehrt ist ihr Einfluss geringer, wenn das Universum weniger Materie enthält. Wenn weniger Materie auf die Objekte eine Anziehungskraft ausübt, werden nur sehr wenige Objekte durch die Gravitation gebunden sein. Alles in allem können wir sagen: Die Körnigkeit des Universums erlaubt Rückschlüsse auf die Menge an Materie im Universum. Und damit kann man die Größe Ω_m bestimmen.

Aus den relativen Häufigkeiten des Heliums und anderer Elemente im Universum ist abzuleiten, dass Ω_b bei etwa 0,05 liegt. Für Ω_m ist 0,05 jedoch ein viel zu kleiner Wert, als dass er der tatsächlichen Körnigkeit des Universums entsprechen könnte. Um zu erklären, warum die Galaxien in den zu beobachtenden Galaxienhaufen auftreten, müsste Ω_m ungefähr 0,35 betragen, also rund das Siebenfache des angenommenen Werts von Ω_b. Weil nun Ω_b so viel kleiner als Ω_m ist, macht die baryonische Materie im Universum nur einen kleinen Anteil aus. Mit anderen Worten: Es gibt viel mehr nichtbaryonische als baryonische Materie. Ebenso, wie sich im Universum weitaus mehr dunkle baryonische Materie befindet als sichtbare Materie, weist es viel mehr dunkle nichtbaryonische Materie auf als dunkle baryonische Materie. Und weil die »gewöhnliche«, uns vertraute Materie – wie die von Himmelskörpern, Gegenständen oder Menschen – baryonisch ist, muss der größte Teil der Materie im Universum ganz anders geartet sein und sozusagen etwas Exotisches darstellen, das die Wissenschaftler (noch) nicht richtig verstehen. Es zeigt sich, dass die Kosmologen fast nichts über das dunkle Universum wissen, also über den weitaus größten Teil der Materie im Kosmos. Auch diese Erkenntnis ist enttäuschend.

So seltsam das sich abzeichnende Bild eines dunklen Universums auch wirkt, es wird durch neue Messungen der Galaxienverteilung im Universum gestützt. In zwei großen Projekten werden die Positio-

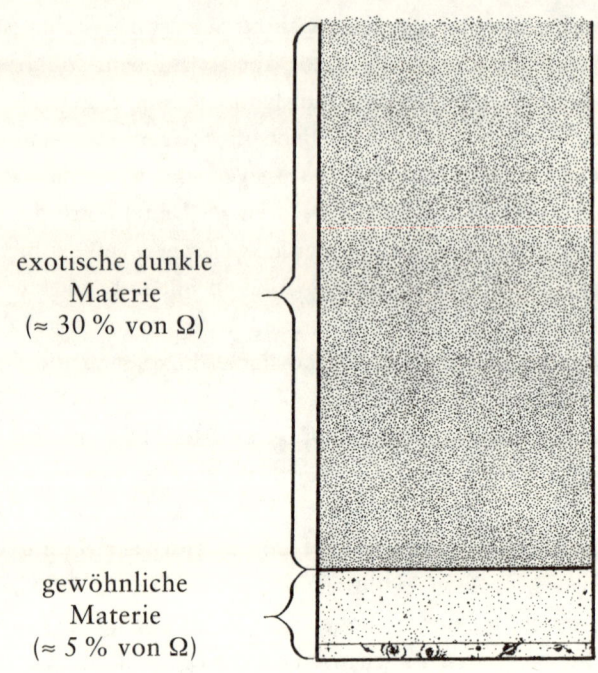

exotische dunkle
Materie
(≈ 30 % von Ω)

gewöhnliche
Materie
(≈ 5 % von Ω)

Exotische dunkle Materie und gewöhnliche Materie

nen von Hunderttausenden Galaxien und anderen großen Objekten
vermessen, um ihre tatsächliche Verteilung aufzuklären. Das ist keine
sehr begehrte Tätigkeit, sondern eher eine Fleißarbeit; aber sie ist
sehr wichtig, und Wissenschaftler in vielen Ländern verknüpfen ihre
Karriere mit der Teilnahme an einer der zwei aufwändigen Himmels-
durchmusterungen.

Das erste der beiden Projekte heißt *Sloan Digital Sky Survey*. Bei
ihm nutzt man ein 2,5-Meter-Teleskop in den Bergen von New Me-
xico, USA. Die Wissenschaftler hoffen, bis zum Jahre 2005 rund eine
Million Galaxien katalogisieren zu können, jeweils mit ihrer Position
am Himmel und ihrer Entfernung von der Erde.[2] Will man die Entfernung zu einer sehr fernen Galaxie ermitteln, so muss man die Farbe
– genauer gesagt: die Rotverschiebung – ihrer Strahlung bestimmen.

Angesichts der hohen Anzahl zu vermessender Galaxien ist das beim *Sloan*-Projekt jedoch nicht für jede Galaxie einzeln möglich. Deshalb brachten die Astronomen eine Metallplatte mit Hunderten kleiner Löcher am Teleskop an. Durch jedes der Löcher tritt nur das Licht einer Galaxie, das mit Hilfe einer Glasfaser in ein Spektrometer geführt wird. Damit wird die Rotverschiebung gemessen, woraus sich die Geschwindigkeit und damit der Abstand der Galaxie errechnen lässt. Nächster Arbeitsgang: nächste Lochplatte, nächster Arbeitsgang: nächste Lochplatte – und immer so weiter, mühsam und schwierig. Die Forscher beim konkurrierenden Projekt *2dF* (für *Two Degree Field*, so viel wie »Zwei-Grad-Feld«) haben es etwas leichter. Sie verwenden in Coonabarabran, Australien, ein größeres Teleskop mit einem 4-Meter-Objektiv. Sie müssen auch keine Lochplatten anfertigen, sondern eine computergesteuerte Vorrichtung führt bis zu 200 Glasfasern gleichzeitig und punktgenau an die optische Vorrichtung. Bei *2dF* werden aber nicht eine Million Galaxien erfasst wie bei *Sloan*, sondern nur ungefähr 250 000 Galaxien.

Nach Jahren der Arbeit konnten erste Ergebnisse veröffentlicht werden. Im April 2001 legte das *2dF*-Team die Daten von 125 000 Galaxien vor, und einige Monate später folgten die Forscher von *Sloan Digital Sky Survey* mit ihren ersten Resultaten. Beide Teams ermittelten für Ω_m einen Wert von rund 0,35. Aus den Daten ließ sich außerdem – unabhängig voneinander – ein Wert für Ω_b ermitteln.

Beide Durchmusterungen liefern ausgezeichnete Abbildungen der Klumpen und der dünnen Streifen im Universum, die allseits von gewaltiger Leere umgeben sind. Sie weisen auf die Gegebenheiten in den ersten 400 000 Jahren des Universums hin, also vor der Ära der Rekombination. Sie sind ja Überbleibsel aus der Zeitspanne, als Druckwellen das Plasma durchliefen und die Materie zusammenpressten, expandierten und erneut komprimierten. Als das Universum sich ausdehnte und dabei abkühlte, führten die dichteren Bereiche letztlich zu massereichen Galaxienhaufen, während die dünneren Gebiete nur ganz wenig Materie behielten. Wenn die Astronomen also heute die Verteilung von Galaxien und Lücken untersuchen, so können sie herausfinden, wie die akustischen Oszillationen im frühen Universum beschaffen waren; analog dazu untersuchen sie ja auch die Verteilung von Maxima und Minima in der kosmischen Hintergrundstrahlung.

Die verschiedenen Arten der Materie übertrugen jene Druckwellen in unterschiedlicher Weise. Die gewöhnliche baryonische Materie wurde sehr stark komprimiert und expandiert, während sie ständig dem Strahlungsdruck ausgesetzt war. Die »exotische« dunkle Materie, die wahrscheinlich aus nichtbaryonischen Teilchen besteht, zeigt dagegen kaum eine Wechselwirkung mit Strahlung und erfährt daher keinen so intensiven Strahlungsdruck wie die baryonische Materie. (Wegen der äußerst schwachen Wechselwirkung mit Strahlung lässt sich die exotische dunkle Materie von Teleskopen nicht erfassen.) Während also die baryonische Materie dem Strahlungseinfluss ausgesetzt war, vollführte die exotische dunkle Materie fast keine Oszillationen, weil sie keinen Strahlungsdruck erfuhr. Demnach kann man aus Unregelmäßigkeiten in der Verteilung der Galaxien schließen, wie stark die Materie im frühen Universum oszillierte; und daraus ist zu folgern, welcher Anteil der ursprünglichen Materie baryonisch war.

Die Daten von *2dF* und *Sloan Digital Sky Survey* zeigen beide die Galaxienverteilung im Universum und damit die Körnigkeit der Materie im Kosmos. Ähnlich wie bei der kosmischen Hintergrundstrahlung (siehe die Abbildung auf Seite 100) zeigen sich Maxima und Minima. Jedes Maximum entspricht einem bestimmten Wert für die Körnigkeit des untersuchten Gebiets. Das *2dF*-Team glaubte, in seinen Daten gewisse Unregelmäßigkeiten zu erkennen. »Es wäre faszinierend, wenn sich das bestätigen sollte«, erklärt dazu Max Tegmark, der an der University of Pennsylvania forscht. Bis Ende 2002 gab es aber noch keine Gewissheit. Sollten solche Unregelmäßigkeiten der Materieverteilung im Universum jedoch wirklich vorliegen, kann man aus ihnen den Wert von Ω_b ableiten. (Die vorläufigen Ergebnisse ähneln stark denen, die aus den Daten zur Nukleosynthese erhalten wurden.) Die Körnigkeit des Universums gibt Aufschluss darüber, wie viel dunkle Materie sich im Universum befindet.

Die Untersuchung der Galaxienverteilung ist nicht die einzige Möglichkeit, die Klumpigkeit des Universums zu bestimmen; man kann dazu auch die Unregelmäßigkeiten in der kosmischen Hintergrundstrahlung heranziehen. Heiße Stellen wurden zu Galaxienhaufen und kalte Stellen zu gewaltigen Lücken. Deshalb vermitteln die Maxima und die Minima in der kosmischen Hintergrundstrahlung ebenfalls einen Eindruck von der Klumpigkeit des frühen Universums – und davon, wie stark die Materie im Universum von der intensiven Strahlung beeinflusst wurde, die auf das Plasma traf. Daraus wiederum geht das Mengenverhältnis zwischen baryonischer und anderer – exotischer – Materie hervor. Die Wissenschaftler hofften nun, dass die Ergebnisse des Boomerang-Projekts einen sehr genauen Wert für die Materiemenge im Universum liefern würde.

Um jedoch die Materiemenge im Universum berechnen zu können, genügt es nicht, nur das erste Maximum in der kosmischen Hintergrundstrahlung zu erfassen. Erst in Verbindung mit dem zweiten Maximum ist das Mengenverhältnis der baryonischen zur exotischen Materie im Universum zu ermitteln. Die Forscher beim Boomerang-Projekt mussten also nicht nur den Grundton, sondern auch einen Oberton in der Sphärenmusik der akustischen Oszillationen heraushören. Die ersten Boomerang-Daten vom April 2000 zeigten ein deutliches erstes Maximum, doch seltsamerweise fehlte das zweite Maximum. Es war, als ob die Kosmologen statt des erwarteten Läutens einer Glocke nur das kurze Tröten eines Alphorns vernommen hätten.

»Der Schalk in mir hatte sich gewünscht, dass es so kam«, sagte Tegmark. Eine Zeit lang versuchten die Physiker herauszufinden, wo der Fehler lag. Das Ausbleiben des Maximums würde ja bedeuten, dass die einfachen Modelle nicht stimmen konnten, mit denen Entstehung und Zusammenhalt des Universums erklärt wurden. »Man hätte eine der heiligen Kühe der Kosmologie schlachten müssen«, erklärte Tegmark dazu. Alles wartete nun auf weitere Daten von

Boomerang und anderen Projekten; entweder würde das zweite
Maximum noch gefunden, oder die kosmologischen Theorien wären
in Frage gestellt.

Glücklicherweise dauerte das Dilemma nicht lange an. Die ersten
Hinweise auf ein zweites Maximum wurden an einem Teleskop in
Chile gefunden, das als CBI (für *Cosmic Background Imager*, so viel
wie »Abbilder der kosmischen Hintergrundstrahlung«) bezeichnet
wird und eine andere Messmethode nutzt: Beim Boomerang-Projekt
wurde ein Ballon mit empfindlichen Bolometern in die Höhe geschickt, die die beim Auftreffen von Mikrowellenphotonen entstehende Wärme erfassten. Im Gegensatz dazu werden beim CBI die
Mikrowellen aus dem frühen Universum mit einem Teleskop auf der
Erde mit Hilfe der Interferometrie nachgewiesen.

Betrachtet man ein Foto eines hochmodernen Kriegsschiffs, dann
erkennt man beim ersten Hinschauen vor allem einen großen grauen
Block, der die Aufbauten beherrscht. Er ist potthässlich, aber unent-
behrlich; er enthält nämlich die Antennen eines Hochleistungsradars,
mit dem feindliche Schiffe, Flugzeuge und Raketen auch aus größerer
Entfernung aufzuspüren sind. Diese Antennenanlage muss aber – anders als bei älteren Bauarten oder beim Radar der Zivilluftfahrt –
nicht rotieren, um einen Rundumblick zu bieten. Hier wird die Be-
obachtungsrichtung allein mit interferometrischen Verfahren eingestellt, ohne dass irgendein mechanisches Teil bewegt werden muss.

Die Interferometrie nutzt die Tatsache aus, dass sich elektromagnetische Strahlung (beispielsweise Licht) wie eine Welle verhält.[3] Wie
Wasserwellen im Meer hat ein Lichtstrahl aufeinander folgende Maxima und Minima, auch Wellenberge und Wellentäler genannt. Richtet man zwei Lichtwellen mit gleichen Wellenlängen zeitlich so aus,
dass die Wellentäler der einen Welle auf die Wellenberge der anderen
Welle fallen, dann löschen sie einander aus. Das ist ein Beispiel für
die so genannte Interferenz. Die Wellen können einander aber auch
verstärken; das ist dann der Fall, wenn die Wellenberge beider Wellen zusammentreffen. Darauf beruhende Wechsel zwischen Hell und
Dunkel – so genannte Interferenzstreifen – kann man beobachten,

wenn man Licht aus einer möglichst punktförmigen Lichtquelle durch einen schmalen Spalt schickt und es auf einem davon entfernten Schirm betrachtet.

Die Radaranlagen auf modernen Kriegsschiffen richten ihre Radarstrahlen mit Hilfe der Interferometrie aus. Statt aus einer einzigen großen Antenne, die sich dreht, besteht die Antennenanlage aus vielen kleinen Antennen, die in einer Reihe angeordnet sind. Jede von ihnen strahlt eine Radarwelle aus, und aus den zeitlichen Beziehungen zwischen Wellenbergen und Wellentälern – den so genannten Phasen – ergibt sich die Richtung, in der sich die Radarwellen letztlich verstärken, also der Radarstrahl abgegeben wird. Wenn die Bedienungsmannschaft die Phasen der Einzelantennen entsprechend einstellt, »dreht« sie die Radarantenne in die gewünschte Richtung. Eine solche Antennenanordnung kann man aber auch beim Empfang von Wellen nutzen. Stellt man die Phasen der kleinen Einzelantennen entsprechend ein, so kann man die Empfangsrichtung bestimmen. Dabei wird Strahlung aus anderen Richtungen ignoriert. Dieses Prinzip wird beim CBI angewandt, um den Himmel in den Richtungen zu durchmustern, aus denen wenig Störstrahlung einfällt. Hier liegt ein wesentlicher Unterschied zu den Bolometern. Bei ihnen kann man nur sehr eingeschränkt die Richtung festlegen, aus der die Strahlung ausgewertet werden soll. Bei der Interferometrie dagegen lässt sich die Richtung so genau einstellen, dass nur ein kleiner Fleck am Himmel betrachtet wird, und die Auflösung ist enorm hoch.

Nicht nur in der unwirtlichen Antarktis, sondern auch hoch oben in den Anden Südamerikas bringt das Arbeiten einige Schwierigkeiten mit sich. Wegen der großen Höhe muss eine ausreichende Sauerstoffzufuhr zum Atmen gewährleistet sein, und sämtliche Vorräte, Brennstoffe, Materialien und Geräte müssen auf den einsamen Berggipfel gebracht werden. Aber der Aufwand lohnt sich. Als das CBI-Team sein Interferometer erstmals auf den Himmel richtete, fand es prompt Hinweise auf das vermisste zweite Maximum in der kosmischen Hintergrundstrahlung. Zwar war es nicht ganz sicher zu lokalisieren, doch konnten einige der Bedenken ausgeräumt werden,

die das Boomerang-Projekt ein knappes Jahr zuvor aufgeworfen hatte. Es zeigte sich außerdem, dass die Maxima und Minima in der
kosmischen Hintergrundstrahlung bei größerer Ausdehnung offenbar schwächer wurden, ähnlich wie die Obertöne eines Musikinstru-
ments bei steigender Frequenz des Grundtons auch schwächer sind.
»Die akustischen Oszillationen im frühen Universum erstarben. Demnach scheinen wir richtig zu liegen, und das akustische Modell trifft
zu«, erklärte Jeffrey Peterson dazu, der als Kosmologe an der Carne-
gie Mellon University in Pittsburgh forscht. Bald sollten sogar noch
bessere Nachrichten kommen.

Ein Jahr, nachdem die Forscher des Boomerang-Teams erste Daten
veröffentlicht hatten, konnten sie noch wesentlich mehr Werte vor-
legen. Aber auch ihre Konkurrenten standen nicht mit leeren Händen
da. Bei einem Ballonprojekt namens MAXIMA wurden die Messungen auf ähnliche Weise wie beim Boomerang-Projekt vorgenommen.
Allerdings flogen die Geräte nicht über die leere, kalte Antarktis,
sondern über den nordamerikanischen Kontinent. Daher waren die
Daten nicht ganz so sauber und aussagekräftig. Außerdem wurden
mit dem *Degree Angular Scale Interferometer* (DASI), das ähnlich
wie der *Cosmic Background Imager* (CBI) funktioniert, Messungen
in der Antarktis durchgeführt. Im April 2001 präsentierten alle drei
Teams auf einer Tagung der American Physical Society in Washington, D. C., ihre neuesten Ergebnisse. Und siehe da – das vermisste
Maximum erschien in voller Pracht. »Es war wie ein Weihnachts-
geschenk«, sagte Tegmark dazu. Die Teams von Boomerang und
DASI fanden das erste, das zweite und sogar das dritte Maximum.
Im Juni 2002 publizierte das CBI-Team weitere Ergebnisse, die das
dritte und vierte Maximum enthielten und auch Hinweise auf das
fünfte und sechste Maximum gaben. Damit konnte man nun Ω_b
und Ω_m berechnen. Die erhaltenen Werte entsprachen denen aus anderen Messungen. Demnach machen die Baryonen ungefähr 5 Prozent der Summe aus Materie und Energie im Universum aus, und die
gesamte Materie entspricht rund 35 Prozent. (Das heißt: $\Omega_b = 0{,}05$
und $\Omega_m = 0{,}35$.) Dieselben Werte hatten sich ja aus den Mengenver-

hältnissen der Elemente im Universum und auch aus der Verteilung der Galaxien ergeben.

Die Resultate stimmen also überein, unabhängig von den Methoden oder den Modellen, aus denen sie hervorgingen: Urknallhypothese, Nukleosynthese, Galaxienverteilung und kosmische Hintergrundstrahlung. Stets ergibt sich, dass die Menge an gewöhnlicher baryonischer Materie im Universum nur 5 Prozent der Materie- und Energiemenge ausmacht, die bei $\Omega = 1$ vorliegen muss, und dass die gesamte Menge an Materie nur rund 35 Prozent davon entspricht. Die Differenz – ungefähr 30 Prozent der Materie- und Energiemenge – muss folglich aus einer nichtbaryonischen, exotischen Form der Materie bestehen. Leider konnten die Wissenschaftler noch keinen Kandidaten dafür finden.

Die Kosmologen schütteln ungläubig den Kopf, denn Experiment auf Experiment zeigt, dass das Universum ganz anders beschaffen ist, als es die Astronomen seit den Anfängen der modernen Wissenschaft angenommen hatten. Die gewöhnliche Materie ist nun die Ausnahme, und die unbekannte exotische Materie ist die Regel. Unser Universum ist hauptsächlich dunkel, und der größte Teil der dunklen Materie ist irgendwelches, nicht zu beschreibendes »Material«, das noch niemand sehen konnte. Würden nicht so viele Messergebnisse die Kosmologen zwingen, diese Vorstellung zu akzeptieren, würden sie sie rundweg für lächerlich erklären. Der in Chicago wirkende Kosmologe Michael Turner fragt denn auch sarkastisch: »Wer hat das eigentlich bestellt?«

Doch es gibt neue Hoffnung, dass das Rätsel der Materie geklärt wird. In riesigen komplizierten Vorrichtungen sollen die Bedingungen nachgebildet werden, die in den ersten Mikrosekunden nach dem Urknall geherrscht hatten. Damit wollen die Physiker die Ursprünge der Materie aufklären. Sie hoffen, die Geheimnisse der Materie zu ergründen, wenn sie sozusagen deren Geburtsort aufsuchen.

Anmerkungen

1 Natürlich würden viele Sterne unter dem Einfluss einer zusätzlichen Gravitationskraft zu einer Supernova werden. Aber das soll in diesem Gedankenexperiment außer Acht bleiben.

2 Die Berechnungen sind nicht immer einfach. Es sind alle möglichen Einflüsse zu berücksichtigen, darunter die Rotfärbung des Lichts durch Staub, den es durchläuft, und der so genannte Gottesfingereffekt. Das ist eine Verzerrung, durch die ein ferner Galaxienhaufen lang gestreckt erscheint wie ein langer dünner Finger, der direkt auf uns zeigt. (Man weiß aber nicht, *welcher* von Gottes Fingern es ist.)

3 Strahlung kann sich aber auch teilchenartig verhalten. Bestimmte Effekte sind mit der Teilchennatur, andere dagegen mit der Wellennatur der Strahlung zu erklären. Man spricht dabei vom Welle-Teilchen-Dualismus.

KAPITEL 8

Der Urknall bei uns auf der Erde
[Die Geburt der Baryonen]

Drei Quarks für Müster Mark!
Sein Gekläff war wohl eher karg,
Und sein Besitz ist unter der Mark.

James Joyce, *Finnegans Wake**

Seit dem Urknall war die Materie nicht mehr in einem solchen Zustand: Quarks und Gluonen schwebten einige Mikrosekunden nach der Geburt des Universums in einer lodernd heißen Masse umher, einem Quark-Gluon-Plasma. Aber das Plasma kühlte rasch ab, und aus Quarks und Gluonen entstanden uns vertrautere Teilchen wie Protonen und Neutronen. Das Plasma kondensierte also und verschwand. Das Universum war jetzt zu kühl, als dass das Quark-Gluon-Plasma noch existieren konnte, ähnlich wie die Erdoberfläche für geschmolzenes Eisen zu kühl ist.

Die Wissenschaftler können inzwischen den Weg bis fast zum Urknall zurückverfolgen. In riesigen Teilchenbeschleunigern bilden sie Bedingungen wie in den ersten Mikrosekunden der Existenz des Universums nach. Wenn man schwere Atomkerne auf 99,99 Prozent der Lichtgeschwindigkeit beschleunigt und aufeinander prallen lässt, wird auf engstem Raum so viel Energie konzentriert, dass sich bei jedem Zusammenstoß ein winziger Urknall vollzieht. Es gibt Anzeichen dafür, dass sich auf diese Weise ein Quark-Gluon-Plasma erzeugen lässt. Vierzehn Milliarden Jahre nachdem dieses Plasma die Geburt des Universums nur kurzzeitig überstanden hatte, konnte es in einem Institut auf Long Island, New York, sozusagen wiederbelebt werden.

* James Joyce: *Finnegans Wake. Deutsch. Gesammelte Annäherungen*, hrsg. v. Klaus Reichert und Fritz Senn, Frankfurt/Main 1989, S. 238.

Obwohl sich Protest gegen derartige Experimente regte, weil größte Schäden befürchtet wurden, ließen sich die Forscher nicht beirren. Sie hofften, den Ursprung und die Beschaffenheit der Materie ergründen sowie die ersten Momente nach ihrer Entstehung nachbilden zu können.

Um zu verstehen, wie die Materie entstand, müssen wir ihre Eigenschaften näher betrachten. In gewissem Sinne reisen wir dabei in die Vergangenheit. Derzeit besteht das Universum weitestgehend aus Atomen. Ziehen wir nun die Elektronen von den Atomkernen ab und betrachten nur die Kerne, dann schreiben wir etwa das Jahr 400 000 nach dem Urknall. Nun führen wir diesen Kernen immer mehr Energie zu: Damit gehen wir noch viel weiter zurück, bis einige Minuten nach dem Urknall. Dadurch können wir die Kerne zerteilen und ihre Bruchstücke zusammenprallen lassen, so dass sie teilweise aneinander haften. Solche Bedingungen herrschen im Zentrum einer explodierenden Wasserstoffbombe; dort ist es ungefähr so heiß wie im Universum einige Minuten nach dem Urknall.

Wir müssen unsere Zeitreise in die Vergangenheit allerdings noch weiter fortsetzen, wenn wir das Wesen der Materie wirklich ergründen wollen. Wir führen also noch mehr Energie zu, so dass sich die Temperatur noch weiter erhöht. Dabei zerfallen die Protonen und die Neutronen – also die Bausteine der Atomkerne – in ihre Bestandteile, die Quarks. Und genau diese Vorgänge sollen in den großen Teilchenbeschleunigern nachgebildet werden. Je größer und leistungsfähiger die Beschleuniger werden, desto näher kommen die Forscher den Bedingungen bei der Entstehung der Materie. Inzwischen sind die Forscher nahe daran, die Bedingungen während der ersten Mikrosekunden des Universums abzubilden, und hoffen, Anhaltspunkte für den Ursprung der Materie zu erhalten.

Die Sprache der Teilchenphysiker ist für Laien nicht immer leicht zu verstehen, und manches wirkt wie der Fantasie entsprungen; doch die zu Grunde liegende Theorie ist höchst fundiert. Ähnlich wie das Periodensystem die Eigenschaften und das Verhalten chemischer Elemente – also der gewöhnlichen Materie – beschreibt, gibt das *Standardmodell* der Teilchenphysik Aufschluss über das Verhalten der gesamten bekannten Materie. Sein Formalismus ist etwas kompliziert, aber die Natur spricht nun einmal ihre eigene Sprache, die sich nicht ohne weiteres erschließt.

Beginnen wir mit der gewöhnlichen baryonischen Materie. Sie umgibt uns allenthalben, aber sie ist nicht so einfach aufgebaut, wie man lange Zeit geglaubt hat. Alle Gase, Flüssigkeiten und sogar Festkörper (auch das Buch, in dem Sie gerade lesen) bestehen fast nur aus leerem Raum. Seit rund einem Jahrhundert kennt man den grundlegenden Aufbau der Atome, der Bausteine der gewöhnlichen Materie. Jedes Atom besteht seinerseits aus noch kleineren Teilchen, zwischen denen sich nichts als Leere befindet. Das Zentrum eines Atoms, der Atomkern, ist aus zwei recht ähnlichen Teilchen zusammengesetzt, dem Neutron und dem Proton. Beide haben etwa dieselbe Masse, und ihr Hauptunterschied liegt in den elektrischen Eigenschaften: Das Proton trägt eine positive elektrische Ladung, das Neutron ist nicht geladen, also (wie die Bezeichnung andeutet) elektrisch neutral. Die beiden Teilchen sind einander so ähnlich, dass ein Neutron, das für einige Minuten sich selbst überlassen wird, sich spontan in ein Proton umwandelt, wobei ein Elektron abgegeben wird (außerdem entsteht dabei ein weiteres Teilchen, auf das wir später zu sprechen kommen).

Der andere Hauptbestandteil eines jeden Atoms sind die Elektronen. Das Elektron hat eine knapp 2000-mal geringere Masse als das Proton oder das Neutron; seine elektrische Ladung ist ebenso groß wie die des Protons, aber entgegengesetzt, also negativ. Die Elektronen eines Atoms in ihrer Gesamtheit nennt man Elektronenhülle. Sie ist durch die elektrostatische Anziehungskraft an den Kern gebunden. In der moderneren Bezeichnungsweise der Physik gehört das Elektron zu den Leptonen (den leichten Teilchen), während Neutron und Proton zu den Baryonen (den schweren Teilchen) zählen. Für einige Jahrzehnte glaubten die Wissenschaftler, dass der Aufbau der Materie – nämlich aus Protonen, Neutronen und Elektronen – damit vollständig beschrieben ist. Sie meinten, das Wesen der Materie verstehen zu können, wenn sie die Wechselwirkungen dieser drei Teilchen nur genau genug untersuchten. Aber es sollte sich herausstellen, dass das nur ein kleiner Teil der Wahrheit ist. Der »Teilchenzoo« beherbergt nämlich weitaus mehr verschiedene Exemplare als nur diese drei.

Im Laufe der Jahre entdeckten die Physiker eine ganze Menagerie von Baryonen (darunter das Proton), von Leptonen (darunter das Elektron) und von mittelschweren Teilchen, den Mesonen (darunter das Pion). Heute weiß man, dass das Elektron zwei schwerere Geschwister mit sehr ähnlichen Eigenschaften hat. Das eine dieser Teilchen ist das Myon, symbolisiert durch den griechischen Kleinbuchstaben μ (my). Es ist 200-mal schwerer als das Elektron. Das andere Schwesterteilchen des Elektrons ist das Tauon oder Tau-Teilchen, symbolisiert durch den griechischen Kleinbuchstaben τ (tau). Es ist über 3500-mal schwerer als das Elektron.[1] In diesem Trio ist das Elektron das häufigste Teilchen, das Myon das zweithäufigste und das Tauon das mit Abstand seltenste. Im Zuge der Erforschung schienen sich die Teilchenarten im Universum wie die Kaninchen zu vermehren. Das Gewimmel der verschiedenen Leptonen, Mesonen und Baryonen wurde immer verwirrender.

Als wäre das alles noch nicht kompliziert genug, fand man heraus, dass es auch Antimaterie gibt, sozusagen das Gegenstück zur Materie. Die Antimaterie könnte der Fantasie eines Science-Fiction-Autors entsprungen sein, aber sie existiert wirklich. Schon seit über siebzig Jahren experimentieren die Forscher mit ihr.

Im Jahre 1928 stellte der Physiker Paul A. M. Dirac eine Gleichung auf, die einige der seltsameren Eigenschaften des Elektrons zu beschreiben schien, aber auch etwas ganz Unerwartetes vorhersagte. Gemäß Diracs Gleichung muss es einen Anti-Zwilling des Elektrons geben, also ein Teilchen mit gleicher Masse und gleich großer, jedoch entgegengesetzter elektrischer Ladung. Würde dieses Teilchen mit einem Elektron zusammentreffen, dann würden sie einander – unter Freisetzung einer großen Energiemenge – augenblicklich vernichten.[2]

Die Vorstellung einer Antimaterie erschien vielen Wissenschaftlern so abwegig, dass sogar einer der Begründer der Quantentheorie, Werner Heisenberg, Diracs Theorie zunächst als »das traurigste Kapitel der modernen Physik« bezeichnete. Doch im Jahre 1932 konnte der amerikanische Physiker Carl Anderson bei der Untersuchung von Teilchenspuren in Nebelkammeraufnahmen den Antimaterie-Zwilling des Elektrons nachweisen. Dies ist das Positron oder Antielektron. Dirac hatte Recht gehabt: Das Elektron hat einen Antimaterie-Zwilling.

Wie sich herausstellte, hat jedes Teilchen, das eine Masse aufweist, ein Antimaterie-Gegenstück. Beim Proton ist es das Antiproton, beim Neutron das Antineutron und so weiter.[3] Dutzende von Baryonen, Mesonen, Leptonen und ihren Antimaterie-Gegenstücken bevölkerten den anwachsenden Teilchenzoo. Zum Leidwesen der Forscher können sie sogar ihre Identität verändern. Wenn sie aufeinander treffen, sind sie imstande, sich in völlig andere Teilchen zu verwandeln. Leptonen, Mesonen, Baryonen, Antileptonen, Antimesonen, Antibaryonen können sich vermehren, aber auch zerfallen oder sich ineinander umwandeln. Bis etwa Mitte der 1960er Jahre konnten die Wissenschaftler kein Schema erkennen, das dem immer komplizierteren Teilchenzoo zu Grunde liegen könnte.

Nun traten die Quarks auf den Plan. Wieder können wir die Analogie zum Periodensystem heranziehen, mit dem sich die Eigenschaften der vielen so unterschiedlichen chemischen Elemente systematisieren lassen. Bei den Fundamentalteilchen waren es die von dem amerikanischen Physiker Murray Gell-Mann postulierten Quarks, mit denen der chaotische Teilchenzoo geordnet werden konnte. Er fasste Proton, Neutron und andere Baryonen nicht als unteilbare, fundamentale Teilchen auf. Vielmehr nahm er an, dass die verschiedenen Baryonen aus drei kleineren Teilchen bestehen, die er Quarks nannte. Sie sollten unterschiedliche Eigenschaften haben und verschiedene Ladungen tragen. Beispielsweise sollte ein *Up*-Quark eine Ladung von + 2/3 und ein *Down*-Quark eine Ladung von − 1/3 haben. Damit waren die Ladungen der bekanntesten Baryonen zu erklären: die des Protons (+ 1, von zwei *Up*-Quarks und einem *Down*-

Quark) und die des Neutrons (0, von zwei *Down*-Quarks und einem *Up*-Quark).

Und tatsächlich kann man mit einigen einfachen Regeln *sämtliche* Eigenschaften der Baryonen in dem Durcheinander der Teilchen erklären, zumindest die Eigenschaften der uns bekannten Baryonen. Die nachstehend zusammengestellten Regeln scheinen irgendwie vom Himmel zu fallen, aber sie funktionieren bestens. (Keine Sorge, es folgt jetzt kein Quiz!)

Regel 1: Jedes Quark hat einen von sechs *Flavors* – *Up*, *Down*, *Strange*, *Charm*, *Bottom* und *Top* – sowie eine von drei Farben: Rot, Grün oder Blau. (Der Begriff »Farbe« ist hier ebenso wenig wörtlich zu nehmen wie der Begriff *Flavor*, engl. für »Geschmack«. Diese Benennungen dienen nur dazu, die Eigenschaften des jeweiligen Quarks auf übersichtliche Weise zu unterscheiden.)

Regel 2: Treten ein rotes, ein grünes und ein blaues Quark zusammen, so entsteht ein *weißes*, farbloses Teilchen, ähnlich wie rotes, grünes und blaues Licht bei der additiven Farbmischung weißes Licht ergeben.

Regel 3: Ein Teilchen mit einer Farbe kann niemals direkt beobachtet werden. Daher werden die Physiker nie ein einzelnes Quark sehen, weil dieses ja rot, grün oder blau sein muss. Aber sie können *sehr wohl* weiße Teilchen sehen, weil diese keine Farbe aufweisen. Somit bestehen Baryonen wie das Proton stets aus drei Quarks; eines von ihnen ist rot, eines blau und eines grün. Ihre drei Farben heben einander auf (siehe Regel 2).

Regel 4: Jedes Quark hat einen *Spin*. Den Spin kann man mit dem Drehsinn eines Spielzeugkreisels vergleichen, der sich entweder im Uhrzeigersinn oder entgegengesetzt drehen kann. Entsprechend hat ein Teilchen mit Spin entweder einen positiven oder einen negativen Spin. (Der Spin eines Teilchens beeinflusst einige seiner

Eigenschaften, aber darauf wollen wir hier nicht eingehen.) Ein Quark hat meist einen Spin von $+1/2$ oder von $-1/2$, zumindest im einfachsten mathematischen Modell, mit dem die Quarks beschrieben werden.[4]

Regel 5: Zu jedem Quark gibt es ein Antiquark, und die Antiquarks treten als antirote, antiblaue und antigrüne Varianten auf, ebenfalls mit positivem oder negativem Spin.

Diese Regeln erscheinen recht willkürlich, aber wenn wir mit ihnen den Teilchenzoo noch einmal durchgehen, können wir die Eigenschaften sowohl der Baryonen wie auch der Mesonen erklären. Die Baryonen bestehen sämtlich aus je drei Quarks – einem roten, einem grünen und einem blauen –, weil drei Quarks (oder drei Antiquarks) nötig sind, um ein weißes, farbloses Teilchen zu bilden. Ein solches Teilchen kann allerdings auch auf andere Weise zu Stande kommen, beispielsweise wenn ein blaues Quark mit einem antiblauen Antiquark zusammentrifft. Das Blau hebt das Antiblau auf, so dass ein farbloses Teilchen zurückbleibt: ein Meson. Sämtliche Mesonen bestehen aus einem Quark und einem Antiquark, die schwach aneinander gebunden sind.

Dank der Quarktheorie müssen die Physiker nicht mehr Aberdutzende von Teilchen mit ihren jeweiligen Eigenschaften katalogisieren. Diese Theorie, die die Quarks mit ihren »Farben« sowie den Kräften, die sie zusammenhalten, beschreibt, ist die so genannte Quantenchromodynamik; sie verleiht der Gesamtheit der subatomaren Teilchen eine gemeinsame Struktur. In früheren Zeiten konnten die Chemiker noch unbekannte Elemente relativ leicht finden, wenn sie die Lücken im Periodensystem mit den zu erwartenden Eigenschaften verknüpften. Analog dazu konnten die Physiker in jüngerer Zeit die Existenz noch nicht entdeckter Teilchen vorhersagen, beispielsweise des Omega-minus-(Ω^--)Baryons, das 1964 entdeckt wurde. Für seine Arbeiten zur Quantenchromodynamik erhielt Gell-Mann 1969 den Nobelpreis.

Obwohl die Forscher die Quarks nicht direkt beobachten können, sind sie ziemlich sicher, dass diese existieren, denn die Quantenchromodynamik ist mehr als ein bloßer mathematischer Formalismus. Wenn man ein Proton mit einem Röntgenstrahl beschießt, wird dieser vom Proton so zurückprallen, als bestehe dieses aus drei kleineren Teilchen mit den Ladungen 2/3, 2/3 und –1/3, wie es die Theorie der Quarks besagt. Gleichgültig, ob man einen Röntgenstrahl oder ein Elektron dazu nutzt, die Eigenschaften des Protons, des Neutrons oder eines anderen Baryons zu erkunden – das Ergebnis ist stets dasselbe: Ein Baryon ist offenbar ein zusammengesetztes Gebilde, und seine Bestandteile haben genau die Eigenschaften, wie sie die Quantenchromodynamik beschreibt.

Die Quantenchromodynamik bietet aber noch mehr. Ein Baryon, beispielsweise das Proton, besteht nicht nur aus Quarks. Die Quarks werden nämlich durch andere Teilchen, die *Gluonen*, zusammengehalten (deren Name wurde sinnigerweise vom englischen Wort *glue* für »Leim« abgeleitet). Die Gluonen befanden sich auch im Quark-Gluon-Plasma, das das sehr junge Universum erfüllte. Dass das Proton sehr schwer zu spalten ist, deutet auf eine äußerst hohe »Klebkraft« der Gluonen hin. In einem geradezu unglaublichen Ausbund an Kreativität gaben die Physiker ihr die Bezeichnung *starke Kraft*.

Die Quarks in Baryonen und Mesonen werden also durch die starke Kraft zusammengehalten. Und sie bindet auch Protonen und Neutronen in den Atomkernen aneinander. Davon sind die Wissenschaftler überzeugt, ohne jemals ein Quark gesehen zu haben; denn ein Quark mit einer Farbe ist ja stets mit anderen Quarks zusammengesperrt, so dass ein farbloses Teilchen vorliegt. (Man spricht dabei von Quark-Confinement, manchmal auch von Quark-Einschluss oder Quark-Dauerbindung.) Auf Grund der Regeln, denen die starke Kraft unterliegt, können Quarks nicht frei vorliegen – sie sind seit den ersten wenigen Mikrosekunden nach dem Urknall eingeschlossen. Aber im ganz frühen Universum waren sie es noch nicht.

Wie jede Kraft lässt sich auch die starke Kraft überwinden, wenn ausreichend viel Energie zugeführt wird. Nehmen wir als Beispiel die Schwerkraft, die uns an die Oberfläche unseres Planeten bindet. Wenn Sie hochspringen, können Sie der Erdoberfläche kurzzeitig entkommen. Aber Sie fallen unvermeidlich wieder herunter, denn Ihre Beinmuskeln können nicht genug Energie aufbringen, um die Gravitationsanziehung der Erde zu bezwingen. Auch Raketen können der Schwerkraft nur bedingt trotzen und müssen fast alle irgendwann landen. Wenn Sie jedoch eine Unmenge an chemischer Energie (und Geld!) aufwenden, sich also in die Raumkapsel einer großen Rakete mit enormem Treibstoffvorrat setzen, dann können Sie der Schwerkraft der Erde eventuell entkommen und zum Mond fliegen – oder gar aus dem Sonnensystem hinaus. Entsprechend lassen sich auch die elektrischen beziehungsweise elektromagnetischen Kräfte zwischen den einzelnen Molekülen etwa in einem Topf Wasser überwinden.[5] Erwärmen Sie Wasser auf dem Herd, führen Sie also ausreichend viel Energie zu, dann werden die Anziehungskräfte zwischen den Molekülen überwunden. Das Wasser verdampft. Die Moleküle trennen sich dabei voneinander und treten in die Gasphase aus, wo sie viel weiter voneinander entfernt sind als in der Flüssigkeit.

Ebenso lässt sich der von der starken Kraft bewirkte Zusammenhalt überwinden. Lässt man zwei Atome mit extrem hoher Geschwindigkeit zusammenprallen oder schießt man andere Teilchen nur hart genug gegen einen Atomkern, so spaltet man die Bindung zwischen Protonen und Neutronen im Kern auf, und dieser zerfällt in eine Reihe kleinerer Teilchen. Wenn er schwer genug ist, wird bei einer solchen Kernspaltung Energie frei, wie man am Beispiel einer Atombombe sieht. Doch selbst dort ist die Energie nicht hoch genug, um auch noch Protonen und Neutronen zu spalten. Wenn also die starke Kraft bezwungen ist, die die Atomkerne zusammenhält, heißt das noch nicht, dass auch die andere, noch stärkere Kraft überwunden wird, die die Quarks in den Protonen und den Neutronen aneinander bindet. Die Wirkung dieser Kraft ist seit vierzehn Milliarden Jahren nicht überwunden worden.

Doch diese Kraft versagte für einen sehr kurzen Moment unmittelbar nach der Geburt des Universums. Als es noch äußerst heiß und dicht war – nur Sekundenbruchteile nach dem Urknall –, besaß jedes Teilchen so viel Energie, dass die Kraft die Quarks noch nicht aneinander binden konnte. Quarks und Gluonen schwebten im Quark-Gluon-Plasma frei umher. Während sich das Universum ausdehnte und dabei abkühlte, gewann die starke Kraft die Oberhand. Rund eine millionstel Sekunde nach dem Urknall kondensierte das Quark-Gluon-Plasma zu Protonen, Neutronen und anderen Teilchen, ähnlich wie sich Wasserdampf an einer kalten Fläche in Tröpfchen abscheidet. Diesem Einschluss sollten die Quarks niemals wieder entkommen: Sie traten danach stets in Verbindung mit einem Antiquark oder mit zwei anderen Quarks auf, an die sie durch die starke Kraft gebunden sind. – Zumindest war das bis vor einigen Jahren so.

Inzwischen konnten die Forscher nämlich Bedingungen nachbilden, wie man sie bis dahin nur von den ersten Mikrosekunden nach dem Urknall kannte. Sie sind jetzt davon überzeugt, dass sie die Bande der starken Kraft zerrissen haben und erstmals seit der Geburt des Universums die Quarks aus ihrem Einschluss befreien konnten. Damit können sie viel besser erklären, wo der Ursprung aller baryonischen Materie im Universum liegt.

Die ersten Hinweise auf die Befreiung von Quarks – meist Deconfinement genannt – erhielt man bei Experimenten an einem riesigen unterirdischen Teilchenbeschleuniger bei Genf. Dieses so genannte Super-Proton-Synchrotron (SPS) ist im Wesentlichen ein von starken Magneten umgebener Ring mit einem Durchmesser von 6 Kilometern. In ihm beschleunigt man Atome auf über 99 Prozent der Lichtgeschwindigkeit und lässt sie aufeinander prallen. Auf Grund der relativistischen Verzerrung von Raum und Zeit wirkt ein normalerweise kugelförmiges Atom – beispielsweise ein Bleiatom – flach wie ein Diskus. Und wenn eine solche »Scheibe« einen heftigen Stoß erfährt, zerplatzt sie auf spektakuläre Weise. Infolge der hohen Bewegungsenergie vollzieht sich dabei so etwas wie ein Urknall *en miniature*. Unter diesen Bedingungen bleiben nicht einmal Neutronen und Protonen erhalten. Sie werden bei diesem intensiven Ener-

gieausbruch gespalten und geben die Quarks aus ihrem schon vierzehn Milliarden Jahre andauernden Gefängnis frei. Doch schon rund
10^{-23} Sekunden nach diesem Deconfinement kondensieren die freigesetzten Quarks und die Gluonen erneut, und Baryonen und Mesonen fliegen in alle Richtungen weg. Die Forscher können das Quark-
Gluon-Plasma leider nicht direkt sehen, sondern nur die Spuren der
Teilchen verfolgen, die nach der Kondensation der Quark-Suppe zu
Baryonen und Mesonen entstanden. Aus den Spuren erhoffen sich
die Physiker weitere Informationen über die Bedingungen während
der Explosion. Das ist ungefähr so, als wolle man die Funktionsweise
von Autos untersuchen, indem man zwei Autos zusammenstoßen
lässt und beobachtet, auf welchen Flugbahnen die Radkappen, Kot-
flügel und anderen Teile danach wegfliegen. Das ist natürlich eine
verzwickte Aufgabe, und es gibt beim Quark-Gluon-Plasma entsprechend heftige Diskussionen über Durchführung und Auswertung der
Experimente.

Das Super-Proton-Synchrotron wird vom CERN betrieben, dem
europäischen Institut für Teilchenphysik. Das CERN gab im Februar
2000 – noch mit Vorbehalten – bekannt, dass ein Quark-Gluon-Plasma beobachtet wurde. Das wichtigste Indiz dafür war ein seltsamer
Zerfall bei einem Meson, das als J/Ψ- oder J/Psi-Teilchen bezeichnet
wird. (Der merkwürdige Doppelname des Teilchens rührt daher, dass
es praktisch gleichzeitig von zwei konkurrierenden Teams entdeckt
wurde. Die eine Gruppe wählte bei der Benennung den lateinischen
Buchstaben J und die andere den griechischen Buchstaben Psi.) Das
J/Psi-Teilchen besteht aus einem *Charm*-Quark und einem *Charm*-
Antiquark. Weil das *Charm*-Quark relativ selten ist, ist auch das
J/Psi-Teilchen nicht sehr häufig.[6]

Teilchen wie das J/Psi-Teilchen können aus energiereichen Stößen
hervorgehen. Dieser Vorgang ist die Umkehrung der gegenseitigen
Vernichtung von Materie und Antimaterie, bei der Energie frei wird.
Wenn man also in ein kleines Volumen ausreichend viel Energie ein-
bringt, beispielsweise indem man zwei Atome mit extrem hohen
Geschwindigkeiten zusammenprallen lässt, kann man Materie-Anti-

materie-Paare erzeugen, zum Beispiel ein Positron und ein Elektron oder ein *Charm*-Quark und ein *Charm*-Antiquark. (Allerdings kann aus Energie kein *Charm*-Quark allein entstehen, ohne dass gleichzeitig sein Antiquark gebildet wird; man erzeugt immer ein Materie-Antimaterie-Paar.) Ein *Charm*-Quark und ein *Charm*-Antiquark, die gemeinsam mit vielen anderen Quarks und Antiquarks aus einem Stoß hervorgehen, tun sich normalerweise augenblicklich mit einem oder zwei Paaren nahebei befindlicher Quarks und Antiquarks zusammen und bilden Mesonen oder Baryonen. Weil stets ein *Charm*-Quark und ein *Charm*-Antiquark entstehen, ist es sehr wahrscheinlich, dass sich beide vereinigen und das J/Psi-Meson bilden. Liegt jedoch ein Quark-Gluon-Plasma vor, kondensieren Quarks nicht sofort zu Mesonen und Baryonen. Sie schweben in einer »Suppe« von Quarks und Gluonen umher und kondensieren nur, wenn die Temperatur stark genug absinkt. In einer solchen Suppe wird das relativ seltene *Charm*-Quark wahrscheinlich von seinem Antimaterie-Gegenstück wegtreiben und sich – noch wahrscheinlicher – mit dem häufigeren *Up*- oder *Down*-Quark vereinigen; dagegen wäre eine Kombination mit einem *Charm*-Antiquark weniger wahrscheinlich. Deswegen wird nur sehr selten ein J/Psi-Meson entstehen.

In den 1980er Jahren vermuteten einige Wissenschaftler, dass eines der Anzeichen für das Vorliegen eines Quark-Gluon-Plasmas ein relativ geringer Anteil an J/Psi-Teilchen sein müsste. Genau dies glaubten die Forscher am CERN beobachtet zu haben, neben schwachen Anzeichen für ein Quark-Gluon-Plasma. Sie waren jedoch vorsichtig und behaupteten nicht, ein solches erzeugt zu haben.

»Aus der üblichen Auswertung der Daten leiten wir überzeugende Indizien dafür ab, dass ein bisher unbekannter Zustand der Materie entstanden war«, erklärte Maurice Jacob, der als Physiker am CERN arbeitet. Dieser neu entdeckte Zustand der Materie »weist viele der Merkmale des theoretisch postulierten Quark-Gluon-Plasmas auf«. Mit anderen Worten: Es sieht aus wie eine Katze, und es bewegt sich wie eine Katze.

Etliche Wissenschaftler zweifelten indes an der »Katze«: Vielleicht könnte es ja auch ein Kater sein? So erklärte schon bald nach der Publikation des CERN William Zajc von der Columbia University: »Ich halte es nicht für unfair zu sagen, dass die vorgelegten Daten die Existenz des Quark-Gluon-Plasmas nicht schlüssig beweisen.« Damals bereitete Zajc am Brookhaven National Laboratory in New York den Betrieb eines noch mächtigeren Beschleunigers vor. Diese Anlage namens *Relativistic Heavy Ion Collider*, kurz RHIC, wurde mit einer fünfmal höheren Leistung betrieben als das Super-Proton-Synchrotron. Daher erwartete man, wirklich ein Quark-Gluon-Plasma erzeugen zu können. Und tatsächlich fanden sich hier nach der Inbetriebnahme noch überzeugendere Indizien dafür, dass Quarks aus ihrem Farb-Confinement befreit wurden.

Die Magnete des RHIC sind so stark, dass einige Umweltschützer irreparable Schäden unvorstellbaren Ausmaßes befürchteten. Wenn im Beschleuniger zwei Goldatome nur heftig genug aufeinander geschossen würden, so argumentierten sie, dann könnte eine Kettenreaktion einsetzen und eine sich mit Lichtgeschwindigkeit ausbreitende Welle würde nach und nach sämtliche Materie im Universum hinwegfegen und nichts als Energie hinterlassen. Das ist eine recht abwegige Vorstellung; doch der Angst lag ein winziges Körnchen Wahrheit zu Grunde. Glücklicherweise sind, wie seriöse Wissenschaftler wissen, derartige Sorgen bei weitem übertrieben.[7]

Im November 2000 konnten die ersten am RHIC erzielten Ergebnisse publiziert werden; sie wiesen auf das Deconfinement der Quarks hin. Bei geringer Bewegungsenergie verhalten sich Atomkerne ähnlich wie Klumpen aus harten Wachskügelchen. Schießt man zwei Atomkerne nicht zu heftig aufeinander, dann prallen sie voneinander ab, ähnlich wie Billardkugeln. Aber bei den energiereichen Stößen im RHIC geschieht etwas anderes. Zwar beobachten die Forscher intensive Teilchenstrahlen, die von den kollidierenden Atomkernen zur Seite entweichen, doch sie finden weniger solche Strahlen, als nach der Theorie zu erwarten sind. Auf die Wachskügelchen übertragen hieße das, einige von ihnen wären infolge der hohen Temperatur geschmolzen, so dass eine klebrige Masse entstünde. Die Teilchenphysiker folgerten also, dass die Teilchen in den Atomkernen zu einem klebrigen Quark-Gluon-Plasma zusammenbackten. Weitere Teilchen, die dieses Plasma passierten, würden dann abgebremst, so dass die seitlich abgehenden Strahlen einen Teil ihrer Energie verlören. Die Strahlen würden also gelöscht. Am RHIC wurde die Strahlauslöschung erstmals experimentell bewiesen.

Es gibt noch andere Anzeichen für die Existenz eines Quark-Gluon-Plasmas. Wenn zwei relativistisch abgeflachte Goldatomkerne zusammenprallen, dann treffen sie fast nie genau zentral aufeinander, sondern praktisch immer ein wenig seitlich versetzt. Ihre Trefferfläche ist daher in etwa mandelförmig (das ist der dunkler punktierte Bereich in der linken Teilabbildung). Wenn beim Stoß Protonen und Neutronen aus den Atomkernen herausgeschleudert werden und intakt bleiben, fliegen sie ziemlich gleichmäßig verteilt in alle Richtungen weg. Das mandelförmige Muster bleibt dabei natürlich nicht erhalten. Doch zu ihrer großen Überraschung stellten die Physiker fest, dass die Mandelform auch in der Verteilung der weggeschleuderten Teilchen erkennbar blieb. Das ist eigentlich nur damit zu erklären, dass auch die Protonen und die Neutronen zerfallen und dabei ein Quark-Gluon-Plasma bilden. In diesem Fall verteilen die Teilchen ihre Energie gleichmäßiger unter die einzelnen Quarks im mandelförmigen Stoßbereich auf und fliegen nach der erneuten Kondensation in einer ebenfalls mandelförmigen Formation weg. Das ist zwar kein überzeugender Beweis, weist aber immerhin auf die Existenz eines Quark-Gluon-Plasmas hin. »Offenbar geschieht etwas Seltsames«, erklärt James Thomas, der als Physiker am Lawrence Berkeley National Laboratory an einem der Experimente am RHIC teilnahm, »aber es wäre kühn, mehr hineinzudeuten.«

Ebenso wie amerikanische Physiker die Ergebnisse des CERN anzweifelten, äußerten europäische Physiker ihre Skepsis über die am RHIC erzielten Resultate. Der Physiker Carlos Lourenço vom CERN räumte ein, die RHIC-Messungen seien mit der Existenz eines Quark-Gluon-Plasmas vereinbar. Aber er wies gleichzeitig darauf hin, dass sie keinen deutlichen Übergang zwischen gewöhnlicher Materie und

Ein relativistischer Stoß

(Seitenansicht)

(Frontalansicht)

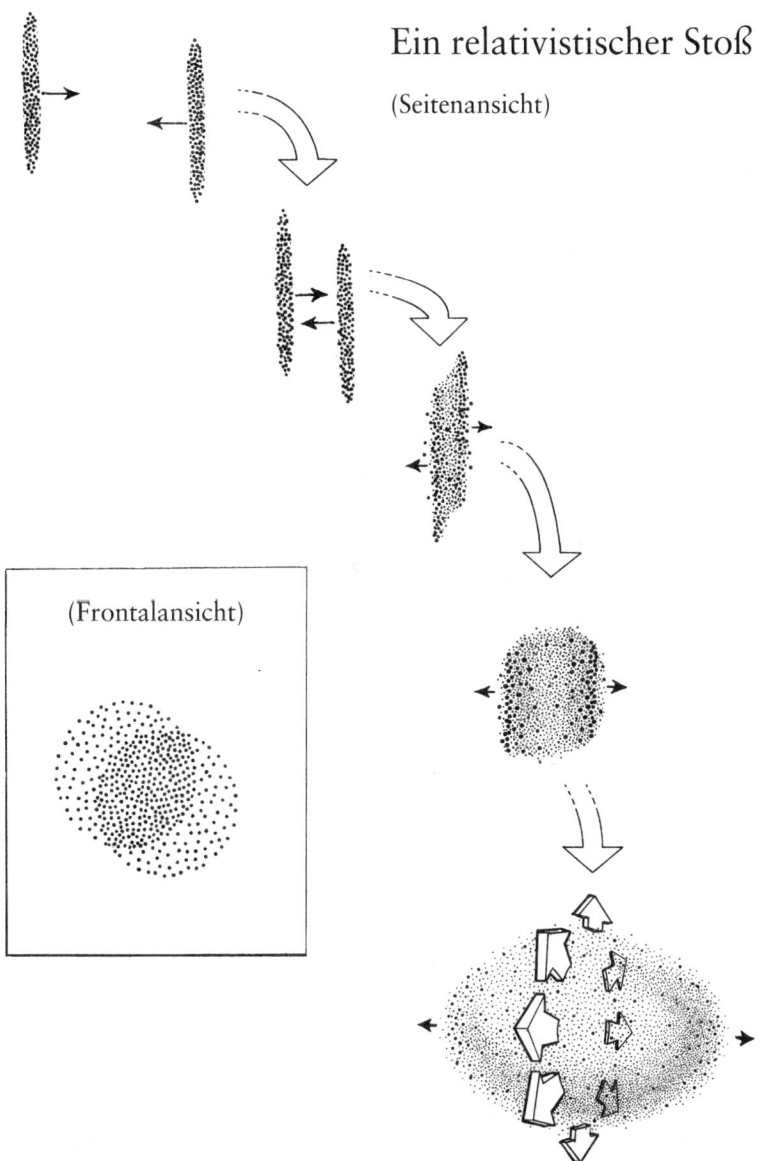

*Ein Stoß schwerer Ionen bei über 99 Prozent der Lichtgeschwin-
digkeit*

einem Quark-Gluon-Plasma aufwiesen. Weitere Messergebnisse am RHIC deuten noch stärker auf das Deconfinement von Quarks hin. Laut Thomas Kirk, dem wissenschaftlichen Direktor am Brookhaven National Laboratory, wird man das Quark-Gluon-Plasma als bewiesen ansehen, sobald drei voneinander unabhängige Indizien vorliegen. Für 2004 oder 2005 rechnet man mit der offiziellen Publikation dieser Entdeckung.

Es steht viel auf dem Spiel. Die Entdeckung des Quark-Gluon-Plasmas wird wahrscheinlich mit dem Nobelpreis belohnt werden. Wichtiger ist aber, dass sie dabei helfen wird, eines der wichtigsten, schwierigsten Rätsel der baryonischen Materie zu lösen: Warum gibt es Materie überhaupt? Auf den ersten Blick sollte man nämlich annehmen, dass sie gar nicht existieren kann.

Das klingt widersinnig. Es gibt schließlich ungeheuer viel Materie im Universum – unzählige Sterne, Galaxien und Galaxienhaufen –, da wäre es doch närrisch zu sagen, dass es sie eigentlich gar nicht geben sollte. Halten wir uns aber noch einmal den Zustand des Universums kurz nach dem Urknall vor Augen: Quarks und Gluonen entstanden aus dem intensiven Energieausbruch bei dieser Katastrophe. Für jedes Quark gibt es ein Antiquark, und wenn drei Quarks zu einem Baryon zusammentreten können, dann sollten anderswo im Universum drei Antiquarks ein Antibaryon gebildet haben. Das noch sehr junge Universum müsste also ungefähr gleiche Mengen an Materie und Antimaterie enthalten haben. Materie und Antimaterie vernichten einander; daher müssten sich gleiche Anteile von Materie und Antimaterie gegenseitig ausgemerzt haben, Teilchen für Teilchen. Und es wäre nichts übrig geblieben.

Stattdessen enthält der Kosmos viel Materie und, soweit wir wissen, nur sehr wenig Antimaterie. Das scheint darauf hinzudeuten, dass es im frühen Universum ein wenig mehr Materie als Antimaterie gab. Nachdem Materie und Antimaterie einander vernichtet hatten, war offenbar etwas Materie übrig geblieben. Diese verbleibende Materie, nur ein Bruchteil dessen, was das Universum ursprünglich enthalten hatte, bildete Sterne und Galaxien sowie sämtliche baryonische dunkle Materie im Universum. Aus irgendeinem Grund muss der Prozess, der die baryonische Materie im Universum hervorbrachte, besser mit Materie als mit Antimaterie abgelaufen sein. Materie und Antimaterie sind demnach nicht gleichwertig, denn durch irgendeinen geringen Unterschied konnte die Materie leichter entstehen als die Antimaterie. Diese beiden Formen sind also keine exakten Spiegelbilder, das heißt, ihre Symmetrie ist sozusagen gebrochen. Dieser gebrochenen Symmetrie verdanken wir die Existenz der Materie im Universum – und unser eigenes Dasein.

Im Teilchenbeschleuniger können die Forscher zeitlich bis zum Anfang des Universums zurückkreisen, denn sie bilden die Bedingungen nach, die zum Überdauern der Materie und zur Vernichtung der Antimaterie führten. Beispielsweise haben die Physiker am RHIC die Mengenverhältnisse von Antiprotonen und Protonen ermittelt, wie sie nach Stößen mit unterschiedlichen Energien auftreten. Die Verhältnisse reichen von fast null (praktisch keine Antimaterie entstanden) bei sanften Stößen bis zu rund 65 Prozent (jeweils zwei Antiprotonen und ein Proton entstanden) bei heftigen Stößen. Wenn der RHIC-Beschleuniger noch stärkere Magnete erhält, werden die in ihm zu realisierenden Bedingungen immer mehr denjenigen im neugeborenen Universum, kurz nach dem Urknall, ähneln.

Während die Wissenschaftler noch darauf warten, dass beim RHIC die Bedingungen des frühen Universums möglichst gut nachgebildet werden, wird in anderen Instituten das Wesen von Materie und Antimaterie auf andere Weise untersucht. Schließlich besteht die Materie nicht nur aus Quarks und Gluonen.

Anmerkungen

1   Das führt, wie Sie sicher bemerkt haben, zu der widersinnigen Sachlage, dass ein Lepton (das Tauon) schwerer ist als ein Baryon (zum Beispiel das Proton). Obwohl die Unterscheidung zwischen leichten und schweren Teilchen eigentlich überholt ist, hält man an dieser Bezeichnungsweise fest. Der Grund dafür wird etwas später klar werden.

2   Einsteins berühmte Gleichung $E = mc^2$ drückt aus, dass Materie (mit der Masse m) und Energie (E) ineinander umgewandelt werden können. Daher geben die Teilchenphysiker die Masse von Teilchen meist nicht in der Masseneinheit Kilogramm an, sondern in der Energieeinheit Elektronenvolt. (Ein Elektronenvolt ist die Energiemenge, die ein Elektron aufnimmt, wenn es im Vakuum zwischen zwei Elektroden die Spannungsdifferenz 1 Volt durchläuft.) Das Elektron hat – ebenso wie das Antielektron – eine »Masse« von 0,511 Millionen Elektronenvolt (beziehungsweise 0,511 MeV, Mega-Elektronenvolt). Die bei der gegenseitigen Vernichtung von Elektron und Antielektron frei werdende Energiemenge beträgt daher etwas mehr als 1 MeV. Das ist im subatomaren Maßstab eine sehr große Energiemenge, im Alltag aber sehr wenig: Eine 40-W-Glühbirne nimmt in einer Sekunde aus dem Stromnetz 250 Billionen MeV elektrische Energie auf.

3   Wie gesagt zerstören (»annihilieren«) Antimaterie und Materie einander, wenn sie in Kontakt kommen. Sollten Sie jemals Ihrem Antimaterie-Zwilling begegnen – schütteln Sie ihm auf keinen Fall die Hand!

4   Bei genauerer Untersuchung scheint es so, als hätten die Quarks einen betragsmäßig geringeren Spin, als dieses einfache Modell angibt, denn auch die Gluonen, die die Quarks zusammenhalten, weisen einen Spin auf.

5   Die elektrische Natur der Kräfte zwischen den Wassermolekülen können Sie leicht zeigen: Kämmen Sie, am besten bei trockener Luft, Ihre Haare, so dass sich der Kamm elektrostatisch auflädt. Halten Sie ihn dann neben den aus einem Wasserhahn rinnenden dünnen Strahl. Er wird durch die elektrische Ladung vom Kamm angezogen, also aus der Fallrichtung abgelenkt.

6   Im Allgemeinen ist ein Teilchen, auch ein Quark, umso seltener, je schwerer es ist; die Gründe dafür werden wir in Kapitel 12 besprechen. Die mit Abstand leichtesten und häufigsten Quarks sind das *Up*- und das *Down*-Quark; das nächsthäufige ist das *Charm*-Quark, gefolgt vom *Bottom*- und dann vom *Top*-Quark. Ein *Charm*-Quark hat rund 1000-mal so viel Masse wie ein *Up*-Quark und ist daher wesentlich schwieriger zu finden oder in Teilchenbeschleunigern zu erzeugen. Der Zusammenhang zwischen Masse und Vorkommen ist auch der Grund dafür, dass das Tauon so viel seltener als das Myon und dieses so viel seltener als das Elektron ist.

7   Beispielsweise treffen extrem energiereiche kosmische Strahlen ständig auf den Mond. Dabei treten Wechselwirkungen mit der Materie auf, die in ihrer Heftigkeit etwa denen im RHIC entsprechen. Hätten die Schwarzseher Recht, dann wäre die befürchtete Zerstörung schon längst eingetreten.

KAPITEL 9

Nie da gewesene Probleme
[Das exotische Neutrino]

Neutrinos, die sind sehr klein,
sie haben weder Ladung noch Masse
und wechselwirken auch nicht.
Die Erde ist für sie ein leerer Ballon,
den sie einfach durchstreifen
wie Hausmädchen einen Saal
oder wie Photonen ein Stück Glas.

John Updike, *Cosmic Gall**

Als sich die Forscher mit der Entstehung der Baryonen, also der gewöhnlichen Materie, näher befassten, wurde ihnen klar, dass der größte Teil vom Ganzen fehlte – die nichtbaryonische Materie. Sämtliche Messungen, mit denen die Masse des Universums ermittelt wurde, stimmen überein. Die baryonische Materie macht rund 5 Prozent von Ω aus, doch die gesamte Menge an Materie im Universum ist ungefähr siebenmal höher. Das bedeutet offensichtlich, dass nur ein kleiner Teil der Materie nachgewiesen und der Löwenanteil unentdeckt ist. Dieser Rest muss eine nichtbaryonische Form der Materie sein, etwas »Exotisches«, das nicht aus Quarks aufgebaut ist. Zum Glück gibt es noch andere Teilchen, die ebenso fundamental und unteilbar sind wie die Quarks. Das bekannteste unter ihnen ist das Elektron, und die Physiker kennen inzwischen auch die wesentlichen Eigenschaften der schwereren Geschwister des Elektrons, also des Myons und des noch schwereren Tauons. Neben diesen drei Leptonen gibt es auch noch drei andere Arten von Leptonen.

---

* John Updike: »Cosmic Gall«. In: *Telephone Poles and Other Poems*, New York 1963, S. 5.

Sämtliche Materie im Universum – jedenfalls die gesamte Materie, die die Forscher bisher gefunden haben – ist entweder aus Quarks oder aus Leptonen zusammengesetzt. Die exotische Materie im Universum kann nicht aus Quarks bestehen, so dass wir unsere Aufmerksamkeit auf die Leptonen richten müssen, um das Rätsel der fehlenden Materie zu lösen. Die drei Leptonen, die wir bis jetzt besprochen haben, können indes nicht die gesamte exotische Materie im Universum bilden. Myon und Tauon sind instabil: Das Myon zerfällt in einer millionstel Sekunde, das Tauon sogar in weniger als einer billionstel Sekunde.[1] Auch das Elektron, so stabil (und verbreitet) es ist, vermag die vorliegende Menge an exotischer Materie nicht zu erklären. Ihre elektrische Ladung würde die Elektronen auseinander treiben, wenn sie im Raum umherschwebten, und es wurde noch kein Anzeichen dafür gefunden, dass es im Universum eine hohe Zahl ungebundener Elektronen gibt. Bei diesem Ausschluss in Frage kommender Teilchen bleiben drei Leptonen übrig, und zwar die verschiedenen Typen des Neutrinos. Nun weiß man über die Neutrinos mit Abstand am wenigsten, denn sie sind die flüchtigsten Bewohner des Teilchenzoos. Bis vor wenigen Jahren kannte man noch nicht einmal ihre Masse, ja man fragte sich sogar, ob sie überhaupt eine Masse aufweisen. Neutrinos sind fast nicht nachweisbar, so dass die Forscher ihre wesentlichen Eigenschaften nicht bestimmen konnten. Außer der Frage ihrer Masse war auch unklar, ob sie sich mit Lichtgeschwindigkeit bewegen.

Seit einigen Jahren beginnt sich der Nebel um die Neutrinos etwas zu lichten. So hat man ihre Massen und weitere Eigenschaften ermittelt. Inzwischen ziehen die Astronomen sie auch heran, um die Merkmale bestimmter Himmelskörper zu analysieren, ähnlich wie sie normalerweise die Photonen dazu nutzen. Es ist sozusagen das Zeitalter der Neutrinos angebrochen, und die Kosmologen machen sich daran, jene mysteriöse exotische Substanz kennen zu lernen, die insgesamt die baryonische Materie im Universum überwiegt, etwa in dem Ausmaß, wie ein Auto schwerer ist als ein Mensch.

Bei der Erforschung der Masse im Universum betrachtete man zunächst Quarks und Gluonen, die Ausgeburten der starken Kraft. Im zweiten Akt ging man von den Quarks zu den Leptonen über, also von der starken Kraft zur *schwachen* Kraft. Die Leptonen sind die letzten Komponenten des Standardmodells, der alles umfassenden Theorie, mit der die Wissenschaftler die Materie im Universum erklären und herausfinden wollen, wo all die fehlende Materie ist. Damit die Kosmologen die Weite des Universums verstehen können, müssen die Teilchenphysiker ihnen sagen, woraus der Kosmos eigentlich besteht. Das derzeit heißeste Thema in der Teilchenphysik ist das Neutrino.

Zunächst wurde das Neutrino sozusagen hilfsweise angenommen, damit die »Buchführung« bei einem bestimmten Vorgang in Ordnung gebracht werden konnte. Im Jahre 1930 erkannte der Physiker Wolfgang Pauli, dass die Natur beim Betazerfall die Bilanz zu »frisieren« scheint. Wir sind dem Betazerfall schon kurz begegnet; er vollzieht sich in der Natur sehr häufig. Freie Neutronen zerfallen durch Betazerfall in Protonen, aber auch bestimmte instabile Atomkerne, darunter die des Elements Kobalt-60, gehen durch diesen Zerfallstyp in andere, meist stabilere Kerne über; dabei wird ein Elektron emittiert, und ein Neutron wird zu einem Proton. Nach Paulis Berechnungen schien dabei eines der grundlegenden Prinzipien der Physik verletzt zu sein, denn der Impuls blieb nicht erhalten.

In der Physik sind manche Gesetze unantastbar, denn sie liegen offenbar den Vorgängen im Universum zu Grunde. Beispielsweise sind die Wissenschaftler überzeugt, dass Energie weder erzeugt noch zerstört werden kann; sie kann übertragen, in andere Formen umgesetzt oder gar zu Materie umgewandelt werden, aber sie kann niemals verschwinden oder aus dem Nichts kommen.[2] Dies ist das Gesetz der Energieerhaltung: Die Menge an Energie, die nach irgendeinem Ereignis vorliegt, muss ebenso groß sein wie die Energiemenge, die vor dem Ereignis vorhanden war. Die Natur scheint in ihrer Buchführung sehr sorgfältig zu sein, wenn es um die Energie geht.

Ein solcher Erhaltungssatz gilt auch für eine andere physikalische

Größe, nämlich für den Impuls. Wir können uns den Impuls am besten als den Schwung vorstellen, den ein Gegenstand hat, und der daher mit der Masse und mit der Geschwindigkeit des Gegenstands zusammenhängt.[3] Je schwerer ein Gegenstand ist und je schneller er sich bewegt, desto höher ist sein Impuls. So richtet ein Auto, das mit 30 Kilometern pro Stunde gegen ein stehendes Auto fährt, deutlich mehr Schaden an, als wenn es mit nur 10 Kilometern pro Stunde aufprallt, denn bei höherer Geschwindigkeit ist der Impuls größer. Und ein Omnibus, der mit 30 Kilometern pro Stunde aufprallt, richtet noch mehr Schaden an, weil seine Masse viel größer ist.

Wie die Energie kann der Impuls übertragen oder umverteilt werden, aber wenn auf die beteiligten Gegenstände keine äußere Kraft einwirkt, ändert sich dabei der vorliegende Gesamtimpuls nicht; das heißt, man kann keinen Impuls erzeugen oder vernichten. Das Prinzip der Impulserhaltung können Sie sich leicht vor Augen führen, wenn Sie einen Handwagen auf eine ebene, glatte Fahrbahn stellen. Nun klettern Sie (vorsichtig) an einem Ende auf den Wagen, so dass er sich dabei nicht bewegt, und gehen dann auf ihm zum anderen Ende. Während Sie vorwärts gehen, bewegt sich der Wagen rückwärts, anstatt stehen zu bleiben. Das liegt daran, dass Sie und der Wagen zu Beginn keinen Impuls haben (weil die Geschwindigkeiten ja null sind). Sobald Sie aber gehen, haben Sie einen bestimmten Impuls. Damit der gesamte Impuls erhalten bleibt, muss der Wagen einen gleich großen Impuls in Gegenrichtung aufnehmen. Deswegen bewegt er sich unter Ihnen weg, und der Gesamtimpuls null bleibt somit erhalten.[4]

Der Vorgang des Betazerfalls zeigt eine gewisse Analogie zu dem Experiment mit der Person auf dem Wagen. Ein Neutron, das ruht und daher den Impuls null hat, stößt ein Elektron aus. Dieses fliegt weg, hat also einen Impuls. Damit der Gesamtimpuls null bleibt, muss das Neutron einen ebenso großen Impuls in Gegenrichtung erhalten, also in die andere Richtung wegfliegen – allerdings deutlich langsamer als das Elektron, weil es eine viel höhere Masse hat. Pauli wertete die Ergebnisse der Experimentalphysiker aus und verglich

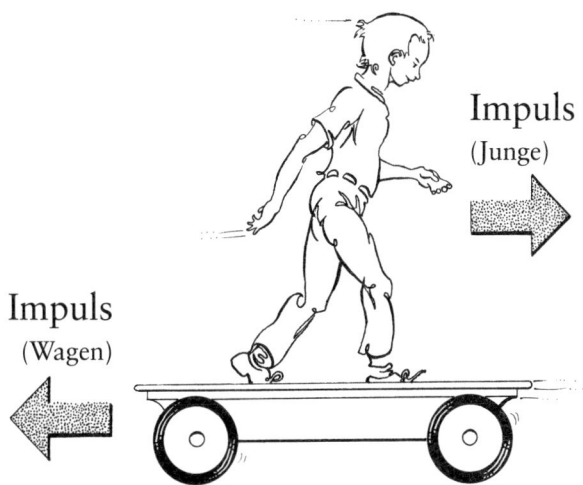

Impuls
(Junge)

Impuls
(Wagen)

Die Erhaltung des Impulses

dabei die Bewegungen des Elektrons und des Neutrons. Dabei ergab sich, dass der Gesamtimpuls der beiden Teilchen nicht null war.
Vielmehr wurde nach dem Zerfall ein (wenn auch geringer) Gesamtimpuls gemessen. Wie war das zu erklären? Entweder war das Gesetz der Impulserhaltung verletzt, oder es war außer dem Elektron
auch ein unsichtbares, (beinahe) masseloses Teilchen entwichen, das
so klein war, dass es der Beobachtung entging. Pauli wählte die zweite
Möglichkeit. Er postulierte, dass beim Betazerfall ein weiteres, unsichtbares Teilchen emittiert wird – damit die Buchführung wieder
stimmt. Einige Jahre später gab der italienische Physiker Enrico Fermi
diesem Teilchen den Namen *Neutrino*, italienisch für »kleines Neutrales«. Bei dieser Benennung blieb es.[5]

Wie konnten die Wissenschaftler nun beweisen, dass das von
Pauli angenommene Teilchen wirklich entsteht und nicht nur seiner
Fantasie entsprungen war? Es ist unglaublich schwierig, Neutrinos
zu entdecken. Sie haben eine sehr geringe oder gar keine Masse und
sind daher gegen die Gravitationskraft nahezu immun (trotzdem treten sie in ungeheurer Anzahl auf, so dass sie im kosmischen Maßstab

durchaus eine Rolle spielen). Sie haben keine Ladung und reagieren fast nicht auf elektrische und magnetische Kräfte, nicht einmal auf die starke Kraft, die die Quarks so eng aneinander bindet. Weil die Neutrinos durch diese Kräfte nicht beeinflusst und daher nicht abgelenkt werden, ist es beinahe unmöglich, eines von ihnen einzufangen oder auch nur seine Gegenwart zu erkennen. Man kann sagen, Neutrinos (und Antineutrinos) lassen sich nur sehr selten dazu herab, mit ihrer Umgebung Kontakt aufzunehmen, also Wechselwirkungen mit Materie einzugehen – auch nicht mit der Materie der Detektoren, die die Physiker eigens dafür ausgetüftelt haben. Ein typisches Neutrino kann die ganze Erdkugel durchqueren, ohne von dieser enormen Materiemenge das Geringste zu bemerken.

Im Jahre 1956 jedoch wurden diese winzigen Teilchen dingfest gemacht: Frederick Reines und Clyde Cowan, Physiker am Los Alamos National Laboratory, entdeckten Antineutrinos, die aus dem Kernreaktor des Atomkraftwerks Savannah River in South Carolina entwichen. Nach der Theorie sollten die Kernreaktionen eine ungeheure Anzahl Antineutrinos pro Sekunde hervorbringen. Daher brachten Reines und Cowan über eine Tonne Flüssigkeit in einen Raum, der von Antineutrinos durchsetzt sein musste. Die Flüssigkeit war reich an Protonen, so dass beim Auftreffen eines Antineutrinos die Umkehrung des Betazerfalls eintreten sollte. (Wenn ein Antineutrino auf ein Proton trifft, stößt dieses ein Antielektron aus, wobei es sich in ein Neutron verwandelt.) Trotz der riesigen Anzahl von Antineutrinos, die diese große Flüssigkeitsmenge durchsetzen mussten, traten nur sehr wenige umgekehrte Betazerfälle ein – nur knapp einer pro Minute. Aber so selten diese Ereignisse waren, sie lieferten doch sichere Hinweise auf das Vorhandensein der Antineutrinos, denn sie wandelten schließlich Protonen in Neutronen um. Zwar reagieren – wie schon gesagt – Neutrinos und Antineutrinos fast gar nicht mit Materie, doch Reines und Cowan hatten nun gezeigt, dass sich hin und wieder doch eines von ihnen herablässt, mit der Materie in Wechselwirkung zu treten. (Reines erhielt 1995 für diese Entdeckung den Nobelpreis.[6])

Wenn Neutrinos die Wirkungen der Gravitation, der elektrischen und magnetischen Felder sowie der starken Kraft praktisch kaum spüren, wie können sie dann überhaupt mit Materie reagieren? Nun, es gibt eine vierte Kraft, die die Neutrinos beeinflusst. Sie ist nicht so stark wie die starke Kraft und wirkt nur über winzige Entfernungen hinweg. Doch Neutrinos fühlen diese so genannte schwache Kraft, und dank ihr vermochten die Forscher die Neutrinos zu finden.

Die schwache Kraft wird im Rahmen eines mathematischen Formalismus beschrieben, den die theoretischen Physiker im Laufe der Jahre verfeinert haben, um die subatomare Welt zu erklären. Dieses so genannte Standardmodell beschreibt die Bestandteile der Materie – Quarks und Leptonen – sowie die Wechselwirkungen zwischen ihnen, die aus der starken, der schwachen und den elektromagnetischen Kräften hervorgehen.[7] (Die Gravitationskraft und die Teilchenmassen werden nicht im Rahmen des Standardmodells behandelt; die Gründe dafür werden später besprochen.) Das Standardmodell war bei Vorhersagen von Eigenschaften der Materie äußerst erfolgreich – und das eher unerwartet. So erhielt der Physiker Hans Dehmelt 1989 den Nobelpreis für seine Messungen des magnetischen Moments des Elektrons. Der Wert, den er ermittelte, stimmt bis auf zehn Dezimalstellen mit dem Wert nach dem Standardmodell überein. Auf jeden Fall funktioniert das Standardmodell bestens, und die Physiker halten daher an ihm fest.

Im Standardmodell werden die Kräfte durch Teilchen getragen – oder besser *vermittelt* –, die mit Quarks und Leptonen wechselwirken. Wir sind zwei dieser Kraftvermittler schon begegnet. Das Gluon, symbolisiert durch den Buchstaben g, vermittelt die starke Kraft. Es ist also verantwortlich für die Anziehung zwischen den Quarks und für deren auf ihrer Farbe beruhenden Einschluss. Der Vermittler der elektromagnetischen Kraft – die Elektronen und Protonen zusammenhält und auch die Anziehungskraft von Magneten bewirkt – ist das Photon, symbolisiert durch den griechischen Kleinbuchstaben γ (gamma). Zwar können die Physiker keine Photonen beobachten, die vom Proton zum Elektron sausen, aber sie beobachten ein Verhalten dieser Teilchen, das der Emission und der Absorption von Photonen entspricht.[8]

Die schwache Kraft wird zwar im Rahmen des Standardmodells beschrieben, unterscheidet sich aber von den anderen Kräften. Im Gegensatz zur starken Kraft oder zur elektromagnetischen Kraft ist sie imstande, den *Flavor* von Quarks und Leptonen zu verändern. So kann sie ein *Down*-Quark in ein *Up*-Quark oder ein Neutrino in ein Elektron umwandeln (oder umgekehrt). Beim Zerfall des Neutrons beispielsweise wird durch die schwache Kraft ein *Down*-Quark zu einem *Up*-Quark. Ähnlich wie die elektromagnetische Abstoßung durch Photonen vermittelt wird, wird dieser Zerfall durch einen Träger der schwachen Kraft vermittelt; in diesem Fall ist es das W^--Boson. (Es gibt noch zwei andere Vermittler der schwachen Kraft: das W^+- und das Z-Boson.[9])

Die Neutrinos werden durch den griechischen Kleinbuchstaben ν (ny) symbolisiert. Sie werden von Photonen und Gluonen praktisch nicht beeinflusst, wohl aber von beiden Arten der W-Bosonen und vom Z-Boson – also von der schwachen Kraft. Daher lässt sich die Gegenwart eines Neutrinos feststellen, wenn es in einem Detektor eine schwache Wechselwirkung mit Materie zeigt. So entdeckten Reines und Cowan ein Antineutrino, als es mit einem Proton ein W-Teilchen austauschte, wobei sich das Proton in ein Neutron verwandelte.

Sobald die Forscher erkannt hatten, wie die Gegenwart von Neutrinos zu entdecken ist, begannen sie, deren Eigenschaften zu bestimmen. Die erste Überraschung hielt das Jahr 1962 bereit, als Leon Lederman und seine Kollegen an der Columbia University und am Brookhaven National Laboratory feststellten, dass es mehr als eine Neutrinoart gibt. Sie untersuchten den Zerfall bestimmter Mesonen zu einem der schweren Geschwister des Elektrons, dem Myon. Als die Forscher die bei der Reaktion entstandenen Neutrinos (eigentlich Antineutrinos) entdeckten, bemerkten sie etwas Seltsames: Die Neutrinos, die an diesem Myonen erzeugenden Vorgang beteiligt waren, ließen bei der Wechselwirkung mit Materie nur Myonen entstehen. Die am Betazerfall beteiligten Neutrinos brachten dagegen nur Elektronen hervor. Offenbar lagen zwei verschiedene Arten von Neutrinos mit unterschiedlichem Verhalten vor. Die eine Art hing mit Elektronenreaktionen zusammen, die andere mit Myonenreaktionen. Es war nun sehr überraschend, dass es mehr als einen *Flavor* der Neutrinos gibt, diese unsichtbaren Teilchen also in verschiedenen Varianten auftreten. Die eine, die mit Elektronen wechselwirkt, nennt man Elektron-Neutrinos und benutzt dafür das Symbol ν_e. Die anderen Varianten sind das Myon-Neutrino (ν_μ) und das Tau-Neutrino (ν_τ). Das Letztere wurde wegen der Seltenheit des Tauons, mit dem es wechselwirkt, erst im Jahre 2000 direkt nachgewiesen. (Lederman erhielt 1988 für die Entdeckung der Neutrino-*Flavors* den Nobelpreis.)

Diese drei Neutrinos sind die letzten Stücke im Puzzle des Standardmodells. In den vorigen Kapiteln haben wir die sechs *Flavors* der Quarks betrachtet: *Up, Down, Strange, Charm, Bottom* und *Top*. Nun fügen wir die sechs Leptonen hinzu: Elektron, Myon, Tauon und die damit assoziierten drei Neutrinos. Das sind sämtliche fundamentalen Teilchen, aus denen die Materie aufgebaut ist. Die Vermittler der Kräfte – also die Teilchen, die die Wechselwirkung von Materie mit Materie bewirken – sind das Photon, das Gluon, die beiden W-Bosonen und das Z-Boson. Die Wechselwirkungen zwischen diesen Teilchen und den Vermittlern von Kräften erklären fast alle fundamentalen Eigenschaften der Materie. Das Standardmodell enthält sie allesamt; die Erarbeitung dieser atemberaubend leistungsfähigen Theorie zählt zu den großen wissenschaftlichen Erfolgen des zwanzigsten Jahrhunderts.

Angesichts einer so stimmigen Theorie wie dem Standardmodell hofften die Kosmologen natürlich, die fehlende Materie im Universum – das nichtbaryonische Material, das sechs Siebtel der Masse im Universum ausmacht – finden und erklären zu können. Dazu mussten sie sich die im Standardmodell beschriebenen Teilchen vornehmen. Die Quarks konnten sie außer Acht lassen, da diese ja baryonische Materie bilden. Elektron, Myon und Tauon kamen ebenfalls nicht in Frage, weil sie geladen sind und weil Myon und Tauon zu schnell zerfallen. Damit blieben nur die Neutrinos als Kandidaten für

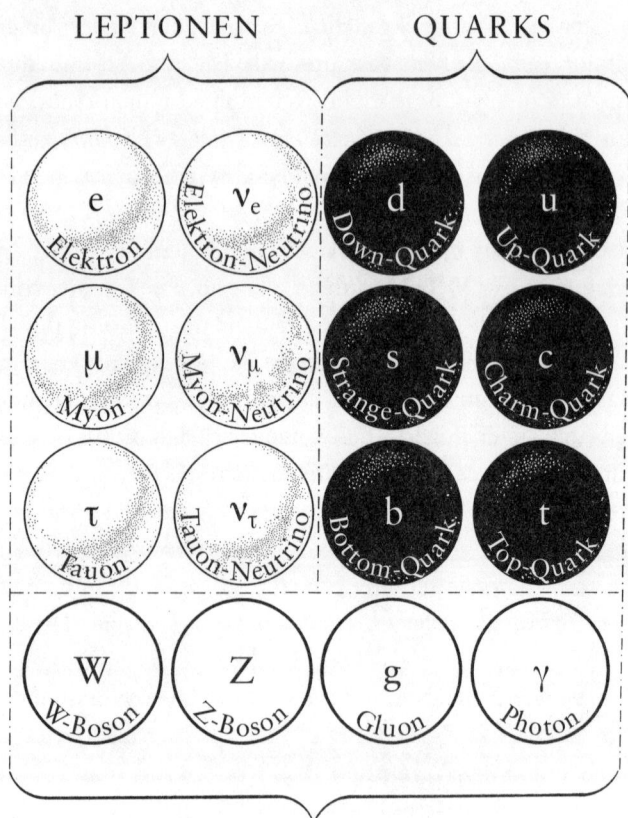

LEPTONEN   QUARKS

VERMITTLER VON KRÄFTEN

Die Fundamentalteilchen im Standardmodell

die fehlende dunkle Materie übrig. Aber wie viel Masse haben sie? Sind sie schwer genug, um einen größeren Anteil des Universums zu bilden als die baryonische Materie? Diese Frage ist derzeit noch nicht geklärt, und bei der Suche nach einer Antwort dehnen die Wissenschaftler das Standardmodell bis an seine Grenzen.

Streng genommen sagt die gewöhnliche Formulierung des Standardmodells über Teilchenmassen gar nichts aus. Sobald die Theoretiker versuchen, die Masse in die Gleichungen einzufügen, sind die

Formeln mathematisch nicht mehr zu beherrschen und verlieren ihre Bedeutung.[10] Aus dem Standardmodell lässt sich also nichts über die Masse der Neutrinos ableiten. Demnach können sie sogar völlig masselos sein. Diese Möglichkeit war den Physikern die allerliebste, denn wenn Neutrinos eine Masse haben, geschieht etwas ganz Seltsames: Sie ändern spontan ihre *Flavors*.

Wenn beispielsweise ein Elektron-Neutrino keine Masse hat, so wird es stets ein Elektron-Neutrino bleiben, bis es mit einem anderen Teilchen wechselwirkt. Es wird sich also wie ein Elektron verhalten, das seine Identität ebenfalls immer behält. Hat das Neutrino jedoch eine Masse, dann muss man den Gleichungen des Standardmodells einige zusätzliche Bedingungen aufzwingen. Nach mühsamen mathematischen Umformungen beschreiben die Formeln dann Neutrinos, die sozusagen ineinander verschmieren. Ein Elektron-Neutrino ist dann nicht mehr als »reines« Elektron-Neutrino anzusehen, sondern nimmt auch Eigenschaften des Myon- und des Tau-Neutrinos an.[11] (So etwas geschieht in der Quantenwelt oft.) Und mehr noch: Das Ausmaß der »Verschmierung« bleibt nicht gleich. Wenn ein Elektron-Neutrino sich fortbewegt, nimmt es unmerklich immer mehr Züge des Myon-Neutrinos an, bis es schließlich ein Myon-Neutrino ist. Das Elektron-Neutrino muss in ein Myon-Neutrino und in ein Tau-Neutrino *oszillieren*, und umgekehrt. Wenn man also annimmt, dass Neutrinos eine Masse haben, wird ihr Lebenslauf erheblich komplizierter: Sie oszillieren ständig und wechseln ihre *Flavors*, während sie sich fortbewegen. Umgekehrt: Wenn sie oszillieren, müssen sie auch eine Masse haben.

Die Wissenschaftler bevorzugten natürlich das weniger komplizierte Modell. Sie nahmen also an, dass die Neutrinos keine Masse haben und demnach auch nicht oszillieren. Haben sie aber keine Masse, so kann man sie bei der Suche nach der fehlenden Masse ohne Schwierigkeiten ignorieren. Denn selbst wenn das Universum voller Neutrinos ist, können diese – weil masselos – zu Ω nichts beitragen und damit weder die Krümmung der Raumzeit noch die gesamte Masse im Universum beeinflussen. Das war über mehr als drei Jahr-

zehnte der Kenntnisstand der Kosmologen. Die vertrackten Neutrinos
waren zu schwierig zu entdecken, und man konnte schon gar nicht
nach irgendwelchen Oszillationen fahnden oder versuchen, bestimmte
Merkmale der Neutrinos zu ergründen.

In den letzten Jahren hat sich die Situation allerdings auf dramatische Weise geändert. Eine neue Generation von Neutrinodetektoren
ermöglichte es den Physikern, das Rätsel des Neutrinos zu lösen, und
es stellte sich heraus, dass es doch eine Masse hat. Diese Entdeckung
ließ die Kosmologen aufhorchen: Wenn das Neutrino eine Masse hat,
könnte es das Geheimnis der fehlenden Masse lüften helfen, also der
noch unentdeckten exotischen Materie, deren Menge weitaus größer
ist als die der gewöhnlichen baryonischen Materie im Universum.

Tief unter den Bergen bei Kamioka, Japan, erwartet ein gigan-
tischer, mit hochreinem Wasser gefüllter Behälter die Ankunft von
Neutrinos. Er ist mit Tausenden von Sensoren versehen, die die Wechselwirkung eines Neutrinos mit einem Teilchen im Wasser erfassen
sollen. So lieferte der Neutrinodetektor Super-Kamiokande den ersten
stichhaltigen Beweis, dass das Neutrino eine Masse hat.

Der Super-Kamiokande-Detektor, kurz Super-K genannt, ist im
Grunde eine Ansammlung hochempfindlicher Lichtsensoren. Wenn
ein Neutrino mit dem Wasser reagiert, entweicht mit hoher Geschwindigkeit ein Elektron oder ein Myon (oder, wie in diesem Fall,
ein Tauon). Dieses Teilchen fliegt so schnell weg, dass es das elektromagnetische Pendant des Überschallknalls erzeugt, die so genannte
Tscherenkow-Strahlung. Die Sensoren am Wasserbehälter erfassen
diesen Strahlungsblitz. Weil sie aber auch auf Gammastrahlen oder
auf kosmische Strahlung ansprechen, müssen sie möglichst gut abgeschirmt sein. Aus diesem Grund ist die gesamte Anordnung weit
unter der Erdoberfläche installiert, tief unten in einem alten Berg-
werk. In den dicken Gesteinsschichten darüber werden die erwähnten Strahlungen absorbiert, weil sie bereitwillig mit Materie wechselwirken. Im Gegensatz dazu durchdringen Neutrinos auch dicke
Gesteinsschichten mühelos, so dass sie den Wasserbehälter mit seinen Sensoren erreichen können. Super-K war nicht die erste derartige

Anlage, die unterirdisch angebracht wurde, aber wegen der enormen Größe des Wasserbehälters (der Tank ist über 40 Meter hoch und enthält 50 000 Kubikmeter Wasser) ist Super-K viel empfindlicher als seine Vorläufer. Zudem hat er den Vorteil, dass bei ihm auch die Richtung ermittelt werden kann, aus der ein erfasstes Neutrino eintraf. Das ermöglichte es den Wissenschaftlern, ein sehr interessantes Experiment mit atmosphärischen Neutrinos anzustellen. Seine Ergebnisse gaben wertvolle Aufschlüsse über die Natur der Neutrinos.

Auf die Erde treffen ständig kosmische Strahlen mit äußerst energiereichen Teilchen.[12] Beim Eintritt in die Atmosphäre entsteht dabei ein Schauer sekundärer Teilchen, darunter auch Neutrinos. Diese atmosphärischen Neutrinos fliegen dann fast unbeeinflusst weiter. Den Durchbruch bei den Messungen mit Super-K brachte nun der Vergleich der von oben eingetroffenen atmosphärischen Neutrinos mit den von unten eingetroffenen, ebenfalls atmosphärischen Neutrinos, die ja auf der anderen Seite der Erde entstanden waren und die Erde durchquert hatten, bevor sie auf den Detektor trafen. Alle atmosphärischen Neutrinos (die von oben und die von unten) sollten gleich beschaffen sein, weil sie aus den gleichen Prozessen hervorgegangen waren – es sei denn, sie oszillierten. Wenn Neutrinos auf ihrem Weg oszillieren, sollten sie beim Durchqueren der Erde ihre *Flavors* ändern. Beim Erreichen des Detektors sollten die durch die Erde geflogenen Neutrinos andere Anteile von Elektron-, Myon- und Tau-Neutrinos aufweisen als die Neutrinos, die nur relativ wenige Kilometer weit durch die Atmosphäre geflogen waren. Wenn also bei den von oben und bei den von unten eingetroffenen Neutrinos solche unterschiedlichen Anteile der *Flavors* zu beobachten sind, dann ist das ein Beweis dafür, dass sie oszillieren. Und genau diesen Befund konnte das Super-K-Team im Jahre 1998 verkünden. Der Beweis für die Oszillationen war erbracht. Das war wirklich bemerkenswert, denn es bedeutet ja, dass Neutrinos eine Masse haben müssen, wenn auch nur eine winzige.

Die Oszillation der Neutrinos konnte Mitte 2001 bestätigt werden. Die entsprechenden Messungen wurden mit einem Neutrino-

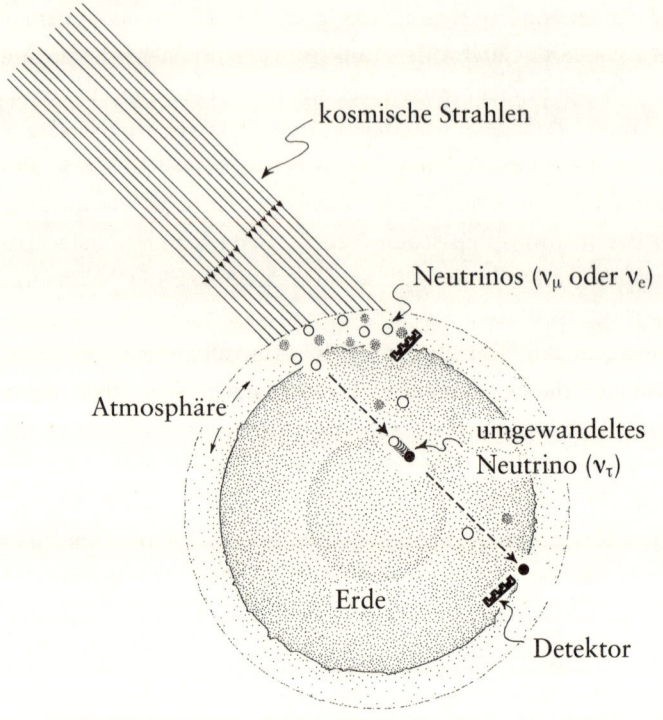

kosmische Strahlen

Neutrinos (ν_μ oder ν_e)

Atmosphäre

umgewandeltes
Neutrino (ν_τ)

Erde

Detektor

In der Atmosphäre entstandene Neutrinos ändern ihren Flavor,
wenn sie die Erde durchdringen.

detektor durchgeführt, der 2 Kilometer tief in einer alten Nickelmine
bei Sudbury in der kanadischen Provinz Ontario installiert wurde.
Hier wurden jedoch Neutrinos beobachtet, die von der Sonne kamen
und nicht die Erde passiert hatten. In der Sonne vollziehen sich ja
ständig Kernfusionen, wobei viel Energie freigesetzt wird. Hauptsächlich verschmelzen Wasserstoffkerne zu Heliumkernen, aber es
entstehen in geringen Mengen auch Atomkerne anderer Elemente.
Von diesen ist Bor-8 besonders interessant. Wenn sein Kern zerfällt,
wird ein sehr energiereiches Elektron-Neutrino frei, das auf die Gravitationskraft und auf elektromagnetische Strahlung kaum reagiert
und aus der Sonne in den Weltraum entweicht. Ein Teil der so er-

zeugten Neutrinos gelangt zur Erde, und die Theoretiker meinten genau zu wissen, wie hoch dieser Neutrinostrom von der Sonne zur Erde sein muss. Die Messungen ergaben jedoch stets einen viel zu geringen Wert. Diesen Umstand nennt man Solarneutrino-Paradoxon.[13]

Das Rätsel wurde noch im Jahre 2001 abschließend geklärt. Forscher am Neutrinoobservatorium bei Sudbury gaben bekannt, dass sie die vermissten Neutrinos gefunden hätten. Die Elektron-Neutrinos aus der Sonne hatten sich durch ihre Oszillation in schwieriger nachzuweisende Tau- und Myon-Neutrinos umgewandelt und waren den Messungen daher entgangen. (Es gibt ja sehr viele Elektronen, mit denen Elektron-Neutrinos wechselwirken können, aber nur wenige Myonen und noch weniger Tauonen; deshalb wechselwirken die Myon- und die Tau-Neutrinos viel weniger häufig und werden vom Detektor seltener erfasst.) Mit dem hochempfindlichen Neutrinodetektor bei Sudbury konnte man aber nicht nur die Elektron-Neutrinos nachweisen, sondern auch die Myon- und die Tau-Neutrinos. Und siehe da, ihre gesamte Anzahl entsprach den theoretischen Vorhersagen für den Neutrinostrom aus der Sonne.[14] Auch dieser Befund stützte die Annahme, dass Neutrinos oszillieren und folglich eine Masse haben.

Inzwischen kann man die Oszillationen sogar direkt beobachten. Beim KEK-Institut im japanischen Tsukuba erzeugten die Forscher einen Strahl von Myon-Neutrinos, den sie mit dem rund 250 Kilometer weit entfernten Super-K-Detektor nachzuweisen versuchten. Es gelangen nur wenige Nachweise: In zwei Jahren fand man rund 44 jener Myon-Neutrinos, während man etwa 64 erwartet hatte. Auch das ist ein Hinweis darauf, dass Neutrinos ihre *Flavors* verändern. Neutrinos haben eine Masse. Aber wie groß ist sie? Darüber herrscht noch keine Gewissheit.

Wenn sich die Physiker auf die Eigenschaften der Neutrinos stürzen, wenn sie deren Masse und die Art und Weise ihrer Oszillationen begreifen, werden sie schließlich die flüchtigsten Teilchen erklären können, die man kennt. Es sind noch längst nicht alle ihrer Eigenschaften geklärt. Nach einigen Theorien sollten auch andere *Flavors* des Neutrinos existieren, die nicht mit einem Tauon, Elektron oder Myon assoziiert sind; diese so genannten sterilen Neutrinos gelten aber zunehmend als unwahrscheinlich, und man wird diese Hypothese wohl irgendwann verwerfen. Manche Physiker meinen, dass ein Neutrino die absonderliche Eigenschaft hat, sein eigenes Antiteilchen zu sein. In diesem Fall spricht man von einem Majorana-Neutrino, im Gegensatz zum klassischen Neutrino, das man Dirac-Neutrino nennt. Ein Majorana-Neutrino sollte einige exotische Zerfallsprozesse auslösen können, die man aber noch nicht nachweisen konnte. Man hofft, die meisten der noch offenen Fragen bis zum Jahre 2010 klären zu können.[15]

Trotz aller noch vorhandenen Unklarheiten konnten die Kosmologen schon die Erkenntnis verwerten, dass Neutrinos oszillieren und daher eine Masse haben müssen. Infolge ihrer Masse können sie einen – wenn auch nur winzigen – Einfluss auf die Krümmung der Raumzeit ausüben. Auch sie müssen zum Anteil Ω_m der Materie im Universum beitragen, den man zu insgesamt rund 35 Prozent von Ω ansetzt. Neutrinos sind jedoch keine baryonische Materie, gehören also nicht zum baryonischen Anteil Ω_b, auf den nur zirka 5 Prozent von Ω entfallen. Somit sind Neutrinos der exotischen Materie zuzurechnen, dem nichtbaryonischen Anteil, der dem Rest von Ω_m entspricht. Aber sind sie so massereich, dass mit ihrer Existenz das Rätsel der fehlenden Materie gelöst ist? Sind sie schwer genug, um mehr als die übrige Materie im Universum beizutragen?

Überraschenderweise lautet die Antwort offenbar nein. Im Jahre 2002 lieferte die *2dF*-Durchmusterung neue Ergebnisse, nach denen Neutrinos nur einen kleinen Anteil der dunklen Materie im Universum ausmachen können. Sie tragen nur einen winzigen Bruchteil zur dunklen Materie bei; da diese Materie aber so viel häufiger als die gewöhnliche Materie ist, macht die gesamte Masse der Neutrinos so viel aus wie sämtliche Sterne und Galaxien im Universum – gleichwohl nicht genug, um die Frage nach der fehlenden Materie zu beantworten.

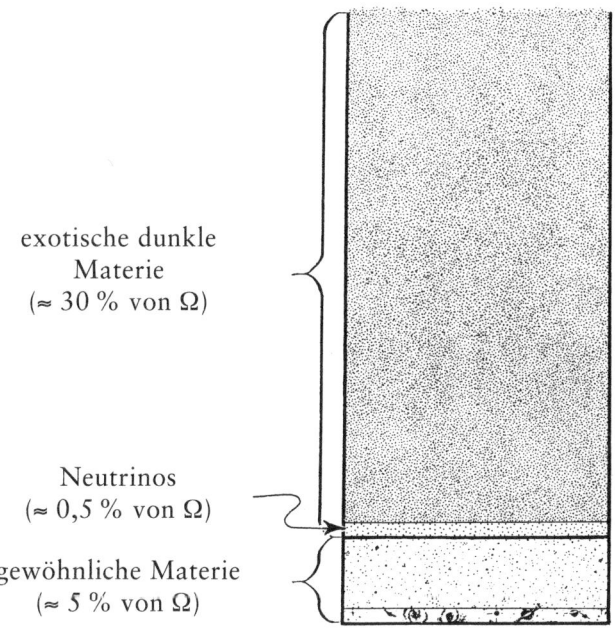

exotische dunkle
Materie
(≈ 30 % von Ω)

Neutrinos
(≈ 0,5 % von Ω)

gewöhnliche Materie
(≈ 5 % von Ω)

*Die Anteile der exotischen dunklen Materie, der Neutrinos und
der gewöhnlichen Materie an Ω*

Warum sprechen wir dann so ausführlich über die Neutrinos? Es
gibt nicht so viele Neutrinos, dass sie den gesamten nichtbaryonischen Anteil von Ω_m bereitstellen könnten. Doch bringen sie anscheinend immerhin so viel Masse zusammen wie die gesamte Materie,
die die Astronomen sehen können. Diese unsichtbaren Teilchen sind
in der Tat ein konkretes Beispiel für die exotische dunkle Materie
und haben wahrscheinlich viel mit der anderen exotischen Materie
gemeinsam, die sich in den Weiten des Alls befindet. Ja, es gibt noch
anderes Material, das sogar noch exotischer ist als die Neutrinos.

Als Hauptquelle der exotischen dunklen Materie konnte man
sämtliche Quarks und Leptonen gemäß dem Standardmodell ausschließen, auch die Neutrinos. Trotzdem ist für einen großen Teil von
Ω_m noch ungeklärt, woraus er besteht. Könnte sich hinter ihm Mate-

rie verbergen, die sich der Beschreibung durch das Standardmodell entzieht? Das vermuten die meisten Forscher; ähnlich wie die Neutrinos sollte diese superexotische Materie nur durch die schwache Kraft wechselwirken. Daher sind die Neutrinos in gewissem Sinne ein Bindeglied zwischen der Materie gemäß dem Standardmodell und der mit diesem Modell nicht erklärbaren Materie. Wenn die Forscher das Wesen der Neutrinos einmal ergründet haben, sind sie auch in der Lage, die mysteriöse exotische Materie zu erklären, die den größten Teil der Materie im Universum ausmacht.

Die Erforschung der Neutrinos beschert uns Erkenntnisse über das Wesen der nichtbaryonischen Materie. Die Neutrinos machen einen bedeutenden Anteil der exotischen dunklen Materie im Universum aus, aber das ist bei weitem nicht die ganze Erklärung. Für den Rest suchen die Wissenschaftler – ob Sie es glauben oder nicht – nach einem noch exotischeren Teilchen.

Anmerkungen

1 Obwohl die Leptonen fundamentale Teilchen sind, können sie in andere, stabilere Teilchen durch Prozesse zerfallen, die wir weiter unten besprechen. Der an der University of Michigan forschende Physiker Gordon Kane weist zu Recht darauf hin, dass der Begriff *Zerfall* irreführt, wenn es um Teilchen geht. In seinem Buch *Supersymmetry* schreibt er: »Ein bedeutender Unterschied zwischen dem Begriff *Zerfall* in der Physik und bei Alltagsphänomenen liegt darin, dass die Teilchen, die den Endzustand charakterisieren, im zerfallenden Teilchen noch nicht vorhanden sind. Das anfängliche Teilchen verschwindet wirklich, und die danach vorliegenden Teilchen erscheinen.«

2 Das scheint bei der Vakuumenergie allerdings möglich zu sein. Darauf kommen wir später noch zu sprechen.

3 Einige Objekte, darunter Photonen, können einen Impuls haben, obwohl sie keine Masse aufweisen; das wollen wir im Augenblick aber ignorieren.

4 Der Autor übernimmt keinerlei Verantwortung für Verletzungen, die sich die Leser bei derartigen Experimenten zum Impuls möglicherweise zuziehen.

5 Streng genommen entweicht beim Betazerfall ein Antineutrino. Wenn es im betreffenden Zusammenhang nicht darauf ankommt, unterscheiden

1 und 2: Die Radiogalaxie Centaurus A und die Sombrero-Galaxie. Bevor Edwin Hubble in unserer Nachbargalaxie Andromeda eine Standardkerze finden konnte, war nicht zu entscheiden, ob derartige exotische Objekte ausgedehnte, weit entfernte Ansammlungen von Sternen oder näher gelegene kleine Gaswolken sind.

3 und 4: Die neuesten Teleskope sind so leistungsfähig, dass man in den Galaxien sogar Sterne und den Staub erkennen kann, der Strahlung absorbiert. Doch selbst wenn man sämtliche Masse addiert, die man mit ihnen sehen und auf die man aus den dunklen Gaswolken schließen kann, ist die errechnete Gesamtmasse zu klein, um die beobachtete Rotationsgeschwindigkeit der Galaxien zu erklären. Dies ist das Rätsel der dunklen Materie.

5 und 6: Wenn Licht aus sehr großer Entfernung ein sehr masse-reiches Objekt – beispielsweise einen Galaxienhaufen – passiert, so ist seine Ausbreitung infolge der Krümmung der Raumzeit nicht gerad-linig, so wie das Licht auch in einer optischen Linse seine Richtung ändert. Man nennt das massereiche Objekt daher eine Gravitations-linse. Die größeren dieser Linsen lassen sich an einer charakteristi-schen Anordnung von Bögen – fernen Galaxien, deren Licht gedehnt wurde – erkennen. Das ist ein Anzeichen für dunkle Materie, die das als Gravitationslinse wirkende Objekt zusammenhält.

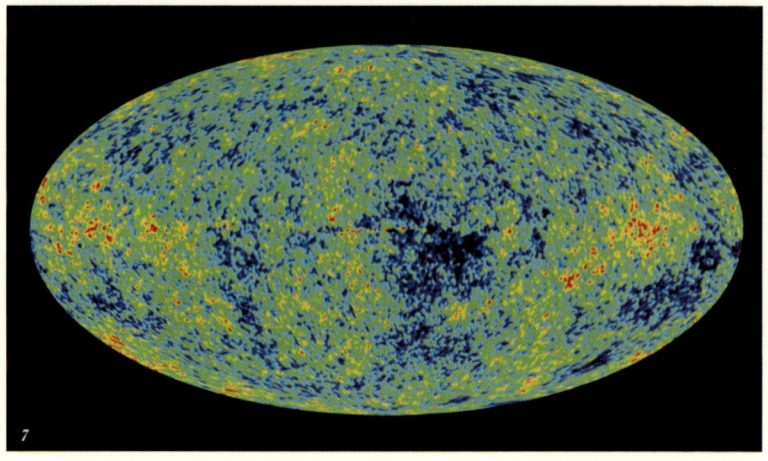

7: *Im Februar 2003 gaben Forscher der NASA und der Princeton University erste Ergebnisse bekannt, die mit der Mikrowellen-Aniso-tropie-Sonde (MAP) erhalten wurden. Dieses Bild zeigt die bislang detaillierteste Darstellung der kosmischen Hintergrundstrahlung. Die Messergebnisse klärten auf einen Schlag viele kosmologische Fragen. Das Universum ist rund 13,7 Milliarden Jahre alt (mit einer Unsicherheit von plus oder minus 1 Prozent) und besteht – jeweils ungefähr – zu 4,4 Prozent aus baryonischer Materie, zu 23 Prozent aus exotischer dunkler Materie und zu 73 Prozent aus dunkler Energie.*

die Physiker meist nicht zwischen Neutrino und Antineutrino, sondern sprechen nur vom Neutrino.

6 Cowan war schon zwei Jahrzehnte zuvor gestorben, und das Nobel-Komitee verleiht keine posthumen Preise.

7 Die elektromagnetische Kraft und die schwache Kraft sind inzwischen »vereinheitlicht«; man konnte also zeigen, dass sie unterschiedliche Facetten desselben zu Grunde liegenden Phänomens sind, obwohl sie sehr unterschiedlich zu sein scheinen. Auch eine Glasvase und ein Häufchen Sand scheinen völlig unterschiedliche Eigenschaften zu haben; doch wenn wir beide hoch genug erhitzen, wird deutlich, dass sie im Wesentlichen aus der gleichen Substanz (Siliziumdioxid) bestehen. Analog dazu sind – wie bei extrem hohen Temperaturen deutlich wird – auch die elektromagnetische Kraft und die schwache Kraft die gleiche fundamentale Kraft. (Sheldon Glashow, Abdus Salam und Steven Weinberg konnten das beweisen und erhielten dafür 1979 den Nobelpreis.) Man nimmt an, dass sich auch die starke Kraft bei noch höheren Temperaturen mit dieser »elektroschwachen« Kraft vereinigen lässt, und man hofft, auch die Gravitationskraft in diese großartige einheitliche Vision einbeziehen zu können. Wenn das gelänge, hätten wir wirklich die »Theorie von Allem«, die ultimative Theorie vom Verhalten der Materie im Universum.

8 Man bezeichnet diese Photonen als *virtuell*; sie sind anders geartet als »reelle« Photonen. Dieses seltsame Konzept werden wir im Zusammenhang mit den Teilchen besprechen, die das Vakuum erfüllen.

9 Das Z-Boson wurde von der Theorie der elektroschwachen Wechselwirkungen schon vorhergesagt, als es noch gar nicht gefunden war. Das ist ein weiteres Indiz dafür, dass die Theorie das Wesen von Teilchenwechselwirkungen wirklich beschreibt. Möglicherweise gibt es weitere, noch nicht entdeckte Vermittler der schwachen Kraft, darunter das so genannte Z-Prime. Übrigens beziehen sich die Bezeichnungen *Boson* und *Fermion*, die später noch eine Rolle spielen werden, auf den Betrag des Spins dieser beiden Teilchensorten. Bosonen und Fermionen haben grundverschiedene Eigenschaften. Sämtliche Leptonen und Quarks sind Fermionen, während alle Vermittler von Kräften Bosonen sind.

10 Die Physiker lösen dieses Problem, indem sie das Standardmodell um ein neues Teilchen erweitern, das so genannte Higgs-Boson, das allen anderen Teilchen eine Masse zuweist. Man vermutet, dass es im nächsten Jahrzehnt entdeckt wird; andernfalls sehen sich die Teilchenphysiker in großen Schwierigkeiten. Die Entdeckung des Higgs-Bosons wäre ein gewaltiger Fortschritt beim Erklären der physikalischen Welt. Da die Existenz dieses Teilchens allerdings für kosmologische Aspekte keine unmittelbaren Konsequenzen hat, wird es in diesem Buch nicht weiter besprochen.

11 Die drei Neutrinos sind eigentlich eine Mischung von drei *Basiselementen*, die man – etwas verwirrend – als μ_1, μ_2 und μ_3 bezeichnet. Ein Elektron-Neutrino kann beispielsweise vorwiegend aus μ_1 sowie kleineren Anteilen von μ_2 und μ_3 bestehen. Und in einem Myon-Neutrino kann sich vor allem μ_3 mit etwas μ_1 und etwas μ_2 finden. Somit haben Elektron-, Tau- und Myon-Neutrino dieselben Komponenten, die nur in etwas unterschiedlichen Anteilen vermischt sind.

12 Die Teilchen der kosmischen Strahlen können wirklich sehr viel Energie aufweisen. Im Oktober 1991 wurde an einem Observatorium im US-Bundesstaat Utah ein kosmischer Strahl nachgewiesen, bei dem ein einziges – subatomares – Teilchen ebenso viel Energie besaß wie ein über 50 Stundenkilometer schneller Fußball. Die Forscher waren dermaßen beeindruckt, dass sie es »O-mein-Gott-Teilchen« nannten.

13 Im Jahre 2002 erhielten Raymond Davis jr. von der University of Pennsylvania und Masatoshi Koshiba von der Universität Tokio den Nobelpreis für ihren Nachweis von Neutrinos aus der Sonne und aus anderen Quellen im Weltraum. Ihre Ergebnisse hingen mit dem Solarneutrino-Paradoxon zusammen.

14 Das Elektron-Neutrino wechselwirkt mit Elektronen über die W-Bosonen und kann auch über das Z-Boson mit Materie wechselwirken. Die Tau- und die Myon-Neutrinos können ebenfalls mit dem Z-Boson wechselwirken. Jedoch sind ihnen die W-Boson-Wechselwirkungen wegen der Seltenheit von Tauonen und Myonen größtenteils verwehrt, so dass sie schwerer zu entdecken sind.

15 Im Jahre 2001 wurde der Super-K-Detektor schwer beschädigt, als eines der Röhrchen mit den Strahlungssensoren zerbrach. Die Stoßwelle beschädigte die meisten anderen Röhrchen. Damit war Super-K fast blind – ein schwerer Rückschlag für die Neutrinophysik. Es wird einige Jahre dauern, bis die volle Leistungsfähigkeit wiederhergestellt ist. Dennoch verzeichnet man so zügige Fortschritte (zumal die Einrichtung in Sudbury funktioniert), dass die Forscher noch in diesem Jahrzehnt mit bedeutenden Ergebnissen rechnen.

KAPITEL 10

Supersymmetrie
[Furchtlos die Gesetze der Materie aufstellen]

Der Zweckmäßigkeit aber wird Rechnung getragen sein: wenn die Anlage der Räume fehlerfrei und ohne Hemmung für den Gebrauch, und ihre Verwendung nach ihrer Art im Einzelnen der Himmelsgegend angepaßt und entsprechend ist. Auf Schönheit aber wird Rücksicht genommen sein, wenn der Anblick des Werkes angemessen und gefällig ist und wenn die Maße der Glieder die richtigen Verhältnisse haben.

Vitruv, *Zehn Bücher über Architektur**

Es gibt etwas noch Exotischeres als Neutrinos, etwas, das noch schwieriger zu entdecken ist als diese beinahe masselosen Teilchen – so glauben jedenfalls viele Physiker. Wenn sie Recht haben, muss das Standardmodell, das alle bekannten Eigenschaften der Materie und auch ihre Wechselwirkungen beschreibt, grundlegend überarbeitet werden. Die Physiker haben daher eine weitere Theorie über die Materie hingezaubert, die wie Science-Fiction klingt: Demnach soll jedes Teilchen einen noch unentdeckten Doppelgänger haben, einen schattenhaften Zwilling oder *Superpartner*, dessen Eigenschaften sich von denen der uns bekannten Teilchen drastisch unterscheiden. Obwohl diese Ansätze das Standardmodell ersetzen und die Bevölkerung des Teilchenzoos glatt verdoppeln – und für ihren Beweis noch eine ganze Menge Teilchen zu entdecken sind –, wandten sich die Wissenschaftler dieser Hypothese sehr schnell zu. Wir sprechen von der Theorie der *Supersymmetrie*. Wenn sie zutrifft, sind die bislang noch nicht entdeckten Partnerteilchen wohl die Quelle exotischer dunkler Materie, nichtbaryonischen Materials, das den größten Teil der Masse im Universum ausmacht. In diesem Fall wäre das Geheimnis der Mate-

---

* Vitruv: *Zehn Bücher über Architektur*, Stuttgart 1865, S. 16.

rie vollständig gelüftet, und die Kosmologen könnten die Zusammensetzung aller Objekte im Universum beschreiben.

Die Theorie der Supersymmetrie erklärt freilich nicht nur das Wesen der Materie. Sie erweitert das Standardmodell nämlich so weit, dass es auch für die Zeitspanne kurz nach dem Urknall gilt, in der das Universum viel heißer und dichter war. Dies war die Zeit vor dem Quark-Gluon-Plasma, als die uns bekannten physikalischen Gesetze nicht galten. Mit der Supersymmetrie sollen die Bedingungen unmittelbar nach der Geburt des Universums, also während der ersten winzigen Sekundenbruchteile nach dem Urknall, beschrieben werden.

Falls diese schattenhaften Partner jedoch nicht entdeckt werden können, ist die Theorie der Supersymmetrie bloß ein mathematisches Spielzeug. Ähnlich wie das ptolemäische System schiene sie dann nur die Abläufe im Kosmos zu beschreiben, würde aber nicht die Realität widerspiegeln. In den nächsten zehn Jahren wird die Theorie der Supersymmetrie entweder bestätigt oder widerlegt werden. Die Forscher werden sie mit der Entdeckung des ersten supersymmetrischen Teilchens untermauern, oder sie müssen die Theorie – wenn sie nichts finden – zu den Akten legen. Schon einer der heutigen Teilchenbeschleuniger bietet die Chance, ein supersymmetrisches Teilchen aus seinem Versteck zu zerren, und mit einem zweiten, derzeit im Bau befindlichen Beschleuniger wird man es ganz sicher finden – falls die Theorie der Supersymmetrie stichhaltig ist. Mit anderen Worten: Es muss gelingen, das Versteck der gesamten exotischen Materie im Universum zu finden, oder die Theoretiker werden sich erneut an ihre Schreibtische setzen müssen.

Wir können jetzt aufatmen. In den vorigen Kapiteln wurde eine Unzahl von Baryonen, Leptonen und Mesonen besprochen, aber nun können wir die Details der Teilchenphysik abhaken, denn wir kennen inzwischen sämtliche Werkzeuge des Standardmodells. Angesichts der vielen Teilchen, die wir uns vornehmen mussten, um ein Gespür für das Standardmodell zu bekommen, scheint es selbstquälerisch, ihre Anzahl noch zu verdoppeln – doch genau das tun die Physiker.

Nach der Theorie der Supersymmetrie muss jedes Teilchen im Standardmodell grundsätzlich einen supersymmetrischen Zwilling haben. (Das supersymmetrische Elektron wird als Selektron, so viel wie »S-Elektron«, bezeichnet. Supersymmetrische Quarks sind entsprechend Squarks. Darüber hinaus gibt es Sneutrinos, Photinos, Gluinos, Winos und Zinos.) Jedes *Sparticle*, also »S-Teilchen«, steht in Beziehung zu seinem Zwillingsteilchen, ist aber nicht das gleiche. Und mehr noch: Die bloße Existenz dieser supersymmetrischen Teilchen ändert die Aussagen des Standardmodells auf unmerkliche Weise.

Wenn man den Umfang des Standardmodells beziehungsweise die Anzahl der Teilchen verdoppelt, scheint die Teilchenphysik doppelt so komplex zu werden. Doch die Theorie der Supersymmetrie unterscheidet sich eigentlich kaum vom Standardmodell; alle mit ihm (und mit der Theorie der Supersymmetrie) erklärbaren Phänomene sind in Wahrheit nur Ausprägungen eines einzigen mathematischen Objekts: einer Symmetriegruppe.

Symmetrien sind ein leistungsfähiges Werkzeug, die Struktur eines Objekts zu beschreiben. In gewissem Sinne ist eine Symmetrie einfach ein kunstvoller Begriff für ein Muster, und die Wissenschaft besteht letztlich in der Suche nach zu Grunde liegenden Mustern. Ein Kristall wie der eines Diamanten ist hochsymmetrisch, weil seine Atome eine sehr regelmäßige Anordnung bilden, die leicht zu beschreiben ist. Das Standardmodell der Teilchenphysik ist auch eine Beschreibung von Symmetrien; insbesondere ist es ein mathematischer Formalismus, der sämtliche Symmetrien umfasst, die das Verhalten subatomarer Teilchen bestimmen.

Das klingt leider sehr abstrakt. Betrachten wir daher eine konkrete Analogie. Stellen Sie sich vor, ein Freund zeigt Ihnen einen Würfel – jedoch keinen gewöhnlichen Würfel mit sechs Flächen. Nehmen Sie weiter an, Sie haben keine Gelegenheit, ihn in die Hand zu nehmen und seine Form näher zu untersuchen, denn Ihr Freund wird für Sie würfeln. Bevor Sie nun irgendeinem Spiel zustimmen, möchten Sie natürlich wissen, wie viele Flächen der Würfel hat. Das können Sie nur feststellen, indem Sie Ihren Freund öfter würfeln lassen und

verfolgen, welche Zahlen erscheinen. Nach etlichen Würfen bemerken
Sie, dass immer wieder eine der Zahlen 1, 2, 3 und 4 erscheint. Vielleicht tauchen sie nicht gleich häufig auf, weil der Würfel eine kleine
Unwucht hat, aber darüber wollen wir jetzt hinwegsehen. Weil stets
nur die Zahl 1, 2, 3 oder 4 auftritt, können Sie versuchsweise annehmen, dass der Würfel nur vier Flächen hat, also eine Pyramide mit
dreieckiger Grundfläche oder (im Idealfall) ein Tetraeder ist.

So weit, so gut. Sie haben sich ein Modell erarbeitet, das die
Form beziehungsweise die wesentlichen Eigenschaften des Würfels
beschreiben soll. Auf analoge Weise kommen die Wissenschaftler zu
ihren Modellen. Beispielsweise brachte das Periodensystem – wir
sind in Kapitel 8 darauf eingegangen – eine Ordnung in die schier
unüberschaubare Vielfalt der chemischen Elemente. Aus dieser Ta-
belle geht ja die Regelmäßigkeit der Eigenschaften hervor, die man
auch als eine Art Symmetrie ansehen kann. Bei Ihrem Modell des
unbekannten Würfels machen Sie im Grunde dasselbe. Sie können
das Auftreten der Zahlen 1, 2, 3 und 4 als verschiedene Erscheinun-
gen des gleichen pyramidenförmigen Objekts behandeln. Und damit
haben Sie – vielleicht, ohne es zu bemerken – die Perspektive ge-
wechselt: Anstatt zu fragen, warum beim Würfeln die jeweilige Zahl
erscheint, versuchen Sie nun, die Form des Objekts herauszufinden,
die über die vier möglichen Ergebnisse bestimmt.

Genauso gehen die Teilchenphysiker vor, wenn sie die Struktur der
subatomaren Welt ergründen. Natürlich werfen sie bei ihren Experimenten keine Würfel. (Physiker geben sich dem Würfelspiel überhaupt ungern hin.[1]) Sie erkunden die Eigenschaften subatomarer
Teilchen, indem sie deren Spuren in Nebelkammern auswerten oder
indem sie Teilchen aufeinander schießen und die entstehenden Teilchen oder Strahlungen beobachten. Ebenso, wie Sie bei jedem weiteren Wurf des Würfels eine andere Zahl erhalten können, finden die
Physiker bei ihren Stoßexperimenten oft eine andere Schar entstan-
dener Teilchen. Einige von diesen, wie das Elektron, sind häufig und
leicht zu erzeugen, andere dagegen – beispielsweise das Myon – sind
seltener und nicht leicht hervorzubringen.

Nach unzähligen Experimenten sind die Physiker meist in der Lage, eine mathematische Formulierung für eine Struktur aufzustellen, die ihre Beobachtungen erklären könnte. Sie berechnen sozusagen die Form ihres Würfels, und diese »Form« ist im vorliegenden Fall die Grundlage des Standardmodells. Die Analogie geht sogar noch ein bisschen weiter, als man erwarten würde. Im mathematischen Sinne beschreibt das Standardmodell ja wirklich eine Art Form.

Erste Anzeichen dieser Form wurden schon in den 1960er Jahren entdeckt, als Murray Gell-Mann die Theorie der Quarks aufstellte. Seine wesentliche Leistung war dabei, dass er eine Form erkannte, die dem ganzen Teilchenzoo zu Grunde liegt. Er nahm sich die acht Baryonen vor, die (wie wir heute wissen) aus *Up-*, *Down-* und *Strange*-Quarks bestehen. Darin erkannte er ein Muster beziehungsweise eine Struktur, die er als *achtfachen Weg* bezeichnete. Bei der Benennung ließ er sich von buddhistischen Lehren inspirieren, deren Befolgen ein erfülltes Leben sowie den Weg zur Erleuchtung verspricht.[2] Der achtfache Weg, das von Gell-Mann gefundene Muster, ist eine so genannte Symmetriegruppe. Das Standardmodell geht noch darüber hinaus – eine noch großartigere Form, die Gell-Manns Quarks integriert und dazu alle anderen im Universum vorhandenen, uns bekannten Fundamentalteilchen.

Sämtliche Teilchen, die wir kennen, finden sich sozusagen auf der abstrakten Form, die das Standardmodell beschreibt. Wir können uns diese Form nicht ohne weiteres vorstellen, weil sie sieben Dimensionen aufweist,[3] doch die ihr eigenen Symmetrien bestimmen die Regeln der Natur, die ihrerseits die subatomare Welt definieren.

Kehren wir noch einmal zur Analogie mit dem Würfeln zurück. Je öfter Ihr Freund den Würfel wirft, desto sicherer werden Sie sein, dass Ihre Hypothese über die Form des Würfels zutrifft. Aber es kann etwas Unerwartetes geschehen, das Ihre Meinung über die Form des Würfels erschüttert. Nehmen Sie einmal an, bei sehr vielen Würfen war stets eine der Zahlen 1, 2, 3 und 4 erschienen. Sie folgerten daraus, dass der Würfel vier Flächen hat, die mit den Zahlen 1 bis 4 beschriftet sind. Doch plötzlich – aus heiterem Himmel – erscheint die Zahl 5. Dieses höchst überraschende Ergebnis widerlegt Ihr Modell des Würfels, den Sie sich als Dreieckspyramide oder als Tetraeder vorstellten. Natürlich kann ein Würfel mit vier Flächen keinesfalls eine weitere, eine fünfte Zahl aufweisen. Daher müssen Sie Ihr Modell an die neuen Gegebenheiten anpassen und so erweitern, dass es auch das neue Ergebnis erklären kann. Vielleicht hat der Würfel sechs anstatt vier Flächen. Nehmen Sie an, das neue Modell mit sechs Flächen trifft zu, obwohl bis dahin nur fünf Zahlen vorgekommen sind. Dann kann man zu Recht erwarten, dass auch die sechste Zahl irgendwann auftaucht.

Eben das geschah in der Teilchenphysik. Als Gell-Mann seine Theorie der Quarks vorstellte, hatten die Forscher sozusagen noch nicht alle Flächen seines Würfels gesehen. Eine Fläche bei Gell-Manns abstrakter Form war noch nicht beobachtet worden: Ein Teilchen fehlte noch. Es gab keinen experimentellen Hinweis auf das vermisste Teilchen, aber es *musste* existieren, wenn Gell-Manns Theorie zutraf. Die Symmetrien seines abstrakten symmetrischen Objekts forderten das einfach. Im Jahre 1964 fanden Physiker am Brookhaven National Laboratory das vermisste Teilchen, das so genannte Omega-minus. Gell-Mann hatte also Recht gehabt. Die Form beziehungsweise Symmetrie seines Objekts hatte die Existenz eines neuen Teilchens vorhergesagt.

Das Standardmodell ist nach wie vor aktuell. Es umfasst unter anderem Gell-Manns Objekt und beschreibt mit unglaublicher Genauigkeit die Wechselwirkungen bei allen Experimenten, die in den vergangenen vierzig Jahren angestellt wurden. Das Standardmodell repräsentiert damit die Kenntnisse über den riesigen »Würfel«, der die Wechselwirkungen der Materie bestimmt. Doch dieser Würfel hat sozusagen eine Unwucht: Einige seiner Seiten sind schwieriger zu finden als andere. Aber je öfter die Forscher würfeln und je heftiger sie bei ihren Experimenten »den Würfel werfen« (um die Unwucht zu überwinden), desto sicherer werden sie, dass das Standardmodell im Wesentlichen zutrifft. Nach Milliarden von Würfen ist man mit dem Standardmodell insgesamt zufrieden. Allerdings gibt es noch einige kleinere Probleme.

Eine der offenen Fragen betrifft die Vereinheitlichung. Bei ausreichend hohen Energien werden die elektromagnetische und die schwache Kraft zu unterschiedlichen Ausprägungen der gleichen Kraft, nämlich der elektroschwachen Kraft. Bei Sand und Glas stellt sich ja erst unter sehr starkem Erhitzen heraus, dass sie im Grunde aus derselben Substanz Siliziumdioxid bestehen. Analog dazu erweisen sich die elektromagnetische und die schwache Kraft erst bei sehr hohen Energien als im Grunde gleichartig. Leider »vereinheitlicht« sich im Rahmen des Standardmodells die starke Kraft nicht so einfach wie die anderen beiden Kräfte. Man hofft natürlich, dass sich die starke Kraft und schließlich auch die Gravitationskraft letztlich als Ausprägungen desselben zu Grunde liegenden Phänomens erweisen, womit sie leichter zu verstehen wären. Das Standardmodell trägt jedenfalls nicht zur Vereinheitlichung von starker und elektroschwacher Kraft bei; das besorgt vielmehr die Theorie der Supersymmetrie, die das Standardmodell erweitert.

Das ist nur einer der Gründe dafür, sich mit der Supersymmetrie zu befassen. Es gibt auch andere. Beispielsweise kann man im Rahmen des Standardmodells nicht die Massen der Teilchen berücksichtigen, wohl aber in der Theorie der Supersymmetrie. Das Higgs-Boson erwacht erst in den Gleichungen der Supersymmetrie zu vollem Leben. Außerdem löst die Theorie der Supersymmetrie einige wichtige kosmologische Probleme, darunter das der Identifikation der exotischen dunklen Materie und das der Bestimmung der Kräfte, die die Ausdehnung des frühen Universums bewirkten. Ein Kosmos, der den Regeln der Supersymmetrie unterliegt, wirft weniger Fragen auf als einer, für den nur das Standardmodell gilt. Doch die Annahme der Supersymmetrie hat den offensichtlichen Nachteil, dass sie die Bevölkerung des Teilchenzoos verdoppelt.

Das Standardmodell hat sich bestens bewährt. Daher überrascht es nicht, dass die Theorie der Supersymmetrie es nur erweitert, nicht aber ersetzt, ebenso wie das Standardmodell Gell-Manns achtfachen

Weg erweiterte. Daher muss die »Form« des Standardmodells in der größeren »Form« der Supersymmetrie aufgehen. Leider erfordern es die mathematischen Gesetze der Symmetrie – die Gruppentheorie –, dass die neue, erweiterte Form mindestens doppelt so groß ist wie die des Standardmodells. Weil diese abstrakte Form lediglich eine Darstellung der Teilchen ist, die die subatomare Welt regieren, bedeutet es eine Verdopplung der Anzahl verschiedener Teilchen, wenn man diese Form verdoppelt. Mit allen Vorteilen der Supersymmetrie handeln sich die Theoretiker leider eine ganze Menge unentdeckter Teilchen ein.

Dieser Nachteil kann indes unmittelbar zu einem Vorteil werden, sobald eines dieser Teilchen entdeckt wird. Das war ja früher schon geschehen: Diracs Postulat des Antielektrons wurde von einem Problem zur Lösung eines Problems, als Carl Anderson in seiner Nebelkammer die feine Spur eines Antielektrons gefunden hatte. Aus diesem Grund halten sich die Wissenschaftler mit einer Bewertung jetzt noch sehr zurück. Inzwischen fahnden sie nach Hinweisen auf ein supersymmetrisches Teilchen. Sollte es gefunden werden, würde dies die Theorie der Supersymmetrie bestätigen, und man müsste die Bevölkerung des Teilchenzoos doppelt so groß ansetzen wie bisher. Bislang gibt es aber noch keine Beweise, unter anderem weil die Auswirkungen der Supersymmetrie sehr schwach sein können.

Um zu dem Bild des unbekannten Würfels zurückzukommen: Wenn Sie annehmen, dass Ihr Würfel sechs anstatt vier Flächen hat, so müssen Sie Ihre Voraussagen über die Wahrscheinlichkeit überarbeiten, dass beim nächsten Wurf eine bestimmte Zahl erscheint. Wenn es nämlich auch möglich ist, dass die 5 oder die 6 gewürfelt wird, beträgt die Wahrscheinlichkeit eben nicht mehr – wie zuvor – 100 Prozent, eine der Zahlen 1, 2, 3 und 4 zu würfeln. Ebenso verändert die Supersymmetrie die Wahrscheinlichkeit, ein bestimmtes Teilchen zu »würfeln«. Weil die Eigenschaften der verschiedenen Teilchen eng mit diesen »Wahrscheinlichkeiten« zusammenhängen, bringt eine Variation der Wahrscheinlichkeiten, wie sie die Theorie der Supersymmetrie bedeutet, auch eine leichte Veränderung der Teilcheneigenschaften mit sich. Daraus folgt aber auch: Wenn eine Eigenschaft eines Teilchens nicht genau den Aussagen des Standardmodells entspricht, dann könnte das ein Anzeichen für einen schwachen Einfluss der Supersymmetrie sein.

Im Frühjahr 2001 gerieten die Forscher am Brookhaven National Laboratory fast aus dem Häuschen, denn es schien sich ein Hinweis auf die Supersymmetrie abzuzeichnen. Sie ermittelten eine bestimmte Eigenschaft des Myons, und zwar sein *magnetisches Moment*. Dieses bestimmt, wie stark das Teilchen durch ein Magnetfeld gedreht wird. Aber irgendetwas stimmte nicht. Über drei Jahre hinweg hatte man Myonen in das Feld eines supraleitenden Magneten mit 14 Metern Durchmesser geschickt, so dass sie im Magnetfeld einer Kreisbahn folgten. Bei den Messungen stellte sich jedoch heraus, dass die Drehung nicht den Werten nach dem Standardmodell entsprach. Der relative Unterschied lag bei nur vier Millionsteln. Das scheint nun keine große Diskrepanz zu sein. Doch das Standardmodell ist ansonsten so erfolgreich, dass auch eine so winzige Abweichung ihm entweder widerspricht – oder ein Hinweis auf die Supersymmetrie sein kann. Bei fehlerfreier Durchführung und Auswertung des Experiments könnte die Diskrepanz also von einem noch unbekannten supersymmetrischen Teilchen herrühren, das die Eigenschaften des Myons beeinflusst. Diese Entdeckung versetzte die Physiker weltweit in Aufregung. Doch schon im Dezember stellte man fest, dass die Gleichungen des Standardmodells falsch angewandt wurden; die beiden damit befassten Physiker hatten versehentlich ein überflüssiges Minuszeichen eingebracht, so dass das errechnete magnetische Moment nicht richtig war. Nachdem sie ihre Berechnungen korrigiert hatten, wurde die Diskrepanz zwischen Experiment und Theorie zwar drastisch kleiner – aber nach weiteren Messungen wieder größer. Ende 2002 schien es, als liege tatsächlich eine merkliche Abweichung vor. Sie ist allerdings so gering, dass die Physiker am Brookhaven National Laboratory nicht von einem Anzeichen der Supersymmetrie sprechen wollen.

Dies war nicht die erste Enttäuschung für die Wissenschaftler, die nach der Supersymmetrie fahnden. Einige »Sichtungen« konnten nicht wiederholt werden, andere harren noch der Überprüfung oder sind aus anderen Gründen unsicher. Beispielsweise fanden Physiker am CERN ein hochinteressantes Signal, das die Spur eines supersymmetrischen Teilchens sein konnte. Die Messungen wurden am *Large Electron Positron Collider* (LEP) vorgenommen. In diesem riesigen Beschleuniger werden Elektronen und Antielektronen zusammengeschossen, und Detektoren erfassen den Teilchenschwarm, der aus den winzigen, aber äußerst heftigen Explosionen hervorgeht. Nach dem Standardmodell müssen die Zahlen der Teilchen – Quarks, Elektronen, Neutrinos und so weiter – in bestimmten Verhältnissen stehen. Bei den Versuchen am LEP konzentrierte man sich auf die Anzahl der Tauonen. Bei niedrigen Energien – also wenn der »Würfel« nicht sehr heftig geworfen wurde – entsprach die Tauonenzahl der nach dem Standardmodell berechneten Anzahl. Doch bei höheren Energien entstanden zu viele Tauonen. Es liefen 228 Reaktionen des betreffenden Typs ab, während nur 170 zu erwarten waren. Wieder sah es so aus, als zeige sich die Supersymmetrie, aber die Wissenschaftler konnten sich nicht festlegen. Wollten sie klären, ob die »überschüssigen« Tauonen wirklich ein Indiz für Supersymmetrie oder nur ein statistischer Zufall waren, dann mussten sie weitere Messungen am LEP vornehmen – den »Würfel« noch viel öfter werfen – und überprüfen, ob die Diskrepanz größer oder kleiner würde. Unglücklicherweise wurden diese Ergebnisse aber erst im Jahr 2000 gefunden, ein paar Monate, bevor LEP demontiert wurde, um einer neuen Vorrichtung Platz zu machen. Doch er wurde aus gutem Grund abgebaut, denn an seine Stelle wird ein Beschleuniger treten, mit dem sich die Frage der Supersymmetrie ein für alle Mal klären lässt.

Der bestehende Tunnel des LEP wird mit noch ausgeklügelteren und stärkeren Magneten bestückt werden, als LEP sie hatte. Der so entstehende *Large Hadron Collider* (LHC) gehört eindeutig zur nächsten Generation der Teilchenbeschleuniger.

Wenn man im Tunnel des LHC steht, unter den stillen Wiesen in den Genfer Vororten, ist man beeindruckt von den Ausmaßen. An einer Stelle musste, um einen Detektor einbauen zu können, ein unterirdischer Wasserlauf durchquert werden. Dazu wurde der Fluss mit flüssigem Stickstoff gekühlt, so dass das Wasser gefror und durchbohrt werden konnte. Nachdem noch ein Zugangsstollen angelegt worden war, ließ man es wieder fließen.[4] Wie man sich leicht vorstellen kann, verschlingt ein solches Projekt einige Milliarden Euro, und der Kostenrahmen für die Errichtung des LHC ist kaum einzuhalten. Gleichwohl wird er im zweiten Jahrzehnt des 21. Jahrhunderts die wichtigsten Experimente der Hochenergiephysik ermöglichen.

Der LHC ist so leistungsfähig ausgelegt, dass ein supersymmetrisches Teilchen, wenn es denn existiert, mit ihm sicher entdeckt wird. Andernfalls wird man die Theorie der Supersymmetrie ziemlich sicher zu den Akten legen müssen. Der LHC soll etwa 2007 in Betrieb gehen,[5] und einige Jahre später werden wir ein für alle Mal wissen, ob die Supersymmetrie die Vorgänge im Universum widerspiegelt oder ob sie nur dem Traum der Theoretiker entsprang, die sich ein ästhetisch ansprechendes, einheitlich gestaltetes Universum wünschen.

Wenn wir Glück haben, werden wir aber nicht so lange warten müssen. Seit 2002 versuchen die Forscher am *Fermilab*, dem Fermi National Accelerator Laboratory in Batavia, Illinois, den Ergebnissen des LHC zuvorzukommen. Dazu wollen sie die Unklarheiten beseitigen, die die Experimente an einem anderen großen Beschleuniger – dem *Tevatron* – aufgeworfen hatten. Das *Tevatron*, in dem Protonen und Antiprotonen mit hohen Energien aufeinander geschossen werden, hatte nach einem 260 Millionen Dollar teuren Umbau einige ernste »Kinderkrankheiten«. Dennoch hofft man, dass schon dieser Beschleuniger genug Energie aufbringt, um schlagende Beweise für die Supersymmetrie zu liefern.

Die Bestätigung der Supersymmetrie wird nicht nur die Bevölkerung des Teilchenzoos verdoppeln, sondern den Physikern auch ein ganz neues Forschungsgebiet eröffnen. Darüber hinaus wird sie den Kosmologen einen weiteren Kandidaten für die exotische dunkle Materie bescheren. Die meisten supersymmetrischen Teilchen sind vermutlich instabil und zerfallen in weniger als einer Sekunde in andere, stabilere Formen der Materie. Doch zumindest eines dieser Sparticles muss relativ stabil sein; dies ist das leichteste supersymmetrische Teilchen (LSP, für *Lightest Supersymmetric Particle*). Man kennt das LSP noch nicht; vielleicht ist es eine Mischung von Sparticles, deren Mischungsverhältnis (und damit auch der *Flavor*) sich ständig ändert, ähnlich wie bei den Neutrinos. Doch schon vor gut zwanzig Jahren hat man erkannt, dass nach der Theorie der Supersymmetrie viele LSPs frei im Raum schweben müssen. Die in ihnen gebundene Masse sollte die der baryonischen Materie im Universum überwiegen. Eine Zeit lang wirkte diese Annahme fast lächerlich, aber wie wir in den vorigen Kapiteln gesehen haben, mussten sich die Kosmologen mit der Existenz einer großen Menge exotischer dunkler Materie abfinden. Die Theorie der Supersymmetrie könnte nun eine schöne, abgerundete Erklärung für die exotische dunkle Materie bieten, und daher meinen viele Wissenschaftler, dass LSPs die Quelle exotischer dunkler Materie sind. Außerdem sind LSPs geeignetere Kandidaten als Neutrinos, wenn man den größten Teil der dunklen Materie deuten will; denn die Eigenschaften eines hypothetischen LSPs erklären die Struktur des Universums besser als die des Neutrinos. Das liegt daran, dass Neutrinos »heiße« dunkle Materie sind, LSPs dagegen »kalt«.

Zwar haben Neutrinos eine Masse (die gemäß Einsteins berühmter Gleichung $E = mc^2$ in Energie umgewandelt werden kann), aber sie ist sehr gering. Der größte Teil ihrer »Massenenergie« beruht auf ihren unglaublich hohen Geschwindigkeiten: Neutrinos, die im frühen Universum entstanden waren, sollten sich annähernd mit Lichtgeschwindigkeit bewegen. Diese schnellen beweglichen Teilchen werden als »heiß« angesehen, analog zu den schnelleren Molekülen in siedendem Wasser. LSPs dagegen sollten weitaus massereicher sein als Neutrinos, nämlich einige hundert bis einige tausend Mal so schwer wie das Proton. Dann müsste ein größerer Teil ihrer Energie in ihrer Masse stecken als in ihrer Bewegung. Diese sich langsam bewegenden Teilchen wären »kalt«, analog zu den äußerst langsamen Molekülen in gerade gefrierendem Wasser.

Kalte dunkle Materie und heiße dunkle Materie wirken sich auf die Entwicklung von Strukturen im Universum unterschiedlich aus. Nach der Theorie sollte dunkle Materie dazu führen, dass sich größere Strukturen wie Galaxiensuperhaufen früher bilden als kleinere Strukturen wie Sterne und Galaxien. Dagegen sollte kalte dunkle Materie zuerst kleinere Strukturen und erst danach größere hervorbringen, und so scheint sich die Materie im Universum angeordnet zu haben: zu Sternen, die sich zu Galaxien formierten, und zu Galaxien, die sich zu Galaxienhaufen zusammenfanden.

Noch weiß man nicht sicher, welche Anteile der exotischen dunklen Materie kalt und welche heiß sind, aber man neigt eher der Ansicht zu, dass die kalte Materie überwiegt. In diesem Fall muss der Beitrag der Neutrinos zur exotischen dunklen Materie kleiner sein als der von nicht neutrinoartigen Teilchen. Wie wir gesehen haben, sind die Neutrinos die einzigen Teilchen, die gemäß dem Standardmodell einen wesentlichen Anteil der exotischen dunklen Materie im Universum ausmachen können. Wenn die Annahme der kalten dunklen Materie zutrifft, kann das Standardmodell nicht sämtliche physikalischen Gegebenheiten beschreiben, und es muss ein noch unentdecktes Teilchen existieren, das für die kalte dunkle Materie verantwortlich ist.

Die Theorie der Supersymmetrie ist sozusagen der Rettungsanker. Die Physiker suchen geradezu verzweifelt nach dem LSP, dem leichtesten supersymmetrischen Teilchen, das die vermisste exotische Materie im Universum erklären könnte. Sollte die Hauptmenge der dunklen Materie jedoch nicht aus LSPs bestehen, dann sind die Forscher wieder einmal ratlos, denn ihr Würfel hat offenbar zu wenige Flächen. Wenn aber das LSP die kalte dunkle Materie bildet, dann wird – zumindest auf der Stufe der Teilchenphysik – das Problem der im Universum fehlenden Masse und Energie gelöst sein. Die Theorie der Supersymmetrie wird triumphieren, und die Komponenten von Ω_m werden klar zu Tage treten. Die Kosmologen haben freilich noch ein anderes Problem. Sie müssen noch einen Brocken dunkler Materie finden, und erst wenn sie ihn sehen, können Sie den Sekt kalt stellen.

Vielleicht ist der Erfolg schon greifbar nahe. Die Astronomen machen sich daran, das Unsichtbare zu sehen. Sobald sie das schaffen, haben sie das letzte Rätsel der Materie gelöst.

Anmerkungen

1   Eine hübsche Anekdote rankt sich um eine Jahrestagung der American Physical Society, die in Las Vegas stattfand. Die Physiker, natürlich Experten beim Berechnen von Wahrscheinlichkeiten, weigerten sich, in den Casinos zu spielen. Sie wussten ja, dass die Spielbank immer einen statistischen Vorteil hat, so dass niemand auf lange Sicht gewinnen kann. Die Casinomanager ärgerten sich, dass so viele Leute tagelang in ihrer Stadt weilten, ohne auch nur einmal in den Spielbanken zu erscheinen. Wie es heißt, wurden die Physiker zu unerwünschten Personen erklärt und durften künftig in Las Vegas keine Konferenz mehr veranstalten.

2   Leider haben manche populärwissenschaftliche Autoren die Beziehungen zwischen fernöstlicher Philosophie und Teilchenphysik hemmungslos übertrieben.

3   Die Mathematiker sprechen bei diesen Objekten normalerweise nicht von Formen, obwohl der Begriff einer *Gruppe* eng mit den Symmetrien eines Objekts (beispielsweise einer Pyramide oder eines Würfels) zusammenhängt. Die Struktur des Standardmodells wird als SU(3) × SU(2) × U(1) ausgedrückt, wobei SU(3) der Beitrag der Gruppe ist, der mit der Quantenchromodynamik zu tun hat. Die Gruppen des Standardmodells (und auch die meisten anderen) sind zu komplex, als dass man sie mit den Symmetrien eines dreidimensionalen Objekts beschreiben kann; also müssen weitere Dimensionen herangezogen werden. Das ist davon unabhängig, ob die Teilchen oder sogar das Universum mehr als drei (oder vier) Dimensionen haben. Es geht hier nur um das abstrakte Objekt, das mit einer Gruppe zusammenhängt. Die Dimensionen sind lediglich ein mathematischer Formalismus.

4   Der Beschleuniger mit seinen Neutrinodetektoren ist aus verschiedenen Gründen unterirdisch angebracht. Zum einen müssen Neutrinodetektoren vor den kosmischen Strahlen abgeschirmt werden, und zum anderen müssen das Personal und die Anwohner vor der Synchrotronstrahlung im Teilchenbeschleuniger geschützt werden.

5   Weil die Kosten aus dem Ruder laufen, ist der Termin 2007 für die Inbetriebnahme wohl um ein oder zwei Jahre zu optimistisch angesetzt.

KAPITEL 11

Das Unsichtbare sehen
[MACHOs, WIMPs und das Erhellen der dunkelsten Bereiche des Universums]

Eines sei gesagt, denn es ist richtig:
Das Licht ist ziemlich schwergewichtig.
Das Licht geht um die Sonne rum,
denn es verbiegt sich und wird krumm.

Arthur Eddington, 1919[1]

Gleichgültig, ob die Materie durch die Theorie der Supersymmetrie oder durch irgendeine andere Erweiterung des Standardmodells beschrieben wird – auf jeden Fall muss eine vollständige Theorie für die subatomare Welt die Teilchen identifizieren, aus denen die vermisste dunkle Materie besteht. Die Kosmologen meinen, dass ein Teil dieser Materie dunkel und baryonisch ist und ein anderer Teil aus Neutrinos besteht; der Rest – der größte Teil der fehlenden Materie im Universum – ist keines von beiden. Vielleicht wird dieser Anteil von einem exotischen supersymmetrischen Teilchen bereitgestellt, vielleicht ist er aber auch anders geartet. Wenn die Wissenschaftler eine zutreffende Theorie der Materie aufstellen, dann werden sie damit nur die Art des Teilchens angeben können, das die fehlende Substanz bildet. Die Theorie wird jedoch nichts darüber aussagen, wo die vermisste Materie versteckt ist. Das haben die Astronomen und Kosmologen herauszufinden, nicht die Teilchenphysiker.

Natürlich ist die dunkle Materie dunkel – wie der Raum selbst und in den Teleskopen nicht sichtbar –, aber sie muss existieren. Die Struktur von Galaxienhaufen, die Bewegungen und die Verteilungen von Galaxien, aber auch bestimmte Details der kosmischen Hintergrundstrahlung: alles deutet darauf hin, dass das Universum von dunkler Materie erfüllt ist. Doch solange sie nicht direkt sichtbar ist, kann niemand behaupten, sie zu verstehen.

Der Schleier beginnt sich zu heben. In den vergangenen Jahren wurde intensiv nach dem Versteck der dunklen Materie gefahndet, sowohl der baryonischen als auch der exotischen. Mit satelliten-gestützten Teleskopen, unterirdischen Teilchenbeschleunigern und Detektoren sowie einer Vielfalt anderer Instrumente ist man der unsichtbaren Masse auf der Spur. Erste Sichtungen sind bereits ge-lungen. Die Physiker konnten auf Grund der Verzerrung der Raum-zeit kleine dunkle Objekte ausfindig machen, die sich im unsicht-baren Halo der Milchstraße bewegen. In einem größeren Maßstab lässt sich aus diesen Verzerrungen die gewaltige Ansammlung un-sichtbarer Materie enthüllen, durch die Galaxienhaufen zusammen-gehalten werden. Röntgenstrahlen, die von Galaxien und Galaxien-haufen ausgehen, geben Aufschluss über die Natur der Teilchen, die die dunkle Materie ausmachen. Geradezu ein »Wald« von Absorp-tionslinien, den man mit den optischen Teleskopen fand, verrät die Gegenwart von Gaswolken in der Tiefe des Raumes, so weit ent-fernt, dass sie vom Licht der Milchstraße nicht beschienen werden. Wenn die Forscher Glück haben, können sie in besonderen, tief unter der Erde angebrachten »Fallen« sogar einen Teil der exotischen dunk-len Materie ausmachen. Obwohl die dunkle Materie unsichtbar ist, werden ihre Geheimnisse wohl bald ans Licht gebracht.

Während sich die Wissenschaftler an die dunkle Materie heran-tasten, erfahren sie auch einiges über das »dunkle Zeitalter« des Uni-versums, nämlich über die Zeitspanne zwischen der Rekombination, als das Licht aus seinem Materiekäfig befreit wurde, und der *Reioni-sierung*, als die ersten Sterne zu leuchten und die Galaxien zu er-strahlen begannen. Jetzt sind die Astronomen dabei, auch die fernste Dunkelheit zu durchdringen. Bald wird sich die Materie nirgends mehr verstecken können.

Weil es zwei Arten dunkler Materie gibt, verfährt man bei der Suche nach ihr zweigleisig. Zum einen forscht man nach baryonischer dunkler Materie, jenem nicht leuchtenden Material, dessen fundamentale Bausteine die Quarks sind. Obwohl man inzwischen weiß, woraus der größte Teil dieser »gewöhnlichen« Materie besteht, hat man sie bisher nicht entdeckt, so dass ihre Verstecke noch ausfindig zu machen sind. Zum anderen fahndet man nach exotischer dunkler Materie, die nicht aus Quarks aufgebaut ist und deren Menge sechsmal so groß ist wie die der baryonischen Materie. In beiden Fällen verwendet man unterschiedliche Geräte und geht auf andere Weise vor.

Es ist natürlich nicht leicht, etwas zu sehen, das definitionsgemäß unsichtbar ist – aber es ist nicht unmöglich. So fand und findet man immer noch massereiche, kollabierte Sterne – Schwarze Löcher genannt –, obwohl ihre Masse und ihre Dichte so groß sind, dass nicht einmal das Licht ihrer Gravitationswirkung entkommen kann. Sie schlucken Licht, anstatt Licht auszustrahlen.[2] Ein Schwarzes Loch ist also unsichtbar; jegliche Strahlung, die ihm nahe genug kommt – in seinen Ereignishorizont eintaucht –, verschwindet in ihm. Und wie kann man etwas sehen, das Licht schluckt?

Obwohl ein Schwarzes Loch praktisch unsichtbar ist, können Astronomen sein Vorhandensein aus seinen Wirkungen auf die Raumzeit erschließen. Das ist natürlich weitaus schwieriger, als ein leuchtendes Objekt im Himmel zu suchen. Beispielsweise beobachtet Andrea Ghez, Astronomin an der UCLA (University of California in Los Angeles), mit Hilfe von Radioteleskopen die Sterne nahe dem Zentrum der Milchstraße. Aus deren Bewegungen lässt sich die Krümmung der Raumzeit und damit das Ausmaß der Gravitationskraft im Kern unserer Galaxis ableiten. Ghez kam zu dem Ergebnis, dass sich im Kern der Milchstraße ein unsichtbares superschweres Objekt befinden muss, das über zweieinhalb Millionen Mal so viel Masse wie unsere Sonne aufweist. Das Schwarze Loch im Kern der Milchstraße wird Sagittarius A° oder kurz Sgr A° genannt (weil es in Richtung des Sternbilds Schütze, lat. *Sagittarius*, zu finden ist). Es wurde also nicht direkt beobachtet, sondern nur durch die Auswirkungen nachgewiesen, die es auf die Raumzeit und auf die Sterne hat, die es umrunden.[3]

Das von Andrea Ghez angewandte Verfahren ähnelt demjenigen, mit dem Vera Rubin erstmals einen überzeugenden Hinweis auf dunkle Materie gefunden hatte. Als Rubin die Rotationsgeschwindigkeit der Sterne um den Kern der Andromeda-Galaxie gemessen hatte, bestimmte sie im Grunde die Krümmung der Raumzeit – das war zwar eine indirekte Messung, aber trotzdem eine Messung. Aus den Bewegungen der Sterne konnte Rubin die Galaxie »wiegen« und herausfinden, wo sich ihre Materie befindet. Die so ermittelte Masse stimmte aber nicht mit der Masse überein, die sich aus den sichtbaren Sternen ergab. Daraus schloss Rubin, dass ein unsichtbarer Materiehalo vorliegt, der die Krümmung der Raumzeit erhöht. Diese Vorgehensweise war schon damals nicht mehr neu, als Rubin vor einigen Jahrzehnten ihre Messungen vornahm. Bereits im Jahre 1933 hatte der Astronom Fritz Zwicky bei den Bewegungen von Galaxien in einem Galaxienhaufen gewisse Unstimmigkeiten gefunden. Zwar waren Zwickys Daten nicht sehr aussagekräftig, aber er hatte das erste, noch schwache Indiz für dunkle Materie gefunden. Aus den Bewegungen von Objekten auf die Krümmung der Raumzeit zu schließen ist also keineswegs neu.

Es gibt indes auch ein neues Verfahren, die Krümmung der Raumzeit zu messen – und sie beinahe direkt sichtbar zu machen. Die Teleskope sind inzwischen so empfindlich, dass man schon routinemäßig den Effekt der Gravitationslinsen auswerten kann. Das heißt, man kann messen, wie stark die Gravitationskraft das Licht weit entfernter Objekte ablenkt. Aus dem Ausmaß der Ablenkung kann man auf die gesamte (auch die unsichtbare) Masse schließen, von der sie hervorgerufen wird. Mit dieser Methode wurde dunkle Materie nachgewiesen, die unsere Galaxis umgibt. Im Jahre 2000 verkündeten Wissenschaftler, dass sie mit Hilfe von Gravitationslinsen erstmals dunkle Materie bei einer fernen Galaxie gefunden hatten. Bald wird man berechnen können, wo sich dunkle Materie im Halo der Milchstraße befindet. Und nicht nur das; man wird auch mehr darüber erfahren, woraus der baryonische Anteil Ω_b der Materie im Universum besteht.

Obwohl die Nutzung der Gravitationslinsen noch sehr neu ist, sind sie selbst schon seit über achtzig Jahren bekannt. Der erste Nachweis einer Gravitationslinse machte Einstein noch berühmter, als er ohnehin schon war. Im Frühjahr 1919 reiste der englische Astronom Arthur Eddington zur Insel Principe vor der Westküste Zentralafrikas, um Einsteins Hypothese zu überprüfen, wonach die Raumzeit durch ein massereiches Objekt, beispielsweise die Sonne, gekrümmt wird. Nach der allgemeinen Relativitätstheorie sollte die Sonne das Licht eines Sterns, das nahe an ihr vorbeiläuft, aus seiner geradlinigen Richtung ablenken, ähnlich wie eine Linse. Dadurch würde der betreffende Stern am Himmel nicht an der erwarteten Position erscheinen. Weil die Sonne so hell ist, kann man natürlich keine Sterne beobachten, die in ihrer Nähe am Himmel stehen – das ist nur während einer Sonnenfinsternis möglich. Und das hatte Eddington vor: Am frühen Nachmittag des 26. Mai 1919 überquerte der Mondschatten die Insel Principe, so dass für einige Minuten eine totale Sonnenfinsternis herrschte. Dabei konnte Eddingtons Team die Positionen von Sternen nahe der Sonne bestimmen. Nach schweren Regenfällen klarte der Himmel gerade noch rechtzeitig auf, damit Eddington einige Fotos aufnehmen konnte:

Der Regen hörte am Mittag auf, und ungefähr um 13.30 Uhr [...] sahen wir die Sonne. Auf gut Glück begannen wir mit den fotografischen Aufnahmen. Ich konnte die Sonnenfinsternis nicht beobachten, weil ich mit dem Wechsel der Fotoplatten zu beschäftigt war. Nur einen flüchtigen Blick auf den Beginn der Verdunklung konnte ich erhaschen, und ungefähr bei halber Bedeckung hielt ich Ausschau nach den Wolken. Wir belichteten sechzehn Fotoplatten. Sie zeigten deutlich die verdunkelte Sonne mit einer bemerkenswerten Protuberanz. Leider waren die Sterne großenteils durch die Wolken überdeckt. Die letzten Aufnahmen werden hoffentlich das erkennen lassen, nach dem wir suchen.[4]

Gemäß Einsteins Relativitätstheorie müssten die nahe der Sonne sichtbaren Sterne an etwas anderen als den berechneten Positionen erscheinen. Und genau das konnte Eddington den Aufnahmen entnehmen. Damit war die Krümmung der Raumzeit direkt beobachtet worden: Sie äußerte sich in der Ablenkung des Lichts durch ein massereiches Objekt, das als Gravitationslinse wirkt.

Über sieben Jahrzehnte später enthüllte eine andere Art von Gravitationslinse, die Mikrogravitationslinse, die Verteilung von dunkler Materie in unserer Galaxis. Ähnlich wie der von Eddington beobachtete Gravitationslinseneffekt von der Sonne verursacht wurde – die im galaktischen Maßstab relativ wenig Materie hat –, werden Mikrogravitationslinsen von kleinen, dichten Materieansammlungen hervorgerufen. Sie bewirken nur eine schwache Ablenkung des Lichts. (Andere Arten von Gravitationslinsen, darunter die von ganzen Galaxien verursachten, sind weitaus größer und wirken diffuser.) Diese Mikrogravitationslinsen deuten auf die dunkle Materie im Halo hin, der unsere Galaxis umgibt.

Diese Materieansammlungen sind massereiche, schwach leuchtende Haloobjekte, die man MACHOs (engl. *Massive Compact Halo Objects*) nennt. Ihre Beschaffenheit ist weitestgehend unbekannt; es können ausgebrannte Sterne sein, aber auch Braune Zwerge, also Sterne, die zu leicht sind, um die Kernfusion in ihrem Inneren zu starten. Auf jeden Fall aber haben sie eine Masse. Jedes Objekt mit einer Masse verzerrt das Gewebe der Raumzeit und beeinflusst die Lichtstrahlen von dahinter befindlichen Objekten. Zum Glück gibt es viele solcher Hintergrundobjekte, deren Licht die Gegenwart von einem MACHO enthüllen kann. Die geeignetsten sind Sterne in einer kleinen, uns recht nahen Galaxie, der Großen Magellan'schen Wolke. (Die Milchstraße hat einige kleine Begleitgalaxien, die sie in geringer Entfernung umrunden und durch ihre Gravitationskraft festgehalten werden. Die Große Magellan'sche Wolke ist die größte dieser Begleitgalaxien.) Sie ist von der südlichen Erdhalbkugel aus sichtbar und liegt dicht neben der Milchstraße, hinter dem Halo aus dunkler Materie, der die Milchstraße zusammenhält. Auch die Große

Magellan'sche Wolke wird von den Forschern bei der Suche nach dunkler Materie herangezogen.

Wenn ein MACHO vor einem jener Sterne vorüberzieht, beeinflusst seine Gravitationskraft dessen Licht so, dass ein größerer Teil davon zur Erde hin konzentriert wird. Wenn mehr Licht des Sterns auf die Erde gelangt, erscheint er heller, und wenn sich das MACHO im Laufe einiger Wochen weiterbewegt, sinkt die Helligkeit des Sterns wieder auf den Normalwert. Wird also ein im Hintergrund befindlicher Stern zunächst heller und dann wieder dunkler, so ist das ein recht sicheres Anzeichen für ein MACHO, das zwischen diesem Stern und unserem Sonnensystem vorbeizieht.

Ein internationales Team von Astronomen und Astrophysikern sucht an Teleskopen in Australien und den Vereinigten Staaten nach solchen Mikrogravitationslinsen – und damit nach MACHOs. Bei diesem so genannten MACHO-Projekt misst man ständig die Helligkeit von Sternen in der Großen Magellan'schen Wolke und von weiteren Hintergrundsternen. (Auch andere Projekte widmen sich dieser Aufgabe, etwa das Projekt mit dem schönen Namen OGLE – das englische Wort *ogle* bedeutet »liebäugeln«.) Beim 1993 begonnenen MACHO-Projekt wurden bereits Hunderte von Mikrogravitationslinsen beobachtet; fast wöchentlich kommt eine hinzu. Die Flut von Daten erlaubt es den Astronomen, die dunkle Materie in unserer Galaxis zu lokalisieren. Vielleicht können sie daraus auch ermitteln, woraus sie besteht; Schwarze Löcher lenken das Licht auf etwas andere Weise ab, als Braune Zwerge das tun. Deshalb kann man ermitteln, welche Art von massereichen Objekten sich im Halo befindet. Außerdem können die Mikrogravitationslinsen möglicherweise auch die Struktur ferner Galaxien enthüllen.

Im Frühjahr 2000 fanden zwei holländische Astronomen in einer fernen Spiralgalaxie gewisse Anzeichen für Mikrogravitationslinsen, die auf die Gegenwart dunkler Materie hinwiesen. Die Galaxie ähnelt stark der Milchstraße, und wir blicken von der Erde aus auf ihre Kante. Hinter ihr leuchtet ein heller Quasar.[5] Dessen Licht wird durch die Objekte in der Galaxie abgelenkt, die als Gravitationslinsen wirken. Aber die Spiralgalaxie »verbiegt« diese Lichtstrahlen nicht überall auf gleiche Weise. Das machte die Astronomen stutzig. Das den sichtbaren Teil der Galaxie durchstrahlende Licht ist recht gleichmäßig, flimmert also kaum. Doch das Licht durch das Gebiet, in dem sich der Halo aus dunkler Materie jener Galaxie befinden müsste, flimmert. Das deutet auf ein MACHO hin, das sich in der dunklen Materie des Halos befindet. Zwar sind die Wirkungen der Mikrogravitationslinsen zu schwach, um einzeln erkennbar zu sein, aber ihr Gesamteffekt könnte das Licht von einem fernen Quasar zum Flimmern bringen.

Wir wissen noch nicht genug, um sicher sagen zu können, welche Erkenntnisse die Mikrogravitationslinsen und die MACHOs über die Beschaffenheit der baryonischen dunklen Materie und über ihre Verteilung in den Galaxien mit sich bringen. Doch es scheint, als könnten die Mikrogravitationslinsen Aufschluss über die Verteilung der baryonischen dunklen Materie in Galaxien geben.

Mit den Mikrogravitationslinsen sind wir aber noch nicht am Ende unseres Lateins. Sie enthüllen die Gegenwart von baryonischer dunkler Materie in großen Ansammlungen, nicht aber von kleineren Mengen diffuser Gase oder exotischer dunkler Materie. Eine Mikrogravitationslinse wird von einem kompakten, dichten Objekt (einem MACHO ähnlich) verursacht, das wie eine kleine, stark gekrümmte Linse wirkt, und ist damit auch in relativ geringer Entfernung zu erkennen. Dagegen wirkt ein großes, ausgedehntes Objekt (eine Gaswolke oder eine Galaxie) wie eine größere, schwächer gekrümmte Linse, die nur aus viel größerer Entfernung erkennbar ist.

Gravitationslinsen können, wie gewöhnliche Linsen, unterschiedliche Stärken oder Brechkräfte haben und damit auch verschiedene Wirkungen erzielen. Mikrogravitationslinsen wie jene, die von MACHOs im galaktischen Halo verursacht werden, bewirken lediglich, dass die Sterne heller und wieder dunkler werden. Größere Gravitationslinsen können viel dramatischere Effekte haben. Wenn sich eine enorme Materieansammlung und ein fernes helles Objekt gerade in den richtigen Positionen befinden, ist ein Doppelbild zu erkennen.

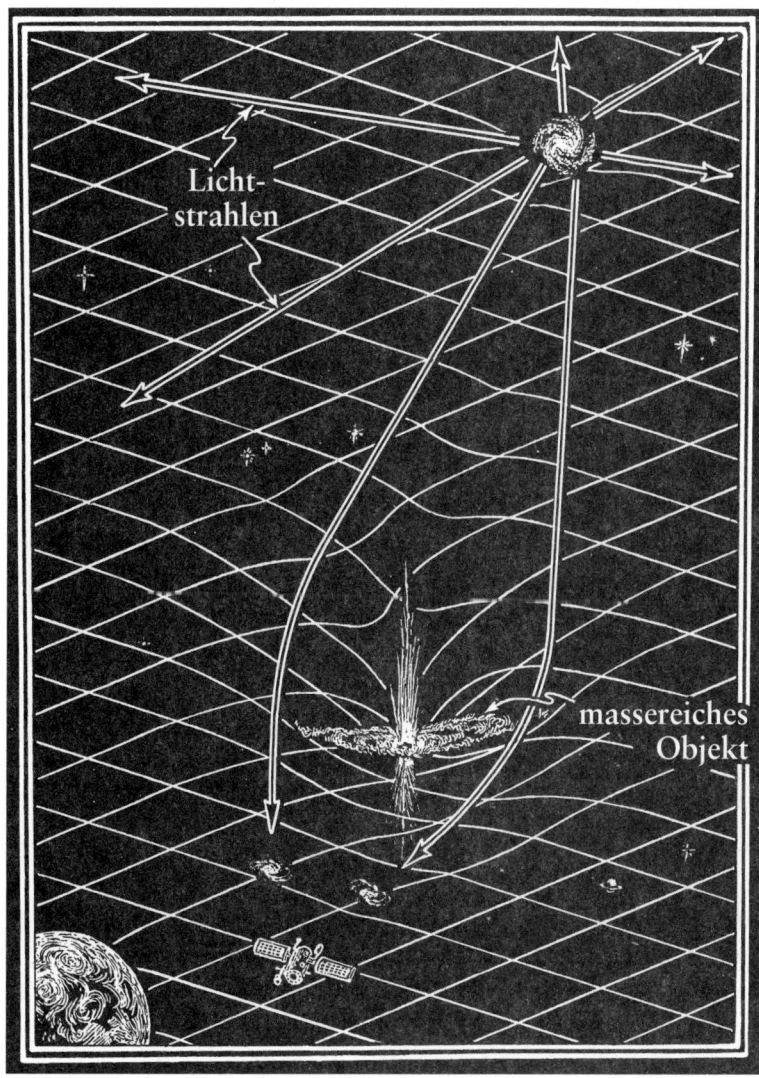

Licht-
strahlen

massereiches
Objekt

Doppelabbildung durch eine Gravitationslinse, die von einem massereichen Objekt gebildet wird.

Dank der Lichtablenkung durch die Materie der Gravitationslinse gelangen vom Hintergrundobjekt zwei oder gar mehrere gebogene Lichtstrahlen zur Erde. Für jeden der Lichtwege erscheint im Teleskop ein Fleck am Himmel, also ein eigenes Bild des Objekts. Die Wirkungen dieser Gravitationslinsen erlauben es den Astronomen, nicht nur die Masse von Galaxien, sondern sogar die von Galaxienhaufen, den massereichsten Objekten im Universum, zu errechnen.

Im Jahre 1979 fand der Astronom Dennis Walsh mit seinem Team die erste dieser großen Gravitationslinsen; dank der Gravitationswirkung eines massereichen Objekts erschienen zwei Bilder eines bestimmten hellen Quasars. Aber Gravitationslinsen treten nicht immer so deutlich zu Tage. Wenn ihre Krümmung zu gering ist oder wenn sich das Hintergrundobjekt gerade nicht an der optimalen Position befindet, wird die Linse keine Doppelabbildung des Hintergrunds erzeugen. Eine »zu schwache« Linse bildet stattdessen die Hintergrundobjekte nur unscharf ab, so dass sie zu Kreisbögen verschmierten. Sowohl die starken als auch die schwachen Gravitationslinsen enthüllen das Versteck der dunklen Materie – und zwar der baryonischen wie der exotischen.

Man kann die Wirkung von Gravitationslinsen dazu nutzen, ein massereiches Objekt, etwa eine Galaxie oder einen Galaxienhaufen, zu wiegen. Je stärker die Gravitationslinse ist, desto mehr Materie liegt vor und desto dichter ist sie gepackt. Wenn die Hintergrundobjekte die Gravitationslinse stark genug beleuchten, kann man eine sehr detaillierte Karte erstellen, die die Verteilung der Materie – einschließlich der dunklen Materie – in der Galaxie oder dem Galaxienhaufen zeigt. Beispielsweise fanden Forscher an den Bell Laboratories Mitte 2001 einen zuvor unbekannten Galaxienhaufen, der mit Teleskopen nicht zu erfassen ist. Obwohl er nicht direkt sichtbar ist, konnte seine Entfernung von der Erde mit 3,5 Milliarden Lichtjahren bestimmt werden, und zwar auf Grund der Ablenkung des Lichts von noch ferneren Objekten.

Die Krümmung der Raumzeit und damit das Ausmaß der Lichtablenkung hängt von der *gesamten* Masse im Galaxienhaufen ab.

Daher enthüllt die Wirkung der Gravitationslinse die Positionen der exotischen dunklen Materie wie auch der baryonischen Materie in ihm. Deswegen werden Gravitationslinsen zu einem immer wichtigeren Hilfsmittel der Kosmologen, um die Verteilung der dunklen Materie im Universum zu bestimmen. Leider ist es relativ schwierig, Gravitationslinsen zu erkennen, weil sich stets ein Hintergrundobjekt an gerade der richtigen Stelle befinden muss, damit die schwache Ablenkung des Lichts auch erkennbar wird. Doch zum Glück gibt es noch andere Methoden, um die dunkle Materie ausfindig zu machen; bei ihnen benötigt man keinen Stern oder Quasar im Hintergrund.

Eine der vielversprechendsten Methoden, die Gesamtmasse von Galaxienhaufen zu ermitteln, nutzt nicht das Licht von Objekten im Hintergrund aus, sondern die kosmische Hintergrundstrahlung. Solche Messungen an Galaxienhaufen sind schwieriger als Messungen einzelner Lichtquellen. Sie erfordern die Anwendung unterschiedlicher physikalischer Prinzipien. Eines dieser Verfahren beruht auf dem Sunyaew-Zel'dovic-Effekt, der nach den russischen Physikern Rashid Sunyaew und Yakov Zel'dovic benannt ist. Nach ihren Erkenntnissen befinden sich in einem Galaxienhaufen mit ausreichend viel heißer Materie auch zahlreiche sehr schnelle Elektronen. Wenn ein Photon auf eines dieser Elektronen trifft, verleiht dieses dem Photon zusätzliche Energie. Je nach den Bedingungen wird das Spektrum der kosmischen Hintergrundstrahlung dadurch verändert, und es kann ein heißer Fleck entstehen, der gewöhnlich nicht vorhanden ist.

In letzter Zeit versuchen mehrere Teams, anhand des Sunyaew-Zel'dovic-Effekts die Größen und die Entfernungen von Galaxienhaufen zu bestimmen. Daraus erhofft man sich Daten, die eine unabhängige Abschätzung der Ausdehnungsgeschwindigkeit des Universums erlauben. Diese Messungen sind erst jetzt möglich, da die Mikrowellenteleskope der neuesten Generation – Boomerang, DASI und der MAP-Satellit – so genaue Daten aufnehmen, dass der Sunyaew-Zel'dovic-Effekt erkennbar wird. Die neuen Mikrowellenteleskope eröffnen (zusammen mit den großen Radioteleskopen als

Ergänzung) den Astronomen ein ganz neues Forschungsfeld. Der Sunyaew-Zel'dovic-Effekt ist inzwischen ein brauchbares Hilfsmittel, um die Struktur ferner Objekte zu bestimmen.[6]

Auch den Röntgenastronomen steht seit einigen Jahren ein neues Teleskop zur Verfügung, mit dem sie die Beschaffenheit der dunklen Materie erforschen können. Das Röntgenteleskop namens Chandra (benannt nach dem indisch-amerikanischen Astrophysiker Subrahmanyan Chandrasekhar) wurde Ende 1999 vom Space Shuttle *Columbia* auf seine Erdumlaufbahn gebracht. Hoch über der Atmosphäre, die ja Röntgenstrahlung absorbiert, nimmt Chandra unablässig Daten auf. Die Ergebnisse haben der Kosmologie bereits ihren Stempel aufgedrückt.

Der am MIT (Massachusetts Institute of Technology) wirkende Astronom John Arabadjis nutzt Daten von Chandra, um die Eigenschaften der dunklen Materie – einschließlich der exotischen, nichtbaryonischen dunklen Materie – in Galaxienhaufen zu ermitteln. Im Jahre 2001 veröffentlichte er eine Abhandlung über den Galaxienhaufen EMSS 1358+6245, der 1968 von Fritz Zwicky entdeckt worden war (derselbe Zwicky, der 35 Jahre zuvor erstmals Hinweise auf die Existenz dunkler Materie publiziert hatte). Arabadjis versuchte mit seinem Team, noch mehr Informationen über die Materie im Galaxienhaufen zu erhalten, und richtete das Teleskop Chandra gut einen halben Tag lang auf dieses Objekt. Je heißer ein Gegenstand, desto mehr Energie enthält er und desto intensivere Röntgenstrahlung emittiert er. Daher konnte das Team um Arabadjis aus den Intensitäten der Röntgenstrahlung in verschiedenen Wellenlängenbereichen die Temperaturen in den einzelnen Teilen des Galaxienhaufens berechnen. Aus den Temperaturen wiederum war die jeweilige Materiemenge abzuleiten, weil Temperatur, Druck und Dichte der Materie eng miteinander zusammenhängen.

An solchen Messungen ist besonders interessant, dass sie die Beschaffenheit der exotischen dunklen Materie und ihre Verteilung enthüllen. Sowohl starke als auch schwache Gravitationslinsen ermöglichen einen Schnappschuss der Materieverteilung einer Galaxie.

Während die Mikrogravitationslinsen uns Aufschluss über die Natur von MACHOs geben können, liefern die Gravitationslinsen nur Informationen über die Verteilung der dunklen Materie innerhalb der Galaxie, nicht aber über ihre Beschaffenheit. Wie können die Forscher dann die Zusammensetzung dieser exotischen Materie ermitteln? Nun, die Röntgenastronomie bietet ganz andere Möglichkeiten als die Auswertung der Gravitationslinsen.

Mit den Werten von Temperatur, Druck und Dichte in verschiedenen Bereichen des Galaxienhaufens EMSS 1358+6245 konnten Arabadjis und sein Team ein detailliertes Bild der Masseverteilung erstellen und aus dieser einige Eigenschaften der Teilchen der exotischen dunklen Materie ableiten. Nach einer gängigen Theorie sollten diese Portionen dunkler Materie »groß« sein, heftig aufeinander prallen und einander dabei wegstoßen. Dadurch sollte sich die exotische dunkle Materie ausbreiten. (Eine Analogie zur Bevölkerungsdichte: Die Städte dehnen sich immer weiter ins Grüne aus, weil viele Menschen sich durch die nahebei wohnenden Nachbarn gestört fühlen und in die Vororte ziehen. Dagegen bleiben andere, die sich weniger gestört fühlen, eher in der Stadt wohnen.) Man sprach daher von der *selbstwechselwirkenden dunklen Materie*. Diese Theorie fand unter den Astronomen viele Anhänger.[7] Dann aber zeigte Arabadjis, dass die dunkle Materie zumindest in EMSS 1358+6245 nicht so weit verteilt ist, wie sie es als selbstwechselwirkende Materie sein sollte. Zudem konnte er berechnen, wie stark ein Teilchen der dunklen Materie seine Nachbarn »stört« oder beeinflusst. Die entscheidende Größe dabei ist der *Stoßquerschnitt* der Teilchen, ihre effektive Größe. Arabadjis kam zu dem Ergebnis, dass 5 Gramm dunkle Materie nicht mehr Raum einnehmen müssten als ein Centstück. Schon dieser sehr grobe Wert widerlegt die Theorie der selbstwechselwirkenden dunklen Materie. Noch wichtiger ist, dass wir sogar an einem Galaxienhaufen, der sehr viele Lichtjahre von uns entfernt ist, die Eigenschaften subatomarer Teilchen untersuchen können. Derartige Messungen werden künftig noch genauer werden, und die Physiker haben sicher noch einige Tricks auf Lager, um die Natur der exotischen dunklen Materie aufzuklären. Sie hoffen sogar, sie direkt einfangen beziehungsweise nachweisen zu können.

Vielleicht wollten die Forscher, die nach der exotischen dunklen Materie fahnden, ihr Projekt von der Suche nach MACHOs nur deutlich genug abheben. Vielleicht steckte aber auch gar keine bestimmte Absicht dahinter, dass sie ihr Vorhaben WIMP nannten (englisch *wimp* = Schwächling; ein hübscher Gegensatz zum Macho). Tatsächlich ist WIMP das Akronym von *Weakly Interacting Massive Particle*, so viel wie »schwach wechselwirkendes massereiches Teilchen«. Schwach wechselwirkend nennt man das Teilchen, weil es vermutlich durch die schwache Kraft beeinflusst wird, nicht aber durch die starke oder durch die elektromagnetische Kraft; und massereich ist es, weil es die Krümmung des Universums beeinflusst und den Großteil von Ω_m ausmacht. Was ist ein WIMP? Darüber besteht noch keine Gewissheit. Der geeignetste Kandidat scheint das LSP zu sein. Einige Forscherteams haben schon den »Einfang« von WIMPs für sich reklamiert, aber diese Behauptungen sind bestenfalls fragwürdig. Mit immer neuen Messeinrichtungen, sogar unter dem Eis der Antarktis, versucht man, Klarheit zu erreichen. Die erste Sichtung von WIMPs wird für das Ende dieses Jahrzehnts erwartet.[8]

Die Jagd nach den WIMPs ähnelt sehr derjenigen nach den Neutrinos, weil beide sehr viel gemeinsam haben. Weder ein WIMP noch ein Neutrino spürt eine deutliche Einwirkung der Materie; da weder die starke noch die elektromagnetische Kraft sie beeinflussen, können beide Teilchenarten riesige Materiemengen durchqueren, ohne merklich beeinträchtigt zu werden. Aber irgendwann wird auch ein Neutrino oder ein WIMP über die schwache Kraft mit einem Detektor wechselwirken, und die Forscher werden einen verräterischen Lichtblitz bemerken. Wahrscheinlich wird man mit Neutrinodetektoren auch die Spur von WIMPs erkennen können. Das Kunststück besteht dann darin, die Lichtblitze voneinander zu unterscheiden, also zu klären, welche von einem WIMP, welche von einem Neutrino und welche von irgendeinem anderen Effekt hervorgerufen wurden.

Ein Neutrinodetektor kann auf vielerlei Weise gestört werden.

Beispielsweise können ihn kosmische Strahlen treffen, also hochenergetische Teilchen, die von außen in die Milchstraße eindringen. Ein von ihnen hervorgerufener Lichtblitz im Detektor kann fälschlich einem WIMP oder einem Neutrino zugeschrieben werden. Wie in Kapitel 9 besprochen, werden Neutrinodetektoren tief unter der Erde errichtet, damit die ankommenden Teilchen beziehungsweise Strahlen im Gestein absorbiert werden. So bleiben kosmische Strahlen und sogar harte Gammastrahlen, die meterdicke Betonschichten durchdringen können, in den vielen tausend Tonnen Gestein auf jeden Fall stecken. Doch Neutrinos und WIMPs kommen auch hier mit Leichtigkeit durch, weil sie mit Materie kaum wechselwirken.

Damit ist aber nur die halbe Schlacht geschlagen, denn man muss ja noch die Lichtblitze der Neutrinos von denen der WIMPs unterscheiden. Das ist zwar schwierig, aber nicht unmöglich. Man kann dazu untersuchen, wie sich die Häufigkeit der Lichtblitze in den Detektoren mit der Jahreszeit ändert. Diese Abhängigkeit rührt von der Bewegung der Erde durch einen WIMP-»Wind« her.

Vermutlich gibt es im Halo, der die Milchstraße umgibt, zahlreiche WIMPs (die MACHOs werden durch WIMPs in ihrer Nähe offenbar nicht beeinflusst). Weil das Sonnensystem in seiner weiten Umlaufbahn um das Zentrum der Galaxis den Halo durchquert, ist die Erde einem ständigen Strom von WIMPs ausgesetzt. Wenn sich die Erde auf ihrer Bahn um die Sonne im Juni gegen den »Wind« bewegt, wird sie von mehr WIMPs getroffen als im Dezember, wenn sie sich mit ihm bewegt. Daher sollte die Anzahl der WIMP-Lichtblitze jahreszeitlich schwanken, wobei im Sommer die höchsten Werte auftreten.

Genau das meinen Physiker der Universität Rom in ihrem Tunnellabor unter dem Gran Sasso in den italienischen Alpen beobachtet zu haben. Im Jahre 2001 gab das von Pierluigi Belli geleitete Team bekannt, dass es im Laufe von vier Jahren die eben beschriebenen Schwankungen gemessen habe. Diese Mitteilung stieß auf große Skepsis, weil andere Forscher, die nach dunkler Materie suchen, die Ergebnisse nicht reproduzieren konnten. Unter den Physikern wogte ein heftiger Streit. Im Juni 2002 meldete sich das EDELWEISS-Team zu Wort, das mit einem ähnlichen, aber viel empfindlicheren Detektor (unter den französischen Alpen) arbeitete. Auch hier konnten die Resultate des italienischen Teams nicht bestätigt werden, denn es fanden sich keinerlei Hinweise auf Kandidaten für die dunkle Materie.

Die Jagd nach exotischer dunkler Materie ist ein Spiel mit hohem Einsatz; das Team, das sie zuerst findet, wird wahrscheinlich den Nobelpreis erhalten. Mehrere Detektoren, die derzeit errichtet werden, darunter eine verbesserte Ausführung des EDELWEISS-Detektors, bieten beste Aussichten, das flüchtige Signal eines WIMPs zu finden. Doch EDELWEISS wird weltweit große Konkurrenz haben.

Zu den aussichtsreichen Detektoren gehört auch AMANDA in der Antarktis. Diese Umgebung ist zwar sehr unwirtlich, hat aber für WIMP- und Neutrino-Jäger einen großen Vorteil, nämlich die kilometerdicke Eisschicht. Sie schirmt, ähnlich wie das Gestein im Gebirge, die kosmischen Strahlen ab. Das AMANDA-Team musste also keine Stollen graben, sondern nur einen tiefen Schacht in das Eis schmelzen; allerdings war es eine logistische Herausforderung, die dazu nötigen Brennstoffmengen heranzuschaffen. Die Sensoren, die die Lichtblitze erfassen sollen, wurden einen Kilometer tief im Eis angebracht. Zum WIMP- und Neutrinodetektor gehört aber auch das umgebende Eis selbst.

Bei den anderen Neutrinodetektoren verwendet man einen riesigen, mit Wasser oder flüssigem Metall gefüllten Tank, in dem die Neutrinos wechselwirken sollen. Weil diese Vorgänge so selten sind, muss die Menge an Wasser oder Metall möglichst groß sein, damit man überhaupt Signale findet. An Wasser (wenn auch in Form von Eis) herrscht nun in der Antarktis wahrlich kein Mangel. Die gewaltige Eismenge rund um die Sensoren dient bei AMANDA als Teil des gesamten Detektors. Wegen der enormen Menge ist die Chance gut, dass eines der schwach wechselwirkenden Teilchen einen Effekt auslöst, so dass die Sensoren einen Lichtblitz empfangen. Im Jahre 2000 verbesserte das AMANDA-Team seine Apparaturen und führt seitdem in jedem antarktischen Sommer Messungen durch. Die Forscher hoffen, auch WIMPs nachweisen zu können, während sie in den Weiten des Raumes nach Neutrinoquellen suchen.

Die US-amerikanische National Science Foundation plant noch ein weiteres Projekt namens IceCube. Bei ihm soll ein Kubikkilometer antarktisches Eis (mit einer Masse von rund einer Milliarde Tonnen, entsprechend der Masse von 10 000 Flugzeugträgern) zum Detektor gehören. Auch das ergibt eine fantastische WIMP-Falle. Wahrscheinlich wird sich die exotische dunkle Materie nicht mehr lange vor uns verbergen können.

Auf der Erde – oder besser unter ihr – angestellte Experimente sind der exotischen dunklen Materie also auf der Spur. Inzwischen werden sie sogar durch Messungen im Weltraum ergänzt, weit entfernt von allen Lichtquellen oder anderweitig störenden Objekten, durch die sie sich tarnen könnte. Die Forscher konnten die ursprünglichen Streifen bereits erahnen, die zu Galaxien und Galaxienhaufen zusammengefallen sind. Außerdem fanden sie Hinweise auf den allgegenwärtigen Wasserstoff-»Nebel«, der das Universum in den ersten hundert Millionen Jahren seiner Existenz stark verdunkelte.

Im Gegensatz zu einem WIMP, das nur die Wirkung der schwachen Kraft erfährt, wird ein Wasserstoffatom durch die elektromagnetische Kraft und ihren Vermittler, das Photon, beeinflusst. Ein Wasserstoffatom mit seinem einzigen Elektron kann sich Photonen oft nicht widersetzen. Dann nimmt es das Photon gierig auf, ähnlich wie ein Sechsjähriger eine Portion Eis verschlingt. Und ähnlich wie ein Kind nur Eis mit gewissen Geschmacksrichtungen will, beschränkt sich das Wasserstoffatom – wie auch andere Atome – auf Photonen mit bestimmten Energien, das heißt mit bestimmten Farben im Lichtspektrum. Führt man einen intensiven weißen Lichtstrahl durch Wasserstoffgas, dann weist das Spektrum des durchgelassenen Lichts mehrere schwarze Linien auf, und zwar bei den Frequenzen, bei denen die Wasserstoffatome Photonen absorbieren. Nehmen wir an, das von einem fernen Objekt (beispielsweise einem Quasar) ausgehende Licht passiert auf seinem Weg zu uns eine Wolke aus Wasserstoff- und Heliumgas. Wegen der Absorption werden wir in seinem Spektrum zahlreiche schwarze Linien finden. Die Sachlage wird dadurch kompliziert, dass die Spektrallinien infolge des Doppler-Effekts verschoben sind. Wenn sich die Gaswolke bewegt (was sie gewöhnlich tut), dann werden die Linien zum roten oder zum violetten Teil des Spektrums hin verschoben, je nachdem, ob sich die Gaswolke von uns weg oder zu uns hin bewegt. (Diese Verschiebung überlagert sich mit der von Hubble beschriebenen Rotverschiebung auf Grund der Ausdehnung des Universums.) Es kommt aber noch schlimmer: Jegliches Licht, das von einer sehr fernen Quelle ausgeht, passiert ziemlich sicher viele Gaswolken, und diese bewegen sich regellos, in unterschiedlichen Richtungen und mit verschiedenen Geschwindigkeiten. Daher prägt jede dieser Gaswolken dem Licht des fernen Quasars ihren eigenen Satz schwarzer Linien auf. Dieses schon lange bekannte Gewirr schwarzer Linien nennt man Lyman-Alpha-Wald, abgeleitet von der Bezeichnung der wichtigsten Absorptionslinie: Lyman-Alpha.

Der Lyman-Alpha-Wald wurde zu Beginn der 1970er Jahre entdeckt, und seit Mitte der 1990er Jahre kann man die Anordnungen und Bewegungen der intergalaktischen Gaswolken aus dem komplizierten Linienmuster ableiten. Alle Ergebnisse scheinen die Vorstellung der Kosmologen zu bestätigen: Im frühen Universum hatten sich Materieansammlungen zu Streifen vereinigt. Diese Streifen wuchsen zu Galaxien und Galaxienhaufen, während der Rest des Universums (der Raum zwischen den Streifen) riesige Lücken oder Leerräume ergab. Dank des Lyman-Alpha-Walds und anderer Spektrallinien kann man diese Streifen nach und nach orten.

Wasserstoffgas kann Licht aber nicht nur absorbieren, sondern unter bestimmten Bedingungen auch emittieren, und zwar mit den gleichen Wellenlängen. Im Jahre 2001 erklärten Astronomen der Europäischen Südsternwarte, sie hätten anhand schwacher Lyman-Alpha-Emissionen einen dieser Streifen geortet. Mitten im stockdunklen intergalaktischen Raum hatten sie also das schwache Signal einer Gaswolke gefunden. Sogar die dunkelsten Objekte werden nun sichtbar.

Die Forscher erhaschen sogar schon einen ersten Blick in das dunkelste Zeitalter des Universums. Während der Rekombination, die rund 400 000 Jahre nach dem Urknall begann, wurden die Elektronen langsamer und banden sich an Wasserstoff- und Heliumkerne. Nachdem die ersten Sterne gezündet waren, wurde ein großer Teil ihres Lichts von Wasserstoffatomen absorbiert. Sobald aber ausreichend viele Sterne, Galaxien und Quasare entstanden waren, konnte das von all diesen Objekten ausgestrahlte Licht die Elektronen von den Atomen wieder wegschlagen, und die Wasserstoffwolken konnten danach kein Licht mehr absorbieren. Das war die Morgendämmerung nach dem dunklen Zeitalter des Universums. Daraufhin, rund 100 Millionen Jahre nach dem Urknall, setzte die Reionisierung ein.

Mitte 2001 gaben die Forscher des Sloan Digital Sky Survey bekannt, dass sie erste Hinweise auf die Reste der Wasserstoffwolken vom Ende des dunklen Zeitalters gefunden hatten. Das Spektrum des Lichts, das nur 900 Millionen Jahre nach dem Urknall von einem Quasar ausging, weist einen dunklen Bereich auf, der auf die Absorption durch eine Wasserstoffwolke hindeutet. Diese Wolke ist ein Überbleibsel aus der Zeit, als die Reionisierung fast abgeschlossen war. Je weiter entfernte Quasare man noch findet, desto weiter kann man in die Tiefe des dunklen Zeitalters zurückschauen und dunkle Materie in einem dunklen Universum erkennen.

Die Astronomen durchsuchen also nach und nach sämtliche Verstecke der dunklen Materie – der baryonischen wie der exotischen. Dabei stehen ihnen inzwischen viele verschiedene Hilfsmittel, Methoden und Beobachtungsobjekte zur Verfügung: Gravitationslinsen, Röntgenteleskope, WIMP-Fallen und Lyman-Alpha-Linien, aber auch die Spuren aus dem dunklen Zeitalter des Universums. Wenn nur ein Teil der Projekte erfolgreich verläuft, was sich bereits abzeichnet, dann wird klar werden, wo sich die dunkle Materie verbirgt, und die Geheimnisse um die Größe Ω_m werden gelüftet. Die Forscher werden dann das Unsichtbare ans Tageslicht bringen.

Doch das ist nur eine Hälfte des Rätsels, denn Ω beinhaltet zwei Komponenten: Masse, repräsentiert durch Ω_m, und Energie, repräsentiert durch Ω_Λ. Kosmologische Beobachtungen ergaben, dass Ω rund 35 Prozent der Materie und der Energie im Universum ausmacht; von diesen 35 Prozent entsprechen ein Siebtel (5 Prozent) der baryonischen und sechs Siebtel (30 Prozent) der exotischen dunklen Materie. Wenn die Bedeutung der Größe Ω_m geklärt ist, werden die Wissenschaftler angeben können, woraus diese 35 Prozent bestehen, wo sie sich befinden und wie sich verhalten.

Damit bliebe nur noch Größe Ω_Λ ungeklärt. Hierbei steht der Index Λ (Lambda) für die kosmologische Konstante, das Symbol für jene merkwürdige abstoßende Kraft, die das Universum auseinander treibt, und Ω_Λ ist ihr Beitrag zur gesamten Menge an Materie und Energie im Universum. Die Bedeutung der kosmologischen Konstante ist das aktuelle Dilemma der Kosmologen. Es trat zu Beginn der dritten kosmologischen Revolution auf, als Untersuchungen an den Supernovae zeigten, dass sich die Ausdehnung des Universums beschleunigt, anstatt langsamer zu werden. Die Wissenschaftler sind ratlos, aber auch hier besteht Hoffnung. Seltsamerweise scheint sich die Antwort im Vakuum zu verbergen, in der Leere des Raumes.

Anmerkungen

1 Dieses Gedicht ist ein bisschen irreführend, denn die Lichtteilchen, die Photonen, haben zwar einen Impuls, sind aber masselos. Aber die dichterische Freiheit soll zu ihrem Recht kommen.

2 Schwarze Löcher emittieren dennoch etwas, nämlich die so genannte Hawking-Strahlung. Diese Strahlung ist aber zu schwach, als dass man sie direkt nachweisen könnte. Eine andere Möglichkeit der Licht-»Emission« Schwarzer Löcher wird in der nächsten Anmerkung beschrieben.

3 Superschwere Schwarze Löcher wie Sgr A° sind nicht immer unsichtbar, weil sie sozusagen unsauber schlürfen. Während sie Materie und Energie absorbieren, stoßen sie einen Teil davon wieder aus, dessen helle Spuren im halben Universum sichtbar sind. Im Gegensatz dazu ist Sgr A° ungewöhnlich ruhig.

4 Zitiert in *The Mac Tutor History of Mathematics Archive*, im Internet beispielsweise zugänglich unter http://www-history.mcs.st-andrews.ac.uk/history/index.html.

5   Der Begriff *Quasar* wurde aus der Bezeichnung »*quas*i-stell*a*res Objekt« (sternähnliches Objekt) abgeleitet. Quasare sind sehr ferne, kleine und helle Strahlungsquellen. Heute nimmt man an, dass es Galaxien sind, die ein massereiches Schwarzes Loch im Zentrum aufweisen und von denen eine intensive Strahlung ausgeht.

6   Im Jahre 2002 bewilligte die US-amerikanische National Science Foundation 17 Millionen Dollar für ein Teleskop, das am Südpol errichtet wird. Bei ihm soll der Sunyaew-Zel'dovic-Effekt ausgenutzt werden, um Galaxien zu finden, die so lichtschwach oder fern sind, dass sie auf andere Weise nicht auszumachen sind. Außerdem soll mit ihm die Verteilung der Materie im Universum vermessen werden.

7   Beispielsweise erklärte diese Theorie recht gut die Rotationsgeschwindigkeiten von Zwerggalaxien.

8   Für die dunkle Materie kommen nicht nur WIMPs in Frage, sondern unter anderem auch das Axion, ein exotisches Teilchen, das nur mit einer Erweiterung des Standardmodells zu beschreiben ist. Die WIMPs gelten aber als klare Favoriten.

KAPITEL 12

Das tiefste Geheimnis der Physik
[Lambda, das Vakuum und die Inflationstheorie]

Ich glaube, dass dem Vakuum, dem Zustand, in dem sämtliche möglichen physikalischen Phänomene vorliegen – wenn auch nur auf virtuelle Weise –, der Preis der höchsten Komplexität gebührt.

Carlo Rubbia (Physiknobelpreisträger 1984)

Das Vakuum ist die komplexeste Substanz im Universum. In ihm finden sich sämtliche Teilchen und Kräfte, sogar solche, die den Wissenschaftlern noch unbekannt sind. Man glaubt heute, dass das Vakuum – die Leere im Raum oder gar in einer Vakuumapparatur – das neueste Geheimnis der Kosmologie in sich birgt: das Wesen der mysteriösen Größe Λ (Lambda). Dieses Λ, die dunkle Energie, beschreibt den der Gravitation entgegenwirkenden Einfluss, der das Universum flach macht und die Galaxien auseinander schiebt. Noch bis vor einem Jahrzehnt war Λ eine mathematische Absurdität. Heute steht sie für eine sehr reale Kraft, die den Kosmologen ganz wesentliche Rätsel aufgibt.

Dass die Größe Λ mathematisch in keiner Weise zu begründen war, erschwerte natürlich ungemein ihr Verständnis. Doch innerhalb weniger Jahre hat diese dunkle Energie den Kosmologen neue Erkenntnisse über das Universum beschert. Wenn die Forscher das Wesen von Λ ergründet haben, ist das tiefste Geheimnis der heutigen Physik gelöst. Dann wird man nicht nur die dunkle Energie verstehen, sondern auch die physikalischen Vorgänge, die den Urknall antrieben. Dann wird man sogar noch hinter die Ära des Quark-Gluon-Plasmas zurückschauen können, auf einen Zeitpunkt, der ein Milliardstel eines Billionstels eines Billionstels einer Sekunde nach dem Urknall lag, als das Quantenvakuum das Schicksal des Universums in den Händen hielt.

Es erscheint als ein Widerspruch, das Vakuum als die komplexeste Substanz im Universum zu bezeichnen; schließlich ist es ja durch die Abwesenheit von jeglicher Substanz definiert, also als ein Volumen, in dem sich überhaupt nichts befindet. Doch in den 1930er Jahren entdeckten die Quantenphysiker zu ihrer großen Überraschung, dass das Vakuum in Wahrheit gar nicht leer ist. Es brodelt vor Aktivität und ist sozusagen randvoll mit Teilchen und Energie angefüllt.

Diese seltsame Vorstellung rührt von einer zentralen Aussage der Quantenmechanik her, der Heisenberg'schen Unschärferelation. Mitte der 1920er Jahre formulierte der deutsche Physiker Werner Heisenberg die Gleichungen, die das Verhalten und die Eigenschaften der subatomaren Welt beschreiben. Aus diesen damals neuen Gesetzen der Quantenmechanik ergab sich eine schockierende Konsequenz, die nicht einmal Heisenberg selbst erwartet hatte. Es gibt in der Quantenwelt Dinge, die sich nicht eindeutig klären lassen. Wie sehr sich die Wissenschaftler auch bemühen, sie bleiben unbestimmt. Genauer gesagt: Es gibt einen Zusammenhang zwischen gewissen Eigenschaften eines Teilchens, beispielsweise zwischen seiner Position im Raum und seinem Impuls (seinem »Schwung«). Die Unschärferelation besagt: Je genauer man den Impuls eines Teilchens kennt, desto größer ist die Unsicherheit, mit der man seine Position angeben kann. Das Umgekehrte gilt ebenfalls: Je präziser die Position des Teilchens bekannt ist, desto weniger weiß man über den Wert des Impulses. Etwas mehr Information über die eine Größe »vernichtet« also etwas an Information über die andere Größe.

Dass zwei Eigenschaften auf diese Weise miteinander verknüpft sind, lässt sich an einem Klumpen Knetmasse grob veranschaulichen. Wenn man ihn flach drückt, dann weicht ein Teil der Masse zur Seite aus. Nun ist zwar die senkrechte Position eines Moleküls der Knetmasse mit einer geringeren Unsicherheit bekannt, aber seine waagerechte Position wegen der Verbreiterung weniger genau.

Die Heisenberg'sche Unschärferelation wird meist anhand von Messvorgängen beschrieben. Wenn man ein Elektron an einer bestimmten Stelle sehen will, muss man es beleuchten, also wenigstens ein Lichtteilchen (Photon) darauf schießen. Dabei nimmt das Elektron eine unbekannte Impulsmenge auf, so dass sein Impuls nach der Messung weniger genau bekannt ist als zuvor. Doch die Unschärferelation geht noch viel tiefer; sie wirkt sich sogar dann aus, wenn man gar nichts misst. Sie ist ein fundamentales Gesetz, dem alle Vorgänge im Universum unterliegen, ob wir ein subatomares Teilchen gerade beobachten oder nicht. Die Natur ist an ihre Gesetzmäßigkeiten gebunden, auch an diese.

Zum Verstehen des Quantenvakuums sind zwei Paare von Eigenschaften besonders wichtig, die gemäß der Heisenberg'schen Unbestimmtheitsrelation jeweils miteinander verknüpft sind. Das eine Paar, der Impuls und die Position, wurde eben beschrieben. Das andere Paar sind die Energie und die Zeit: Je genauer wir die Energie kennen, die ein Teilchen hat, desto weniger wissen wir darüber, zu welchem Zeitpunkt es diese Energiemenge besitzt oder besaß. Diese Verknüpfungen von Unbestimmtheiten haben eine sehr seltsame Konsequenz. Sie füllen das Vakuum mit unendlich vielen flüchtigen Teilchen, die für kurze Zeit entstehen und sofort wieder verschwinden.

Stellen wir uns eine ganz winzige, vollständig geleerte Kammer vor. Da sie so klein ist, hat alles, was doch in ihr ist, eine ziemlich genau bekannte Position. Doch diese Gewissheit über die Position bedeutet, dass wir den Impuls des Kammerinhalts nicht genau angeben können. Befände sich wirklich gar nichts in der Kammer, wäre der Impuls des Inhalts gleich null; »kein Teilchen« hat natürlich »keinen Impuls«. Aber zu wissen, dass der Inhalt der Kammer den Impuls null hat, bedeutet ja nichts anderes, als dass der Impuls *genau bekannt* ist. Das widerspricht nun der Heisenberg'schen Unschärferelation, weil wir ja schon die Position recht genau kennen. Also können wir nicht wissen, was sich in der Kammer befindet! (Wir wissen nur, dass es nicht »Nichts« sein kann.) Das wird auch anhand der Verknüpfung von Energie und Zeit deutlich. In winzig kleinen Zeitintervallen wechseln die Teilchen immer wieder zwischen Existenz und Nichtexistenz. Daher können wir zu irgendeinem bestimmten Zeitpunkt nicht wissen, wie viel Energie in der Kammer vorhanden ist. Es ist eine erschreckende Vorstellung, dass die subatomare Welt ständig von Teilchen brodelt, die aus dem Nichts auftauchen und prompt wieder verschwinden. Aber es ist so; gemäß der Unschärferelation ist die Natur gezwungen, diese Teilchen ständig zu erzeugen und wieder zu zerstören – an allen Punkten im Raum, sogar im tiefsten Vakuum. Je kleiner die Kammer ist, desto gravierender ist das Problem, denn desto weniger können wir über den Impuls in der Kammer wissen, obwohl Vakuum in ihr herrscht.

Den Quantenphysikern blieb einzig und allein die Folgerung, dass das Vakuum nicht wirklich leer ist. Es brodelt von Teilchen und Energie. Je kleiner die Kammer ist, desto höher ist der Impuls der erscheinenden und verschwindenden Teilchen. Dank der Verknüpfung zwischen Energie und Zeit haben sie dabei mehr Energie (und sind massereicher) und bestehen für eine kürzere Zeitspanne. Bei etwas größeren Abmessungen wechseln also leichte Teilchen wie Elektronen und Antielektronen ständig zwischen Existenz und Nichtexistenz, doch bei kleineren Abmessungen werden schwerere Teilchen wie Myonen und Tauonen (und noch unentdeckte, massereiche Teilchen wie WIMPs und andere Sparticles) immer wichtiger.[1]

Das alles ist nicht einfach der Fantasie der Physiker entsprungen. Man konnte schon beobachten, wie solche flüchtigen Teilchen ihren Impuls auf Metallplättchen übertragen. Im Jahre 1996 konnte Steven Lamoreaux, der damals am Los Alamos National Laboratory arbeitete, diesen Impuls sogar messen. Er beruht auf dem Casimir-Effekt, benannt nach dem holländischen Physiker Hendrik Casimir, der ihn vorhergesagt hatte. Die bei Lamoreaux' Experiment durch die flüchtigen Teilchen ausgeübte Kraft war unvorstellbar schwach – etwa 30 000-mal kleiner als das Gewicht einer Ameise –, konnte aber eindeutig nachgewiesen werden. Das gelang seitdem auch anderen Physikern, die dabei unterschiedliche Vorrichtungen verwendeten. Das Vakuum ist tatsächlich von Teilchen und Energie erfüllt.

Diese *Nullpunktsenergie* des brodelnden Quantenvakuums beeinflusst auch die Wechselwirkungen zwischen Teilchen. Wenn man die bei irgendeiner Wechselwirkung entscheidenden Größen berechnet, muss man auch den Einfluss der unzähligen Teilchen berücksichtigen, die im Vakuum ständig entstehen und wieder verschwinden. Obwohl die Anzahl möglicher Wechselwirkungen – ebenso wie die Energie im Vakuum – technisch gesehen nahezu unbegrenzt ist, darf man fast alle Wechselwirkungen, außer den heftigsten, vernachlässigen, ohne dass die Ergebnisse zu ungenau werden.[2] Wenn jedoch irgendwelche Teilchen in jenen Berechnungen fehlen, beispielsweise ein noch nicht entdecktes supersymmetrisches Teilchen, so ergeben sich Diskrepanzen. Das Ergebnis eines sehr präzisen Experiments kann dann den theoretisch berechneten Werten widersprechen. Deshalb werden die Forscher aufmerksam, wenn ein sorgfältig durchgeführtes Experiment – wie die Zählung von Tauonen am CERN oder die Messung des magnetischen Moments am Brookhaven National Laboratory – unerwartete Werte liefert. Das kann auf ein nicht berücksichtigtes Teilchen hindeuten. Dieses müsste ebenfalls im Vakuum umherschweben, weil sich im Vakuum alles befinden kann.

Die »Leere«, das Vakuum, ist also eine unglaublich komplexe Substanz, und wir fangen erst an, ihre Eigenschaften zu verstehen. Das ist nötiger denn je, denn man vermutet, dass die Energie des Vakuums, die überall im Kosmos vorhandene Nullpunktsenergie, das Universum auseinander treibt.

Die Entdeckung dieser seltsamen Antigravitationswirkung hat die Kosmologie erneut in Verwirrung gestürzt, wie schon in den 1920er Jahren. Seinerzeit hatte sich Einstein mit der Vorstellung auseinander gesetzt, dass das Universum instabil ist. Um diesem Dilemma zu entgehen, fügte er in seine Gleichungen die kosmologische Konstante Λ ein. Sie sollte eine der Gravitation entgegengesetzte Aktion beschreiben. Ähnlich wie der nach außen wirkende Druck der Kernfusionsenergie in der Sonne der Schwerkraft entgegenwirkt, wirkt der ebenfalls nach außen gerichtete Druck, der durch Λ beschrieben wird, den anziehenden Kräften zwischen Galaxien und Galaxienhaufen entgegen, so dass im Universum ein stabiles Gleichgewicht herrscht. Es gab keine experimentelle Bestätigung für die Größe Λ und auch keinen Hinweis darauf, dass so etwas wie eine Antigravitationskraft überhaupt vorliegt. Daher nahm Einstein seinen Ansatz sofort zurück, als Hubble die Ausdehnung des Universums entdeckt hatte. Später sprach Einstein von »der größten Eselei« in seiner Laufbahn. Sieben Jahrzehnte lang zählte Λ zu den überholten, widerlegten Konzepten. Die Größe Λ passte nicht in die Vorstellungen der Kosmologen davon, wie das Universum beschaffen ist.

Doch im Jahre 1998 veränderte sich die Situation dramatisch. Die Supernova-Jäger entdeckten nämlich, dass sich die Ausdehnung des Universums beschleunigt, anstatt langsamer zu werden. Obwohl niemand vermutet hatte, dass der gegenseitigen Anziehung der Galaxienhaufen eine Antigravitationskraft entgegenwirkt, war offenbar doch etwas Ähnliches am Werk. Das war etwa so, als würde ein vom Erdboden aus hochgeschossener Fußball auf Grund einer unbekannten Kraft immer schneller hochsteigen, während alle Welt erwartet, dass er irgendwann wieder herunterfällt. Alle Befunde – über die kosmische Hintergrundstrahlung, die Nukleosynthese, die Galaxienverteilung und die Supernovae – untermauerten die bizarre Schlussfolgerung, dass eine geheimnisvolle Antigravitationskraft, dunkle Energie genannt, ungefähr 65 Prozent des Materie- und Energieinhalts des Universums ausmachen muss. Die Größe Λ war mit einem Paukenschlag auf die Bühne der Forschung zurückgekehrt. Aber wie sollte diese dunkle Energie beschaffen sein? Die Antwort darauf müsste sich im Quantenvakuum finden lassen.

Die Erforschung der dunklen Energie steht noch sehr am Anfang. Man kennt noch nicht einmal ihre wichtigsten Eigenschaften. So weiß man nicht, ob sie während der bisherigen Existenz des Universums stets gleich hoch war – also ob die kosmologische Konstante wirklich konstant ist – oder nicht. (Nach einem gängigen Modell ist die kosmologische Konstante zeitlich veränderlich; dieser Ansatz erfordert allerdings eine neue Art von Teilchen oder Feld im Universum, die *Quintessenz*, benannt nach dem in der Antike vermuteten fünften Element neben Erde, Wasser, Luft und Feuer.) Es ist also noch unklar, ob der Anteil der dunklen Energie stets gleich blieb oder ob er sich veränderte; ebenso ist die Ursache der kosmologischen Konstante

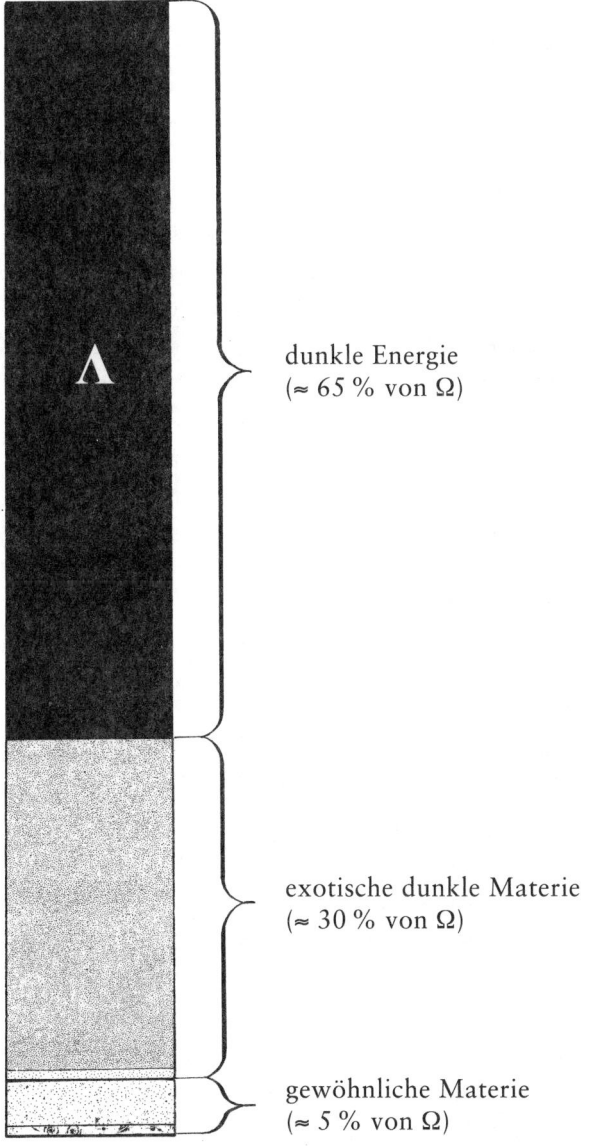

Dunkle Energie, exotische dunkle Materie und gewöhnliche Materie

beziehungsweise die Quelle der Quintessenz noch ungeklärt. Ein sehr aussichtsreicher Kandidat für die Quelle der dunklen Energie ist die im Vakuum latent vorhandene Energie.[3] Wenn die Teilchen, die ständig entstehen und wieder verschwinden, einen Druck ausüben, der sogar kleine Metallplättchen bewegen kann, sollte man annehmen, dass sie auch Galaxienhaufen abstoßen. Die Physiker konnten aber noch keinen Mechanismus beschreiben, der einer solchen Wirkung zu Grunde liegen könnte. Die Berechnungen mit dem Standardmodell deuten sogar darauf hin, dass die Vakuumenergie so groß ist, dass Galaxien mit viel höheren Geschwindigkeiten auseinander getrieben werden, als astronomische Beobachtungen ergaben. Es findet sich also zumindest nach dem Standardmodell *viel* zu viel Energie im Vakuum, um die Größe Λ plausibel zu machen.[4] Dennoch hoffen die Physiker, das Standardmodell so verfeinern zu können, dass es die Vorgänge im Vakuum besser beschreibt und die Diskrepanzen erklärt.

Jahrelang haben die Physiker versucht, mit Erweiterungen des Standardmodells die starke Kraft, die elektroschwache Kraft und die Gravitationskraft zu vereinheitlichen. Die vielversprechendste dieser Theorien ist die M-Theorie.[5] Sie beruht auf der Supersymmetrie; wenn sie also zutrifft, muss auch eine Version der Supersymmetrie richtig sein. In diesem Fall würde die M-Theorie die Kräfte in der Natur bei unglaublich hohen Energien, in ungeheuer kleinen Volumina und innerhalb überaus kurzer Zeitintervalle erklären. Anders ausgedrückt: Die M-Theorie würde die Prozesse erklären, die dem Vakuum seine Energie verleihen. Aber nicht nur bei diesen Prozessen sind hohe Temperatur, winzige Volumina und kurzlebige Teilchen beteiligt. Auch beim Urknall waren sie es. Wird das Rätsel des Vakuums gelöst, so wird uns wohl ein direkter Blick auf die Physik des Urknalls gewährt, aber auch auf die Periode, die ihm fast unmittelbar folgte: die Inflation.

Die Vorstellung der Inflation ist ein wichtiger Teil der modernen Urknalltheorie. Man nimmt an, dass sich das Universum – vor der Bildung von Wasserstoff- und Heliumkernen, sogar vor der Kondensation von Protonen und Neutronen aus dem Quark-Gluon-Plasma – in einem einzigen Moment mit enormer Geschwindigkeit ausdehnte. Die Inflation wirft zwar Fragen auf – ihre Deutung erfordert neuartige physikalische Ansätze –, löst aber zwei der Hauptprobleme hinsichtlich der Natur des Universums: das Horizontproblem und das Flachheitsproblem.

Wir sind den Wirkungen des Horizontproblems schon in Kapitel 5 begegnet, als wir die kosmische Hintergrundstrahlung besprochen haben. Es rührt daher, dass zwischen dem Urknall und der Ära der Rekombination nur rund 400 000 Jahre vergingen. Weil sich Information mit Lichtgeschwindigkeit ausbreitet, konnte irgendein herausgegriffenes Wasserstoffatom in dieser Zeit nur den Einfluss – durch Gravitation oder durch Strahlung – derjenigen anderen Atome spüren, die höchstens 400 000 Lichtjahre von ihm entfernt waren. Nach dem Ende der Rekombination kann ein Atom daher nicht mit Atomen »kausal verknüpft« sein, die zu diesem Zeitpunkt über 400 000 Lichtjahre weit entfernt waren. Bereiche mit dieser Ausdehnung sind die größten kausal zusammenhängenden Gebiete im frühen Universum, also auch die größten Bereiche, die unter ihrer eigenen Schwerkraft zusammenfallen. Dies führte zu einer bestimmten Maximalgröße der heißen Stellen in der kosmischen Hintergrundstrahlung. Aber wir wissen auch, dass die kosmische Hintergrundstrahlung am gesamten Himmel einer Temperatur von 2,7 Kelvin entspricht, mit einer Abweichung von nur einigen Millionsteln Kelvin. Wie kann eine so bemerkenswerte Ähnlichkeit unter allen Bereichen vorliegen, wenn sie kausal nicht miteinander verknüpft sind?

Stellen wir uns dazu Folgendes vor: Jedes Mal, wenn Captain Kirk mit seiner *Enterprise* eine zuvor unbekannte außerirdische Zivilisation entdeckt, tragen deren Lebewesen, die in sein Raumschiff gebeamt wurden, stets einen grünen Rollkragenpullover und eine rote Hose. Wohin er auch im Universum kommt – jedes Mal dasselbe Outfit: grüner Rollkragenpullover und rote Hose, obwohl die Zivilisationen voneinander isoliert gelebt hatten, ohne jede Kommunikation mit den Nachbarn. Das kann kein Zufall sein, sondern es muss ein bestimmter Grund dafür vorliegen, dass die außerirdischen Zivilisationen die gleiche Mode tragen. Vielleicht kamen sie alle vor Jahrmillionen vom selben Heimatplaneten; aber das würde wohl kaum erklären, dass sie nach so langer Zeit, die sie völlig unabhängig voneinander verbrachten, noch immer dieselbe Kleiderordnung haben. Diese Vorstellung ist eine Analogie zum Horizontproblem: Wie können sich Bereiche im Himmel, die kausal nicht zusammenhängen, auf die gleiche Weise entwickeln? Wie können sie dieselben Temperaturen, Druckverhältnisse und Dichten aufweisen und überhaupt gleich aussehen, obwohl sie einander nicht beeinflussen konnten? Die unglaubliche Gleichförmigkeit des Himmels schien nicht plausibel, und die Wissenschaftler konnten sie nicht erklären.

Auch das andere mit der Urknalltheorie zusammenhängende Problem, das der Flachheit, haben wir – indirekt – schon gestreift. Lange Zeit hielt man das Universum für beinahe flach. Es war nicht genau bekannt, wie flach es ist, aber es musste ziemlich flach sein, weil man keine offensichtlichen Verzerrungen der Raumzeit auf Grund einer Krümmung fand. Allerdings ist es äußerst unwahrscheinlich, dass das Universum eine praktisch flache Form hat. Auch heute, da wir sicher sind, dass es fast völlig flach ist, ist die Wahrscheinlichkeit dafür sogar verschwindend gering. Wäre das Universum »zufällig« geschlossen, dann müsste es zur Explosion neigen, würde also in weniger als einem Billionstel eines Billionstels einer Sekunde vergehen. Ein »zufällig« offenes Universum dagegen hätte sehr wenig Materie; alles würde sehr schnell auseinander fliegen, und das Universum wäre eher gekrümmt wie eine Sattelmulde als so gut wie flach. Ein beinahe flaches Universum wäre ein ebenso unwahrscheinliches Ereignis, als wenn sich ein Affe an eine Schreibmaschine setzte und auf Anhieb die *Buddenbrooks* eintippte.

Das Flachheits- und das Horizontproblem verursachten den Kosmologen heftige Bauchschmerzen. Obwohl die Urknalltheorie einige Merkmale des Universums verständlich machte (darunter die Existenz der kosmischen Hintergrundstrahlung), konnte sie diese kosmischen Zufälle überhaupt nicht erklären.

Im Jahr 1980 versuchte der Physiker Alan Guth von der Stanford University, beide Probleme mit einer einzigen Theorie zu lösen, der Inflationstheorie. Nach ihr machte das Universum innerhalb einer äußerst kurzen Zeitspanne eine ungeheuer schnelle Ausdehnung durch. Seine Größe verdoppelte sich wieder und wieder; die Inflations- beziehungsweise Aufblähungsgeschwindigkeit war so groß, dass das Gewebe der Raumzeit noch schneller als mit Lichtgeschwindigkeit auseinander getrieben wurde.[6] Ausgehend von einem Bruchteil der Größe eines Neutrons, blähte es sich im Nu zu seiner sichtbaren Ausdehnung auf. Die rasante Inflation wurde jedoch nicht beibehalten, sondern endete bereits nach ungefähr 10^{-32} Sekunden. Diese drastische Ausdehnung, so schnell sie auch endete, hatte zwei wichtige Konsequenzen.

Zum einen löst die Inflationstheorie das Horizontproblem. Unmittelbar nach dem Urknall konnte sich im winzig kleinen Universum alles gegenseitig beeinflussen; die gesamte Energie im Universum vermochte sich daher ziemlich gleichmäßig auszubreiten. Im ersten Augenblick der Entstehung war alles im Kosmos kausal verknüpft. Durch die Inflation expandierte die Raumzeit dann so rasant, dass die einzelnen Bereiche mit Überlichtgeschwindigkeit voneinander weg geschleudert wurden. Nach dem Ende der Inflation waren diese Bereiche so weit voneinander getrennt, dass sie offenbar keinen kausalen Zusammenhang mehr haben konnten. Weil sie aber vor der Inflation kausal verknüpft gewesen waren, ist es kein Zufall, dass sie ähnlich aussehen. Allerdings geht ihre Ähnlichkeit nicht allzu weit. Gemäß der Heisenberg'schen Unschärferelation mussten winzige Quantenfluktuationen vorliegen, die jedes Gebiet störten. Nach der Inflation entwickelten sich die einzelnen, jetzt nicht mehr kausal verknüpften Bereiche – durch jene Fluktuationen schon leicht verändert – unabhängig voneinander. Nun führten die Unterschiede in der Verteilung von Masse und Energie zu den heißen und den kalten Stellen in der kosmischen Hintergrundstrahlung. Gemäß der Inflationstheorie müssen diese Fluktuationen oder Schwingungen maßstabsinvariant sein.[7] Das hatten auch andere Theorien über die kosmische Hintergrundstrahlung schon vorausgesagt, und es wurde durch neuere Messungen dieser Strahlung sowie der Verteilungen von Galaxienhaufen bestätigt.

Zum anderen löst die Inflationstheorie das Flachheitsproblem. Unabhängig davon, welche Form das Universum anfangs hatte, blies die Inflation es so auf, dass seine Oberfläche zunächst glatt und dann immer weniger stark gekrümmt wurde. Das können wir mit einem Luftballon vergleichen. Wenn er leer ist, ist er schrumpelig; aber beim Aufblasen wird er zunächst glatt, und seine Oberfläche hat dann eine immer geringere Krümmung. Eine schnelle und drastische Inflation hätte dem Universum also eine so geringe Krümmung verliehen, dass die Astronomen sie fast nicht nachweisen könnten. Mit der Guth'schen Inflationstheorie ließ sich ein flaches Universum erklären, ohne dass man irgendeinen kosmischen Zufall bemühen musste. Wodurch aber wurde diese dramatische Inflation bewirkt, und wie konnte sie plötzlich aufhören? Wie es scheint, liegt auch hier die Antwort im Vakuum.

Dank der Nullpunktsenergie und weil die Teilchen ständig entstehen und vergehen, weist auch das Vakuum so etwas wie einen »Druck« auf. Wäre die Nullpunktsenergie im Vakuum des frühen Universums größer gewesen, als sie es in einem heute erzeugten Vakuum ist, dann wäre sein Druck sehr, sehr viel größer gewesen als der heutige. Diese so viel höhere Energie des Vakuums hätte eine Ausdehnung in alle Richtungen bewirkt und hätte das Gewebe der Raumzeit mit enormer Geschwindigkeit gedehnt. Außerdem wäre das Universum glatter und weniger »körnig« geworden. Dieser energiereichere Zustand des frühen, ursprünglichen Vakuums, das man *unechtes* Vakuum nennt, hätte es allerdings instabil gemacht. In weniger als einem Millionstel eines Millionstels eines Millionstels eines Millionstels einer Sekunde wäre es verschwunden. Es wäre, ähnlich wie Dampf zu Wasser, kondensiert und hätte sich in das »echte«, heutige Vakuum verwandelt, das weniger Nullpunktsenergie und einen viel geringeren Druck aufweist. Das Supervakuum wäre zu dem Vakuum geworden, das wir heute vorfinden.

Der Übergang vom unechten Vakuum zum echten Vakuum wäre heftig und abrupt verlaufen und hätte eine enorme Energiemenge freigesetzt. Sobald an irgendeinem Punkt im Raum der Übergang einsetzte, hätte sich eine gewaltige kugelförmige Druckwelle mit Lichtgeschwindigkeit in alle Richtungen ausgebreitet. In der riesigen Blase, die von einer solchen Druckwelle erzeugt wird, kondensiert das unechte zum echten Vakuum. Unser Universum, wie wir es wahrnehmen, ruht – mit seinem echten Vakuum – vermutlich in einer solchen Blase (oder in mehreren Blasen, die sich ausdehnen und dabei ineinander laufen). Vielleicht gibt es auch weitere Blasen-Universen, die unseren Teleskopen und anderen Instrumenten verborgen bleiben und von unserem Blasen-Universum durch eine Mauer aus unechtem Vakuum getrennt sind.[8]

Die Inflationstheorie ist verwirrend, aber ihre Gleichungen sind konsistent, und sie löst das Horizont- und das Flachheitsproblem. Wir können sogar die Kraft, die die Inflation bewirkte, mit der vor kurzem entdeckten dunklen Energie verknüpfen, die das Universum durchsetzt. Womöglich war die Kraft, die die Galaxien sachte voneinander wegschiebt, in der Vergangenheit stärker. Die seltsamen Eigenschaften der Größe Λ lassen die Inflationstheorie vernünftig erscheinen. Dasselbe gilt für die kosmische Hintergrundstrahlung.

Seit 1980 wurden mehrere Alternativen zur Inflationstheorie vorgeschlagen. Die vielversprechendsten Ansätze gingen von *topologischen Defekten* aus, also von Unregelmäßigkeiten in der Raumzeit, die von so merkwürdigen Dingen wie kosmischen Strings oder magnetischen Monopolen verursacht sein sollten. Obwohl diese topologischen Defekte sich im Einzelnen unterschieden, sollten sie doch praktisch dieselbe Auswirkung haben und erklären, auf welche Weise das frühe Universum seine heutige Struktur hervorbrachte. Aber es gibt einen wesentlichen Unterschied. Topologische Defekte sollten ein anderes Spektrum der kosmischen Hintergrundstrahlung hervorbringen, als es nach der Inflationstheorie zu erwarten ist.

Nach der Inflationstheorie blähten sich sämtliche Ansammlungen von Materie und Energie schnell auf, und die Quantenfluktuationen

des Vakuums – winzige Unregelmäßigkeiten in der Verteilung dieser
Energie – dehnten sich mit der Raumzeit aus, um große Fluktuationen zu bilden. Nach dem Abschluss der Inflation zogen sich sämtliche Fluktuationen gleichzeitig zusammen. Damit begannen die akustischen Oszillationen im ursprünglichen Universum. Weil sich alle
diese Bereiche zur selben Zeit kontrahierten, erreichten die ein Win-
kelgrad großen heißen Stellen ihr Temperaturmaximum alle gleichzeitig; ihre Phasen waren miteinander verknüpft, obwohl zwischen
ihnen keine Kommunikation möglich war. Aus diesem Grund weist
das Spektrum der akustischen Oszillationen ein Muster aus Bergen
und Tälern mit zahlreichen schmalen Maxima und Minima auf.
Wenn man jedoch topologische Defekte annimmt, sollten die Fluktuationen nicht im Gleichschritt marschieren, so dass einige der Ein-
Grad-Strukturen ihre Maximaltemperatur dort erreichen, wo andere
ihre Minimaltemperatur aufweisen. Das ergäbe im Spektrum ein breit
verschmiertes Maximum anstatt mehrerer schmaler Maxima. Die
ersten Ergebnisse der Boomerang-Messungen waren das Totenglöck-
chen der topologischen Modelle.

Die kosmische Hintergrundstrahlung ist nur ein Schnappschuss,
aufgenommen 400 000 Jahre nach dem Ende der Inflation; dennoch
gibt sie Aufschluss über die allerersten Augenblicke nach dem Urknall. Nach der Widerlegung der topologischen Defekte schien die
Inflationstheorie ein Jahr lang das Feld zu beherrschen. Dann, im
Jahre 2001, entwarf das Team um den Kosmologen Paul Steinhardt
an der Princeton University ein neues Szenario, das ebenso viele Sach-
verhalte erklärte wie die Inflationstheorie, darunter das Horizont-
und das Flachheitsproblem, aber von ganz anderen Voraussetzungen
ausging. Statt eines Urknalls nahm Steinhardt an, das Universum
sei durch einen *Big Splat*, einen »Großen Platsch« oder »Großen
Schwall« entstanden. Damit hat das Universum keinen »Anfang«
(und auch kein Ende) wie das Urknallmodell, sondern es entsteht
immer wieder neu.

Auf den ersten Blick erscheint das neue Modell, das auf der M-
Theorie aufbaut, recht surreal. In ihm werden elf Dimensionen ange-

setzt, von denen sechs aufgerollt sind und problemlos ignoriert werden können. Im effektiv fünfdimensionalen Raum schweben zwei vollkommen flache vierdimensionale Membranen, vergleichbar mit Laken, die an parallelen Wäscheleinen hängen. Eine dieser Membranen ist unser Universum, und die andere ist ein »verborgenes« Paralleluniversum. Nach der neuesten Version dieser Theorie schwebt unser unsichtbarer Begleiter langsam auf unser Universum zu. Dabei wird er flach – obwohl die Quantenfluktuationen seine Oberfläche ein wenig kräuseln – und beschleunigt sachte zu unserer Membran hin. Die Membran wird also schneller und klatscht gegen unser Universum, woraufhin ein Teil der Stoßenergie zu der Energie und Materie wird, die unseren Kosmos ausmacht. Weil beide Membranen annähernd flach sind, bleibt unser Universum auch nach dem Zusammenstoß ziemlich flach. »Flach plus flach ist gleich flach«, meint Steinhardt.

Weil die Membran so langsam schwebt, hat sie die Möglichkeit, einen Gleichgewichtszustand zu erreichen. Dann hat ihre Oberfläche überall mehr oder weniger dieselben Eigenschaften, nur die Quantenfluktuationen rufen einige Unregelmäßigkeiten hervor. Das erklärt, warum unser Universum in jeder Richtung ungefähr gleich (wenn auch nicht genau gleich) aussieht. Die langsame Bewegung der Membran löst das Horizontproblem. Die Inflationstheorie löst das Horizont- und das Flachheitsproblem durch die Annahme eines schnellen, gewaltsamen Prozesses. Dagegen wirkt, wie Steinhardt erklärt, »dieses Modell auf völlig andere Weise: langsam, aber über einen langen Zeitraum hinweg«. Es hat außerdem den Vorteil, dass es keine rätselhafte Singularität (Einzigartigkeit) am Anfang des Universums erfordert. Statt in einem plötzlichen, ungeheuer kurzen Urknall entsteht das Universum in einem ausgedehnten »Platsch« (*Big Splat*). Für spätere Beobachter wären Urknall und *Big Splat* kaum zu unterscheiden, denn der *Big Splat* bringt dasselbe Ergebnis hervor wie der von der Inflation gefolgte Urknall. Ab 10^{-32} Sekunden nach dem Beginn sähe also alles fast gleich aus, und es folgten die Bildung von Protonen und Neutronen, die Entstehung von Wasserstoff- und

Heliumkernen sowie die Rekombination, die die kosmische Hintergrundstrahlung freisetzte.

Obwohl diese Vorstellung sehr neu und von der wissenschaftlichen Gemeinde sozusagen noch nicht recht verdaut ist, spricht sie viele Forscher an. Sie verknüpft ja den Anfang des Universums mit den immer überzeugenderen Ansätzen, die der M-Theorie zu Grunde liegen. Nach Meinung von David Spergel, Physiker an der Princeton University, ist das »die erste wirklich faszinierende Verknüpfung zwischen M-Theorie und Kosmologie. Dies ist eine Art Ur-Urknall.« Die Big-Splat-Theorie zeigt, dass die Hauptideen der M-Theorie ein konsistentes Bild des Universums ergeben können, das den Kosmos ebenso gut erklärt wie die Inflationstheorie. Wenn dieses neue Modell zutrifft, kann es dennoch einige hässliche Konsequenzen haben.

Die Benennung *ekpyrotisch* für dieses Szenario wurde, wie Steinhardt erklärt, von der Bezeichnung der stoischen Philosophie für ein Universum abgeleitet, das immer wieder durch Feuer verzehrt wird. Diese Namensgebung leuchtet ein, weil die unsichtbare, schwebende Membran in jedem Augenblick auf unser Universum stürzen kann. Laut Steinhardt haben wir die Anzeichen des bevorstehenden Schicksals möglicherweise schon gesehen. »Vielleicht ist die beschleunigte Ausdehnung des Universums ein Vorbote eines solchen Zusammenpralls«, sagt er, »das ist kein angenehmer Gedanke.«

Derzeit sind die Inflationstheorie und das ekpyrotische Szenario zwei brauchbare Modelle, den Anfang des Universums zu beschreiben. Das zutreffende Modell wird unser Verständnis der ersten winzigsten Sekundenbruchteile nach dem Urknall – vielleicht sogar der Zeitspanne davor – vertiefen. Aber um zu entscheiden, welche Vorstellung richtig ist, müssen die Forscher die wirklich allerersten Augenblicke des Universums näher untersuchen; sie müssen hinter die uns umgebenden Mauern aus Feuer blicken und aufklären, was in den ersten Momenten nach dem Urknall geschah. Das ist eine gewaltige Aufgabe, aber die dazu nötigen Instrumente wurden schon gebaut. Sie empfangen bereits Signale, die vom Anfang des Universums herrühren. Sie suchen nach Kräuselungen in der Zeit.

Anmerkungen

1 Dieses Prinzip erklärt zum Teil, warum massereichere Teilchen eher
   weniger stabil sind. Die Verknüpfung zwischen Energie und Zeit bedeutet, dass energiereiche Phänomene (wie massereichere Teilchen) eher
   in kürzeren Intervallen erscheinen. Auch deshalb braucht man bei der
   Klärung der physikalischen Vorgänge, die sich in immer kleineren Abmessungen vollziehen, immer stärkere Teilchenbeschleuniger. Je mehr
   Energie die Teilchen haben können, desto weniger genau kennt man ihre
   momentane Energie und desto eher kann man sie innerhalb geringerer
   Abmessungen beobachten. Wenn man die Abmessung klein genug (und
   den Energiebereich groß genug) machen kann, sollten supersymmetrische Teilchen und andere noch nicht entdeckte Phänomene erkennbar
   werden.

2 Die Methode, diese Unendlichkeit einzubeziehen, nennt man Renormierung. Bei der Quantenelektrodynamik war sie Teil der Arbeiten, die
   Richard Feynman, Julian Schwinger und Sin-Itiro Tomonaga im Jahre
   1965 den Nobelpreis einbrachten. Ein Jahrzehnt später entwickelten Gerardus 't Hooft und Martin J. G. Veltman ein Verfahren, die elektroschwachen Kräfte zu renormieren; aber es führte erst zum Erfolg, als sie
   ein damals noch nicht entdecktes *Top*-Quark in die Rechnungen einführ-
   ten. Dieses konnte 1995 gefunden werden. 't Hooft und Veltman erhielten für ihre so eindrucksvoll bestätigte Theorie der elektroschwachen
   Wechselwirkungen 1999 den Nobelpreis.

3 Ein anderer Hauptkandidat ist das rätselhafte Teilchen der Quintessenz,
   das eine abstoßende Kraft ausübt. Bei diesem Modell ist die dunkle Energie der Quintessenz nicht die Vakuumenergie. Aber die Quintessenz-Mo-
   delle werfen mindestens ebenso viele Probleme auf wie die Vorstellungen, die auf der kosmologischen Konstante beruhen und nach denen die
   Vakuumenergie als Quelle der dunklen Energie gilt.

4 Und um wie viel ist die Energie zu hoch? Um bis zu 120 Größenordnungen. (Zum Vergleich: Der Unterschied zwischen den Zahlen 1 und 1000
   macht gerade drei Größenordnungen beziehungsweise Zehnerpotenzen
   aus.) Das ist schier unvorstellbar; schließlich liegen zwischen der Masse
   eines einzelnen Atoms und der Masse sämtlicher Atome im Universum
   weniger als 120 Größenordnungen.

5 Die M-Theorie ist die Erweiterung der bekannteren Superstring-Theo-
   rien und bringt sie mathematisch alle unter einen Hut. Wir werden sie in
   Kapitel 14 besprechen.

6 Das widerspricht nicht dem Einstein'schen Postulat, nach dem Information höchstens mit Lichtgeschwindigkeit übertragen werden kann. Die
   Einstein'schen Gesetze beziehen sich auf die Geschwindigkeiten von Dingen, die sich *entlang* des Gewebes der Raumzeit bewegen. Aber gemäß

der Inflationstheorie dehnte sich dieses Gewebe selbst – für das das Einstein'sche Limit nicht gilt – mit Überlichtgeschwindigkeit aus.

7   Wenn die Wissenschaftler Schwingungen untersuchen, schauen sie sich deren Spektrum genauer an. Ähnlich wie man die Bestandteile eines Lichtstrahls – also seine Farben – erkennen kann, wenn man ihn durch ein Prisma schickt, lassen sich auch die Bestandteile einer Schwingung (oder, wenn die Schwankungen völlig regellos und gering sind, eines Rauschens) mit einem mathematischen Trick untersuchen. Das Ergebnis ist ein Spektrum, das zeigt, wie oft eine Schwingung einer bestimmten Größe (das heißt Wellenlänge) enthalten ist. Beispielsweise könnte man eine Schwingung so zusammensetzen, dass auf je 100 Schwingungen mit einem Meter »Länge« zehn Schwingungen mit 10 Meter Länge und eine Schwingung mit 100 Meter Länge kommt. Diese besondere Verteilung, in der die Größe einer Schwingung umgekehrt proportional zu ihrer Häufigkeit ist, nennt man ein maßstabsinvariantes Spektrum, weil es immer gleich aussieht, unabhängig davon, in welcher Einheit man die »Größe« oder Länge der Schwingung misst – ob in Metern, Meilen oder Daumenbreiten. In den 1970er Jahren zeigten Edward Harrison, Yakov Zel'dovic, P. J. E. Peebles und J. T. Yu, dass die kosmische Hintergrundstrahlung ein maßstabsinvariantes Spektrum aufweisen muss. Es wird Harrison-Zel'dovic-Spektrum genannt. Alan Guths Szenario der Inflation führte zwangsläufig zu einem maßstabsinvarianten Spektrum für Massenfluktuationen, wodurch die Inflationstheorie bestätigt wurde.

8   Vielleicht hat unser echtes Vakuum nicht den Zustand mit geringster Energie, vielleicht gibt es also ein »echteres« Vakuum mit noch geringerer Nullpunktsenergie. Im Jahre 1983 schilderten zwei Wissenschaftler in der Zeitschrift *Nature*, was geschähe, wenn man versehentlich eine zweite Kondensationsrunde auslöste, die unser Vakuum in einen Zustand mit niedrigerer Energie überführte. Um es kurz zu sagen: Unser Universum würde zerstört. Diese Überlegungen lagen auch den Protesten gegen Forschungen am Brookhaven National Laboratory zu Grunde (siehe Kapitel 8; in Anm. 7 wird dort erklärt, warum das Universum nach wie vor besteht).

KAPITEL 13

Kräuselungen in der Raumzeit
[Gravitationswellen und das frühe Universum]

Jede Welle bietet Reichtum Daedalos,
Reichtum dem geschickten Künstler, der gestalten kann
Diese unvergleichliche Stärke.

Ralph Waldo Emerson, *Seashore**

Gravitationswellen bieten eine Möglichkeit, hinter die Mauern aus Feuer zu blicken, die uns als kosmische Hintergrundstrahlung in allen Richtungen umgeben. Wir haben schon gesehen, dass diese Strahlung zur Hauptstütze der modernen Kosmologie wurde: Sie bestätigt die Urknalltheorie, enthüllt die Form des Kosmos, hilft, die Menge an dunkler Materie und dunkler Energie im Universum zu bestimmen, stützt die Inflationstheorie (und die Annahme eines ekpyrotischen Universums) und liefert schließlich Argumente gegen alternative Theorien, die so exotische Dinge wie topologische Defekte voraussagen. Gleichzeitig behindert die kosmische Hintergrundstrahlung aber die freie Sicht auf die frühesten Phasen der Schöpfung.

Das brodelnde Plasma, das den Kosmos durchdrang, emittierte Strahlung, während es abkühlte, und die Mauern aus Feuer des alten Plasmas, die uns rundum einschließen, wurden durchsichtig. Weil das Plasma vor seiner Abkühlung undurchsichtig gewesen war, konnten keine der Photonen von der Inflation oder vom Urknall bis heute überdauern. Sie wurden durch das Plasma sämtlich absorbiert, und ihre Information wurde in alle Richtungen verstreut. Die Astronomen können heute nichts von dem Licht sehen, das in den ersten 400 000 Jahren nach dem Urknall entstanden war. Die Wände aus

---

* Auf Englisch abgedruckt in Ralph Waldo Emerson: *Ein Weiser spricht zu uns. Auszüge aus seinen Werken*, Hamburg 1954, S. 134.

Plasma begrenzen ihr Sichtfeld. »Das ist vermutlich das fernste Licht, das beobachtet werden kann«, erklärt Phil Mauskopf, Astrophysiker an der University of Wales in Cardiff.

Um hinter die Plasmamauern zu blicken, versucht man, ein weiteres Signal aus dem frühen Universum zu finden – ein Signal, das nicht vom undurchsichtigen Plasma zerstört worden ist. Man fahndet nach Gravitationswellen, kleinen Kräuselungen in Raum und Zeit, die mit Lichtgeschwindigkeit durch das Universum rasen. Es ist bekannt, dass sie existieren, und ihre Auswirkungen wurden bereits beobachtet. Daher forscht man in der kosmischen Hintergrundstrahlung nach Anzeichen dieser Wellen, und irgendwann wird man eine von ihnen nachweisen, wenn sie die Erde unmerklich zusammenstaucht und das Gewebe der Raumzeit geringfügig verzerrt. Das erste Indiz für Gravitationswellen kam von »kleinen grünen Männchen«.

Im Jahre 1967 fand Jocelyn Bell, Doktorandin an der Universität Cambridge, am Himmel ein blinkendes Objekt. Es gab äußerst regelmäßige Pulse von Radiowellen ab, sozusagen wie ein kosmischer Leuchtturm. Man nannte das seltsame Objekt zuerst scherzhaft LGM (*Little Green Men*, »kleine grüne Männchen«), weil es fast so wirkte, als funkten Außerirdische eine Botschaft zur Erde. Bald fanden auch andere Astronomen mit ihren Radioteleskopen ähnliche Objekte, so dass ein künstlicher Ursprung der Signale bald auszuschließen war. Bell hatte keine kleinen grünen Männchen aufgespürt, sondern erstmals einen Pulsar beobachtet. (Ihr Doktorvater, Anthony Hewish, erhielt 1974 für diese Entdeckung den Nobelpreis.)

Ein Pulsar ist ein Neutronenstern, die ausgebrannte Hülle eines Sterns mittlerer Masse. Während er rotiert, gehen von seinen magnetischen Polen intensive, kegelförmig ausgerichtete Strahlen aus. Ein Beobachter nimmt daher ein Blinken wahr, genau wie bei einem Leuchtturm, dessen Spiegel rotiert und das Licht in gleichmäßigen Zeitabständen in eine bestimmte Richtung lenkt.

Knapp einen Monat bevor Hewish den Nobelpreis erhielt, also im Jahre 1974, entdeckte der Astronom Joseph Taylor, damals an der

University of Massachusetts in Amherst, mit seinem Doktoranden Russell Hulse einen Pulsar bis dahin unbekannten Typs. Sein Aufblitzen war nicht so regelmäßig, sondern die Intervalle zwischen den Signalen wurden abwechselnd länger und kürzer. Hulse und Taylor hatten einen Doppelpulsar entdeckt, also einen Pulsar, der einen unsichtbaren Begleiter umkreist. Der Pulsar selbst rotiert regelmäßig, doch auf Grund seiner Umrundung des Begleiters entfernt er sich zeitweise von der Erde, um sich ihr bald darauf wieder zu nähern, sich dann wieder zu entfernen und so weiter. Daher rührt die zeitliche Unregelmäßigkeit der zur Erde gelangenden Strahlung. Diese Gegebenheiten ermöglichten es Taylor und Hulse erstmals, die von Einstein theoretisch vorausgesagte Existenz von Gravitationswellen zu überprüfen.

Aus Einsteins Theorie wurde die berühmte Symbolisierung der Raumzeit durch ein Gummituch abgeleitet. In dieser Analogie bewirkt die Gravitationsanziehung eine Vertiefung (eine »Delle«) im Gummituch, also im Gewebe von Raum und Zeit. Wie wir schon gesehen haben, war diese Vorstellung äußerst erfolgreich. Mit ihr war zum einen der Effekt der Gravitationslinsen vorhergesagt worden, den Eddington 1919 zeigen konnte, und zum anderen die Unregelmäßigkeit beim Umlauf des Planeten Merkur, deren Erklärung drei Jahrhunderte lang – auf der Basis der Newton'schen Mechanik – nicht gelingen konnte. Während sich diese Effekte bestätigen ließen, waren andere Auswirkungen der allgemeinen Relativitätstheorie seinerzeit noch nicht nachweisbar, darunter auch die Gravitationsstrahlung.[1]

Die Existenz von Gravitationswellen ist mit dem Gummituchmodell der allgemeinen Relativitätstheorie gut zu beschreiben. So wie ein auf dem Gewebe der Raumzeit liegendes massereiches Objekt im Tuch eine Delle erzeugt, ruft ein bewegtes Objekt unter bestimmten Bedingungen eine Kräuselung hervor. Solche Kräuselungen oder Wellen, winzige Störungen in Raum und Zeit, sausen nicht nur mit Lichtgeschwindigkeit voran, sondern tragen auch Energie mit sich. Daher verliert jedes Objekt, das eine Gravitationswelle ausstrahlt, ein ganz klein wenig an Geschwindigkeit.

Der 1974 entdeckte Doppelpulsar erlaubte es nun, diese Voraussage erstmals zu überprüfen. Gemäß der allgemeinen Relativitätstheorie müssen der Pulsar und sein unsichtbarer Begleiter Gravitationswellen aussenden, während sie einander umkreisen. Die Gravitationswellen tragen einen kleinen Teil ihrer Bewegungsenergie mit sich weg, so dass die beiden Sterne langsamer werden. Dabei werden ihre Umlaufbahnen immer enger, und sie werden irgendwann ineinander stürzen. Im Jahre 1978 konnten Taylor und seine Mitarbeiter zeigen, dass genau dies bei dem von ihnen gefundenen Doppelpulsar der Fall ist. Pro Jahr wurde die Umlaufzeit um 75 Millisekunden kürzer. Dies ist ein winziger Unterschied, der aber dank der Regelmäßigkeit des Pulsars nicht allzu schwierig zu messen war. Damit war der erste Beweis für Gravitationswellen erbracht. Im Jahre 1993 erhielt Taylor (*mit* seinem früheren Schüler Russell Hulse) dafür den Nobelpreis.[2]

Die Relativitätstheorie besagt, dass viele Objekte und Ereignisse etwas Energie in Form von Gravitationswellen ausstrahlen müssen. Einander umkreisende massereiche Sterne oder Schwarze Löcher, die Materiebrocken von der Größe ganzer Sterne schlucken, erzeugen Gravitationswellen. Dasselbe bewirkte auch die Inflation. Als sich das Material des ganz frühen Universums in einem plötzlichen Energieausbruch ausdehnte, kräuselte ein Teil dieser Energie das Gewebe der Raumzeit und verursachte Gravitationswellen. Im Gegensatz aber zu den Photonen aus dieser Ära wurden die Gravitationswellen, die während der Inflation und ihrer Nachwirkungen entstanden waren, vom allgegenwärtigen Plasma nicht gestreut oder absorbiert. Wenn die Forscher nun vorbeiziehende Gravitationswellen messen könnten, so wären sie imstande, Signale zu erfassen, die direkt von der Geburt des Universums ausgingen. Leider verfügen sie aber über kein Instrument, das empfindlich genug ist, um die winzigen Verzerrungen von Raum und Zeit zu ermitteln, die von Gravitationswellen verursacht werden – bis jetzt.

Im Oktober 2000 begann man mit Hilfe einer riesigen L-förmigen Laseranordnung im US-Bundesstaat Washington mit der Suche nach

Gravitationswellen. Bald danach wurde im Süden von Louisiana eine fast identische Apparatur in Betrieb genommen. Beide Vorrichtungen zusammen bilden das LIGO (*Laser Interferometer Gravitational-Wave Observatory*). Seine Errichtung kostete fast 400 Millionen US-Dollar.

Die Gleichungen der allgemeinen Relativitätstheorie beschreiben, wie eine Kräuselung oder kleine Welle in der Raumzeit beschaffen ist. Sie breitet sich mit Lichtgeschwindigkeit aus und hat eine ganz besondere Form; während sie die Raumzeit in einer Richtung dehnt, staucht sie sie in der anderen. Würden Sie zwei Lineale rechtwinklig zueinander festhalten, während eine Gravitationswelle vorbeizieht, dann würde sich das eine Lineal verkürzen und das andere verlängern. Gemäß der Theorie sollten Sie das Auftreten einer Gravitationswelle also daran erkennen, dass ein Lineal plötzlich länger als das andere wird. Dieser Effekt ist jedoch unglaublich schwach. Wäre jedes Lineal einen Kilometer lang, dann betrüge der Längenunterschied nur einen winzigen Bruchteil des Protonendurchmessers! Eine dermaßen geringe Änderung zu messen ist technisch mehr als eine Herausforderung. Jahrzehntelang konnte sich niemand vorstellen, wie die »Lineale« und die Messeinrichtung dafür zu konzipieren seien.

Die beiden eben beschriebenen Komponenten von LIGO sind sozusagen die raffiniertesten (und teuersten) Lineale, die man jemals konstruiert hat. Es sind Interferometer[3], bei denen man die Welleneigenschaften des Lichts ausnutzt, um eine Längenänderung hochgenau zu messen.

Licht kann man sich als Abfolge sehr kurzer Wellen vorstellen, grob vergleichbar mit Wasserwellen auf dem Ozean. Bei einer Welle folgen Wellenberge und Wellentäler stetig aufeinander, und ihre Wellenlänge ist definiert als der Abstand zweier aufeinander folgender Wellenberge. Jeder Wellenlänge entspricht beim Licht eine bestimmte Farbe. (Je größer die Wellenlänge ist, desto roter ist das Licht und desto weniger Energie hat eines seiner Photonen.)

Wie funktioniert nun ein Interferometer? Stellen wir uns eine Lichtwelle vor, die sich geradlinig ausbreitet; wir können dabei vereinfacht auch von einem Lichtstrahl sprechen. Diesen führen wir durch einen Strahlteiler. (Dazu verwenden wir einen teilversilberten Spiegel, der nur etwa die Hälfte des Lichts durchlässt.) Die beiden Teilstrahlen lassen wir über eine gewisse Wegstrecke separat verlaufen, bevor wir sie wieder zusammenfügen. Die Wellen der beiden Teilstrahlen sind im gleichen Takt, weil sie ja aus demselben Strahl hervorgingen: Die Wellenberge der einen Welle liegen stets dort, wo auch die der anderen Welle anzutreffen sind. Die Physiker sagen dann, die Wellen sind »phasengleich« oder »in Phase«. Legen beide Strahlen genau gleich lange Strecken zurück, so passieren ihre Wellenberge nicht nur gleichzeitig den Strahlteiler, sondern gelangen auch gleichzeitig auf den Schirm. Weil die Wellenberge hier aufeinander treffen, verstärken die beiden phasengleichen Wellen einander, und am Schirm erscheint ein heller Fleck (vgl. Abbildung A). Legen die Teilstrahlen jedoch unterschiedlich lange Wege zurück, ist die Situation ein wenig komplizierter. In Abbildung B legt der linke Teilstrahl denselben Weg zurück wie zuvor. Aber der rechte Teilstrahl wird über drei Spiegelflächen geführt und legt daher eine etwas längere Strecke zurück. Die beiden Teilstrahlen sind dann »außer Phase«. Wenn der Wegunterschied beider Strahlen gerade eine halbe Wellenlänge (oder ein ungeradzahliges Vielfaches davon) ausmacht, dann treffen – wie gezeigt – am Schirm die Wellenberge der einen Welle gerade auf die Wellentäler der anderen, und die Wellen löschen einander aus. Der Schirm bleibt also dunkel. Diese Verstärkung oder Auslöschung nennt man *Interferenz* der Wellen; davon ist die Bezeichnung Interferometer abgeleitet.

Verschiebt man nun – ganz langsam – den rechten Spiegel, wird der Schirm wieder hell, sobald der zusätzliche Lichtweg des rechten Teilstrahls einer ganzen Wellenlänge (oder einem ganzzahligen Vielfachen davon) entspricht. Weil die Wellenlänge des Lichts nur knapp ein millionstel Millimeter beträgt, kann man mit einem Interferometer extrem kleine Längen oder Längenunterschiede messen. Interferometer werden daher beispielsweise im Vermessungs- und im Bauwesen oder bei der Qualitätskontrolle lackierter Oberflächen ein-

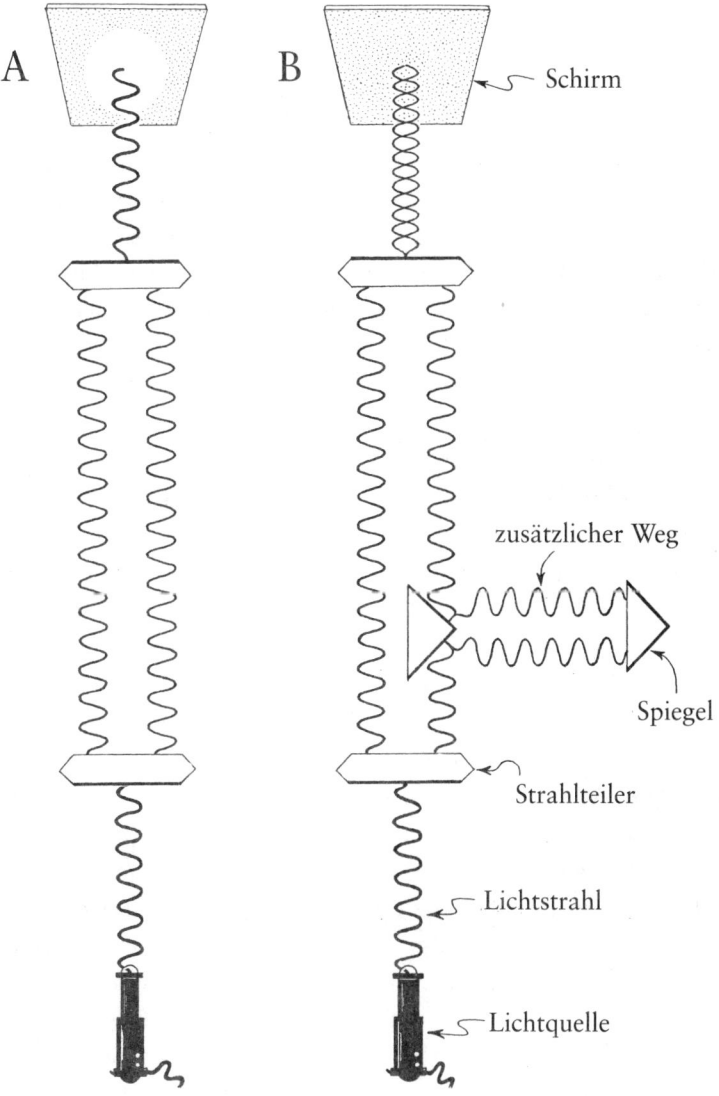

Das Prinzip des Interferometers: Lichtstrahlen können einander – je nach dem Unterschied der Weglängen – verstärken (links) oder auslöschen (rechts).

gesetzt. Die beiden riesigen LIGO-Apparaturen sind im Wesentlichen große Interferometer. Herzstück der jeweils L-förmigen Anordnung ist ein leistungsfähiger Laser, dessen Strahl aufgeteilt wird. Die beiden Teilstrahlen verlaufen durch die beiden Arme des L, werden an deren Ende gespiegelt und treffen nach der Rückkehr einen Detektor in der Nähe des Lasers. Die Weglängen in den beiden Armen werden sorgfältig so justiert, dass der eine Arm ein winziges Stückchen länger als der andere ist und beide Strahlen am Detektor einander auslöschen, weil sie außer Phase sind. Wenn sich nun eine der beiden Weglängen ändert, gibt es keine Auslöschung mehr. Der entstehende Lichtblitz zeigt dann die Längenänderung an.

Wenn eine Gravitationswelle in einer günstigen Richtung vorbeizieht, so wird der eine Arm ein wenig gestaucht und der andere ein wenig gedehnt. Die dabei eintretende Weglängenänderung wird, wie beschrieben, vom Detektor angezeigt. Soweit die Theorie. Das Problem ist aber, dass die zu erwartenden relativen Längenänderungen unvorstellbar winzig sind; sie liegen unter einem Milliardstel eines Milliardstels eines hundertstel Prozent. So empfindlich die Interferometer mit ihren Lasern auch sind – dermaßen geringe Änderungen sind nur festzustellen, wenn die Arme beziehungsweise die Lineale wirklich sehr lang sind.[4] Bei LIGO beträgt ihre Länge rund 4 Kilometer. Die erwarteten Längenänderungen liegen bei etwa einem Milliardstel eines milliardstel Meters, sind also zu klein, als dass sie mit einem gewöhnlichen Interferometer nachweisbar wären. Man kann die Empfindlichkeit allerdings mit einigen Tricks erhöhen. Beispielsweise lässt man bei LIGO die Lichtstrahlen nicht nur einmal durch den Arm hin- und herlaufen, sondern einige dutzend Mal, bevor sie schließlich auf den Detektor treffen. Dadurch ist die Empfindlichkeit jedoch so hoch, dass trotz aller Abschirmungen viele unerwünschte Schwingungen erfasst werden: von Mikrobeben, Gezeiten und sogar nahe vorbeifliegenden Flugzeugen. Weil aber die beiden LIGO-Komponenten so weit voneinander entfernt sind, treten die allermeisten dieser Störungen nur an einem Standort auf (ein Flugzeug in Washington wird ja in Louisiana sicher kein Störsignal erzeugen). Daher sind die Störungen von den gesuchten Gravitationswellen leicht zu unterscheiden, die praktisch die ganze Erde beeinflussen. Die LIGO-Apparaturen gingen 2002 in Betrieb, aber es wird sicher die eine oder andere Modifikation nötig sein. Noch kann niemand sagen, welche Erkenntnisse LIGO uns bescheren wird.

Selbst wenn LIGO im Vollausbau unter optimalen Bedingungen betrieben wird und Längenänderungen von einem Milliardstel eines milliardstel Meters messen kann, ist dennoch nicht sicher, dass mit ihm der Nachweis von Gravitationswellen gelingt. Die Wellen, die man mit LIGO vielleicht erkennen wird, entstehen durch einander spiralig umlaufende und dann kollidierende Neutronensterne und Schwarze Löcher. Es ist aber weder bekannt, wie viele solcher Paare sich – astronomisch gesehen – in unserer Nähe befinden, noch mit welcher Intensität die von ihnen ausgehende Gravitationsstrahlung das Universum durchströmt. Doch sollte LIGO schließlich Anzeichen für eine Gravitationswelle erfassen, wird dies eine gewaltige Leistung sein, denn die Forscher werden erstmals eine der kleinen Kräuselungen in der Einstein'schen Raumzeit sehen.

Noch wichtiger wird sein, dass die Gravitationsstrahlung unsere Kenntnisse über Schwarze Löcher und Neutronensterne vertieft. Dann werden die Forscher den Himmel anhand von Gravitationswellen erkunden, wie sie es jetzt anhand von Lichtwellen tun. Doch auch nach der für etwa 2005 geplanten Erweiterung – mit größeren, genaueren Saphirspiegeln – wird man mit LIGO wohl nicht die Gravitationswellen finden, auf die die Kosmologen besonders neugierig sind: die bei der Geburt des Universums entstandenen Wellen. LIGO wird also eher ein Werkzeug der Astronomen als eines der Kosmologen sein.[5]

Die Kosmologen interessieren sich dafür, was vor der Ära der Rekombination geschah. Sie glauben, dass der Prozess, der die Struktur des Universums hervorbrachte – sei es die Inflation, der *Big Splat* oder irgendein anderer Mechanismus –, ungeheuer heftig ablief. Daher muss dieses Ereignis in der Raumzeit seine Spuren hinterlassen haben, nämlich Gravitationswellen. Das Universum sollte voller

Gravitationswellen sein, die aus seinen allerersten Phasen hervorgingen, also direkte Überbleibsel aus den ersten Sekundenbruchteilen nach dem Urknall sind. Sie wurden so früh im Leben des Universums erzeugt, dass das Gewebe der Raumzeit noch winzig war. Als es expandierte, wurden diese Wellen auf eine enorme Größe ausgedehnt. Bei Gravitationswellen, die aus der Inflation hervorgingen, liegen zwischen einem Wellenberg und dem benachbarten Wellental wohl mindestens Dutzende von Lichtjahren; damit sind die Wellenlängen viel zu groß, als dass man diese Wellen mit LIGO entdecken könnte. Dagegen müssten aus dem *Big Splat* hervorgegangene Gravitationswellen – zumindest in der Theorie – »blauer« beziehungsweise kürzerwellig sein. Sie sollten mit LISA (*Laser Interferometer Space Antenna*) zu entdecken sein, einer noch empfindlicheren weltraumgestützten Version von LIGO.

LISA soll 2008 gestartet werden[6] und wird aus drei Raumfahrzeugen bestehen. Sie werden eine Dreiecksformation bilden, in der sie jeweils gut viereinhalb Millionen Kilometer voneinander entfernt sind. Mit ihnen will man Gravitationswellen entdecken, deren Wellenlängen mit dem Durchmesser des Sonnensystems vergleichbar sind. Vielleicht findet man mit LISA die von einem *Big Splat* übrig gebliebene Gravitationsstrahlung; wenn ja, dann werden wir direkt die Spuren von der Geburt des Universums erkennen. Unter Umständen aber sind die im frühen Universum von den Gravitationswellen hervorgerufenen Kräuselungen zu schwach, als dass man sie auch mit den empfindlichsten Detektoren der nahen Zukunft nachweisen könnte. Zum Glück lassen sich Gravitationswellen aber auch auf andere Weise aufspüren. Im Jahre 2002 begannen Wissenschaftler am Südpol mit der Suche nach ursprünglichen Gravitationswellen. Dazu fahndeten sie nach den Störungen, die die Gravitationswellen in der kosmischen Hintergrundstrahlung hinterließen.

Der kosmischen Hintergrundstrahlung sind wir in diesem Buch immer wieder begegnet, weil sie für die Kosmologen so wichtig ist. Diese sozusagen alte Strahlung bietet sehr viel Informationen über das frühe Universum. Ihre heißen und kalten Stellen können einige

Geheimnisse lüften: über die Form unseres Universums, über die Anteile und Arten von dunkler Materie und dunkler Energie, die den Kosmos erfüllen, sowie über das endgültige Schicksal des Universums. Im Herbst 2002 versuchten die Forscher, der während der Rekombination freigesetzten Strahlung noch eine andere entscheidende Information zu entreißen. Dazu untersuchten sie die Polarisation der Strahlung.

Die Polarisation können wir uns an einem einfachen Beispiel klar machen. Stellen Sie sich zwei Mädchen vor, die ein Sprungseil in Schwingung versetzen, so dass sich entlang des Seils eine Welle ausbreitet. Wenn sie das Seil so bewegen, dass es nur nach oben und unten ausgelenkt wird, nicht aber nach rechts und links, dann verlaufen die Auslenkungen beziehungsweise Schwingungsbewegungen nur vertikal. Die Mädchen können das Seil aber auch waagerecht hin und her bewegen, so dass die Schwingungsbewegungen der Welle horizontal anstatt vertikal verlaufen. Etwas Ähnliches gibt es auch bei Lichtwellen. Die Auslenkung ist hier das elektromagnetische Feld, das wie beim Seil senkrecht auf der Ausbreitungsrichtung stehen und vertikal, horizontal oder in irgendeine andere Richtung verlaufen kann. Eine solche Ausrichtung der Schwingungsebene nennt man *lineare Polarisation*, die Welle heißt linear polarisiert.[7] Gewöhnliches Licht ist nicht polarisiert, das heißt, die Wellen schwingen regellos in alle Richtungen. Aber es lässt sich polarisieren, beispiels-

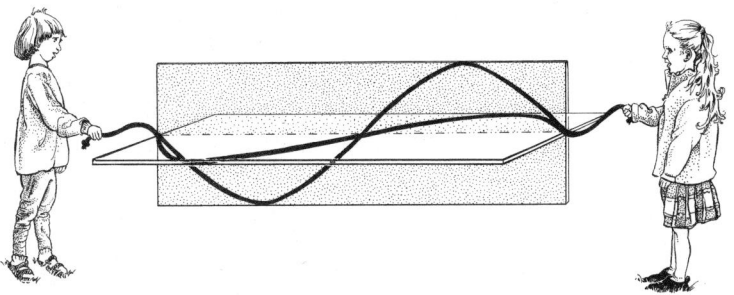

Polarisation bei einem schwingenden Seil

weise durch einen Polarisator oder durch Reflexion. Dabei werden
vor allem die Komponenten der Wellen reflektiert, die parallel zur
reflektierenden Fläche verlaufen. Solch polarisiertes Licht sieht für
uns Menschen genauso aus wie gewöhnliches Licht, aber es lässt sich
mit einem zweiten Polarisator abschwächen. Nach diesem Prinzip
funktioniert zum Beispiel eine polarisierende Sonnenbrille oder der
»Polfilter« für einen Fotoapparat: Sie schwächen das (beispielsweise
durch Reflexion an einer Schnee- oder Wasserfläche polarisierte)
Licht ab, während sie das gewöhnliche Licht nicht merklich beeinflussen. Auch bei Flüssigkristallanzeigen (LCD-Displays) wird die
Polarisation ausgenutzt. Hier kann bei jedem Segment die Polarisa-
tionsrichtung der einen von zwei übereinander liegenden Schichten
durch eine elektrische Spannung verändert werden.[8]

Vor der Rekombination im Universum, bei der sich Elektronen
schließlich an Atomkerne banden, stießen die Photonen ständig
regellos mit den Teilchen im Plasma zusammen, so dass sie sich nie
sehr lange in einer Richtung bewegen konnten. Während das Plasma
abgekühlt und die Elektronen der Rekombination zum Opfer gefallen waren, behielt jedes Photon den bei der letzten Streuung erhaltenen Impuls bei, ebenso die entsprechende Polarisation. Die
Polarisation dieser Photonen – also des Lichts, das zur kosmischen
Hintergrundstrahlung wurde – verlief parallel zur *Last Scattering
Surface* (zur letzten Streufläche), das heißt parallel zur Oberfläche
der Plasmawolke, die sozusagen die feurigen Mauern im Himmel bildet. Die Polarisation enthält daher gewisse Informationen über das
Universum zur Zeit der Rekombination. Das gilt auch für die Temperaturschwankungen, doch sind diese weniger gut geeignet, wenn
man den Zustand des frühen Universums ergründen will.

Die kosmische Hintergrundstrahlung, die man heute beobachtet,
hat eine vierzehn Milliarden Jahre lange, recht beschwerliche Reise
hinter sich. Sie wurde gedehnt, gestaucht und verformt. Wenn sich
ein Photon einem Galaxienhaufen nähert, sinkt es in der Delle der
Raumzeit ein, die von dessen enormer Masse hervorgerufen wird.
Dabei dehnt es sich aus und wird ein wenig violetter (kürzerwellig).

Wenn es danach aus der Delle auftaucht, wird es wieder roter (längerwellig). Eigentlich sollten die Auswirkungen beim Eintauchen und beim Wiederauftauchen einander aufheben. Das ist aber nicht immer der Fall, weil auch die Delle mit der Zeit ihre Form und ihre Größe verändern kann. Somit bleibt letztlich eine gewisse Dehnung oder Stauchung des Photons erhalten, einhergehend mit einer sehr winzigen Zu- oder Abnahme der Temperatur. Man spricht dabei vom Sachs-Wolfe-Effekt. Die Photonen aus der *Last Scattering Surface* erfuhren auf ihrer langen Reise bis zur Erde insgesamt eine starke Gravitationseinwirkung. Der Sachs-Wolfe-Effekt hinterließ in der kosmischen Hintergrundstrahlung seine Spuren, erkennbar an den unterschiedlichen Temperaturen der Photonen und an den leicht verzerrten Wellenformen.

Zwar können die Verzerrungen uns Aufschluss über die Entwicklung des frühen Universums geben, aber durch sie gehen andere Informationen über das frühe Universum verloren. Die Polarisation eines Photons dagegen wird – anders als seine Temperatur – durch die Dellen in der Raumzeit nicht beeinflusst. Auch als die Photonen heißer oder kälter wurden, blieb ihre Polarisation dieselbe. Wenn man also die Polarisationswinkel der kosmischen Hintergrundstrahlung untersucht, kann man feststellen, wo die Photonen zuletzt gestreut wurden. Daraus lässt sich – viel genauer als über die durch den Sachs-Wolfe-Effekt verfälschten Temperaturwerte – ableiten, wie die Materie im frühen Universum verteilt war. »Die Polarisation ist viel reiner«, erklärt John Kovac, Physiker an der University of Chicago, »mit ihr tauchen wir sozusagen in die *Last Scattering Surface* ein.«

Wenn man die Polarisation auf diese Weise auswerten will, muss man sie natürlich zuerst messen. Das ist vergleichsweise viel schwieriger, als die erwähnten Temperaturschwankungen zu ermitteln, obwohl sie nur einige millionstel Kelvin ausmachen. Trotzdem konnte Kovac mit seinem Team im September 2002 einen Erfolg vermelden. Sorgfältige Beobachtungen mit dem DASI-Teleskop am Südpol ließen erstmals die Polarisation der kosmischen Hintergrundstrahlung erkennen. »Das war wie der Übergang vom Schwarzweiß- zum Farb-fernsehen«, meinte Kovac dazu.

Aus der Polarisation können die Kosmologen auch auf die ge-samte Menge von Materie und Energie schließen, die das Universum erfüllt, zudem auf ihre Verteilung und ihre früheren Bewegungen. Aber das ist noch nicht alles. Die Polarisation erlaubt es den Astro-physikern, eine weitere Ära im frühen Universum zu erforschen, nämlich die der Reionisierung. Sie begann etwa 100 Millionen Jahre nach dem Urknall, als ausreichend viele Sterne, Galaxien und Qua-sare gezündet hatten und den Wasserstoffnebel abbrannten, der das dunkle Zeitalter des Kosmos verursachte. Dieser Vorgang sollte sich im Spektrum der kosmischen Hintergrundstrahlung als kleines Ma-ximum abzeichnen, das sich aber über einen großen Winkelbereich erstreckt. »Infolge der Gravitationswirkung auf die Photonen kann dieses Maximum zwar in den Werten der Temperaturverteilung nicht erscheinen, müsste aber an der Polarisation erkennbar sein. Aus den Daten werden wir errechnen können, vor wie langer Zeit die Re-ionisierung ablief«, sagt Max Tegmark von der University of Penn-sylvania. Weiter erklärt er: »Ich bin schon sehr gespannt; schließ-lich haben wir heute noch keinen Anhaltspunkt dafür, wie groß diese Zeitspanne ist; die aktuellen Messungen erlauben noch keine Aussage.«

Die Polarisation der kosmischen Hintergrundstrahlung hält indes sogar ein noch aufregenderes Signal für uns bereit. Die Hintergrund-strahlung weist ja Spuren der Gravitationswellen auf, jener kleinen Kräuselungen in der Raumzeit, die auf die ersten Sekundenbruch-teile nach der Geburt des Universums zurückgehen. Die Polarisation eines Photons wird nicht beeinflusst, wenn es in eine Delle in der Raumzeit eintaucht und wieder daraus auftaucht, aber sie wird sehr wohl beeinflusst, wenn eine Gravitationswelle das Photon staucht oder dehnt. Die Spur, die eine Gravitationswelle aus der Inflation (oder aus dem *Big Splat*) in der kosmischen Hintergrundstrahlung hinterlässt, ist sozusagen verwirbelt, und die Wissenschaftler spre-chen daher von einem *Curl*, einer Verwirbelung. Auf einer Karte, die

die Polarisation der kosmischen Hintergrundstrahlung zeigt, müsste diese *Curl*-artige Komponente wie das Bild eines kleinen Hurrikans aussehen. Rein akustische Oszillationen können keine solchen *Curls* hervorbringen. Doch gemäß der Inflationstheorie *müssen* Gravitationswellen im frühen Universum *Curl*-artige Komponenten in der kosmischen Hintergrundstrahlung erzeugt haben. Wenn man in ihr deutliche *Curl*-artige Komponenten findet, die nicht durch andere Signale verfälscht sind (beispielsweise durch polarisiertes Licht von Galaxien), dann wird das laut Tegmark »der klarste Beweis für Gravitationswellen« sein.

Leider sind die spiraligen Strukturen in der Hintergrundstrahlung äußerst schwach, so dass ihr Nachweis in den nächsten Jahren wohl noch nicht gelingen wird. Im Jahre 2007 will die Europäische Raumfahrtagentur ESA ein Mikrowellenteleskop namens *Planck* in den Weltraum schicken. Es ist als Nachfolger der *Microwave Anisotropy Probe* (MAP) gedacht. Mit diesem satellitengestützten System wurde im Frühjahr 2003 die erste hochgenaue Karte der kosmischen Hintergrundstrahlung am gesamten Himmel erstellt. *Planck* wird einen sehr empfindlichen Polarisationsdetektor aufweisen, so dass man mit ihm die *Curls* finden sollte – jene Spuren der Gravitationswellen vom Beginn des Universums. John Carlstrom vom DASI-Team erwartet: »Wir werden bis auf 10^{-30} Sekunden an den Ursprung des Universums herankommen.« Eine solche Beobachtung wird die Inflationstheorie bestätigen oder widerlegen. Und P. J. E. Peebles von der Princeton University meint: »Die Gravitationswellen werden zeigen, ob die Inflationstheorie oder ob etwas anderes zutrifft, beispielsweise die Annahme des *Big Splat*. Darauf dürfen wir wirklich hoffen.« Innerhalb der nächsten zehn Jahre werden wir also möglicherweise der Schöpfung ins Antlitz blicken können.

Anmerkungen

1   Es gibt noch eine andere Auswirkung bewegter Objekte auf das Gefüge der Raumzeit. Nach den Astronomen J. Lense und H. Thirring, die ihn vor achtzig Jahren erstmals theoretisch beschrieben, wird er Lense-Thirring-Effekt (manchmal auch Thirring-Lense-Effekt) genannt. Gemäß Einsteins Relativitätstheorie »zieht« ein rotierender massereicher Körper, beispielsweise die Erde, das Raumzeit-Gewebe mit sich, ähnlich wie ein unruhiger Schläfer die Bettdecke um sich herumzieht. Dieser Effekt wurde erst kürzlich bei Schwarzen Löchern und Neutronensternen erstmals nachgewiesen. Er soll auch bei der Erde gezeigt werden, und zwar mit einem sehr teuren Satelliten namens *Gravity Probe B* (so viel wie »Gravitationssonde B«), der die Erde umrundet.

2   Joseph Taylor lud Jocelyn Bell (inzwischen Jocelyn Bell Burnell) ein, ihn zur Nobelpreisverleihung zu begleiten.

3   Wir sind der Interferometrie schon begegnet, als wir die Mikrowellenteleskope bei den Projekten DASI und CBI beschrieben haben. Bei diesen Apparaturen ermöglichen die Welleneigenschaften des Lichts die Ausrichtbarkeit einer leistungsfähigen Antenne. Das zu Grunde liegende Prinzip ist dort das gleiche wie hier, obwohl unterschiedliche Ergebnisse erzielt werden.

4   Theoretisch gäbe es noch einen anderen Weg, der aber nicht gangbar ist: Hat der Lichtstrahl eine extrem kleine Wellenlänge, beispielsweise die eines Gammastrahls, dann muss das Interferometer nicht ganz so lang sein, weil ja das Verhältnis der Weglängenänderung zur Wellenlänge maßgebend ist. (Auch hier macht sich zusätzlich die Heisenberg'sche Unschärferelation bemerkbar: Je höher die Energie und der Impuls der Teilchenstrahlung ist, desto kleiner ist die Änderung der Größe beziehungsweise der Position, die sich mit ihr noch ermitteln lässt.) Leider gibt es keine Gammastrahlenlaser, so dass dieser Ausweg nicht beschritten werden kann.

5   LIGO ist der leistungsfähigste der Gravitationswellendetektoren. Zwei andere Projekte – das europäische VIRGO und das japanische TAMA – dienen denselben Zielen; die Arme ihrer Interferometer sind jedoch kürzer, so dass diese Detektoren weniger empfindlich sind. Bei anderen Messungen, beispielsweise bei ALLEGRO, ebenfalls im US-Bundesstaat Washington, verwendet man große Massen sozusagen als Stimmgabeln, die vorbeiziehende Gravitationswellen mit einer bestimmten Frequenz erfassen sollen. Diese Vorrichtungen sind zwar noch weniger empfindlich, könnten jedoch in Kombination mit LIGO einige interessante Erkenntnisse liefern.

6   Allerdings glaube ich, dass der Termin 2008 zu optimistisch angesetzt ist. Ich sehe zumindest nicht, wie die NASA in naher Zukunft die enormen

technischen Probleme lösen könnte, die mit der genauen Positionierung dreier Raumfahrzeuge in so großen Abständen einhergehen. Ich hoffe jedoch, dass ich hinsichtlich der technischen Möglichkeiten zu pessimistisch bin.

7 Die Mädchen können das Sprungseil auch in einer kreis- oder einer ellipsenförmigen Bewegung zur Schwingung anregen. Dann überlagern sich die verschiedenen Schwingungsrichtungen des Seils entsprechend. Um diese *zirkulare* (kreisförmige) oder, allgemeiner, *elliptische* Polarisation kümmern wir uns hier aber nicht.

8 Dass hier die Polarisation eine Rolle spielt, können Sie leicht überprüfen. Schauen Sie durch ein polarisierendes Brillenglas auf ein solches Display. Wenn Sie das Display drehen, werden die Zeichen verschwinden und wieder erscheinen, weil die Polarisationsebenen zuerst parallel und dann gekreuzt verlaufen.

KAPITEL 14

Jenseits der dritten kosmologischen Revolution
[Die Reise an das Ende der Zeiten]

[U]nd droben hing, es hing droben, es hing
über geblendeten Augen und Menschengewimmel,
hing im sternenlosen Dunkel und schwebte und ging
mit Riesenflügeln nieder überm erloschnen Himmel,
bis in der Finsternis nichts als das schwarze Bahrtuch
aus nichts und nichts und wieder nichts war.

Archibald MacLeish, »Das Ende der Welt«*

Heute können sich die Wissenschaftler zum ersten Mal ernsthaft daran machen, die Fragen zu beantworten, die die Menschheit über Jahrtausende beschäftigt haben: Wie begann das Universum? Wie wird es enden? Die Astrophysiker sind dabei, die ersten Augenblicke der Schöpfung zu erhellen; und abgesehen davon, dass noch unklar ist, ob das ekpyrotische Szenario oder die Urknalltheorie siegt, wissen sie, wie der Kosmos einst sterben wird. Solche Entscheidungen bedeuten indes nicht das Ende der Kosmologie. Es gibt noch ein weites Feld zu beackern.

Einige Forscher versuchen sogar, den Mechanismus des Urknalls aufzuklären, um hinter die physikalischen Gesetze zu kommen, die unseren Kosmos hervorbrachten. Andere Forscher blicken weit in die Zukunft und fragen sich, ob die Zivilisation in einem irgendwann zerfallenden und expandierenden Universum unbegrenzt überleben kann oder ob das Leben selbst dem Untergang geweiht ist. Wieder andere wollen herausfinden, ob unser Universum das einzige ist oder ob es unendlich viele Universen gibt, jedes mit seinen eigenen

---

* In: Hans Magnus Enzensberger: *Museum der modernen Poesie*, Frankfurt/Main 2002, S. 457.

Eigenschaften. Und einige Forscher suchen gar nach der Handschrift des Schöpfers.

Solche Fragen sind derzeit experimentell nicht zu klären. Es gibt keine Möglichkeit, die exotischen Theorien zu überprüfen, mit denen weitsichtige Physiker sie zu beantworten versuchen. Diese Fragen werden also Gegenstand der nächsten kosmologischen Revolution sein, und sie werden uns an die Grenzen von Raum und Zeit führen.

Um die Kräfte zu verstehen, die das Universum hervorbrachten, müssen die Physiker zunächst ihr Verständnis der Kräfte in der Natur vervollständigen. Eines der grundlegenden Probleme der Physik ist der Widerspruch zwischen der Quantentheorie, die das Verhalten sehr kleiner Teilchen wie Elektronen und Protonen beschreibt, und der allgemeinen Relativitätstheorie über das Verhalten sehr großer und massereicher Objekte wie Sterne und Galaxien. Diese beiden Theorien sind nicht miteinander vereinbar, was sich beispielsweise bei den Schwarzen Löchern deutlich zeigt. Ein Schwarzes Loch weist eine ungeheure Masse auf, für die die Gleichungen der Relativitätstheorie gelten. Andererseits ist diese Masse auf ein sehr kleines Volumen komprimiert, so dass auch die Gesetze der Quantenmechanik zum Tragen kommen. Insofern kann niemand genau sagen, was im Kern eines Schwarzes Lochs wirklich geschieht. Das ursprüngliche Universum, wie es beim Urknall vorlag, war wie ein Schwarzes Loch und lässt sich mit den derzeitigen physikalischen Modellen nicht beschreiben. Beim Urknall musste das gesamte Universum mit all seiner Materie und Energie aus einem winzigen subatomaren Samenkorn hervorgehen. Aber die Wissenschaftler wissen einfach nicht, welche Gleichungen auf ein so winziges und so dichtes Objekt anzuwenden sind. Ebenso wenig wissen sie, welche physikalischen Gesetze während der Geburt des Universums gültig waren.

Der Konflikt zwischen der Quantenmechanik und der Relativitätstheorie rührt teilweise von ihren Voraussetzungen her. Bei der Relativitätstheorie geht es um »glatte« Verläufe, ähnlich der Oberfläche eines Gummituchs. Dagegen ist in der Quantenmechanik gar nichts glatt; die Objekte bewegen sich hier nicht stetig, sondern springen zwischen bestimmten Zuständen, und ihre Eigenschaften können sich nicht kontinuierlich, sondern nur sprunghaft ändern: sie sind gequantelt. Wie sieht das Gummituch der Raumzeit aus, wenn wir einen winzig kleinen Ausschnitt seiner Oberfläche betrachten? Ist es glatt, wie es Einsteins Relativitätstheorie entspricht, oder weist es Stufen auf, wie es die Quantentheorie verlangt? Das können wir nicht entscheiden. Wir wissen nur, dass bei sehr kleinen Abmessungen und gleichzeitig sehr hohen Energien die Quantentheorie und die Relativitätstheorie nicht mehr anwendbar sind. Die Gesetze der Physik versagen.

Einstein versuchte in den letzten Jahrzehnten seines Lebens, die Quantenmechanik mit seiner Relativitätstheorie in Einklang zu bringen. Er wollte eine große vereinheitlichte Theorie aufstellen, die sämtliche Phänomene in allen Größenordnungen erklären kann, eine Theorie ohne die Widersprüche der gängigen Theorien. Er scheiterte. Als Einstein starb, war die Wissenschaft einer Theorie der Quantengravitation nicht näher gekommen, als er es selbst zu Beginn seiner Suche nach einer »Theorie von Allem« gewesen war. Doch inzwischen gibt es einen Hoffnungsschimmer. In den letzten Jahrzehnten haben die theoretischen Physiker Edward Witten von der Princeton University und Juan Maldacena von der Harvard University an einer Theorie der Quantengravitation gearbeitet, und es scheint, als ließen sich mit ihr die Widersprüche zwischen Relativitätstheorie und Quantenmechanik lösen. In ihrer so genannten M-Theorie werden Teilchen, beispielsweise Elektronen, nicht als Punkte in der vierdimensionalen Raumzeit behandelt, sondern als Membranen in einem elfdimensionalen Raum.[1] Diese Aussage klingt für Laien recht absurd, gewinnt aber fast täglich neue Anhänger, weil der neue Ansatz einige der Hauptprobleme der Physik lösen kann. Er beseitigt nicht nur den Konflikt zwischen Quantentheorie und Relativitätstheorie, sondern integriert auch die Theorie der Supersymmetrie; außerdem vereinigt er starke Kraft, elektroschwache Kraft und Gravitationskraft. Die Mathematiker lieben diese Theorie, weil sie mathematisch ausgesprochen elegant ist; doch für die Kosmologen ist viel wichtiger, dass sie damit das Verständnis der Schwarzen Löcher und des Urknalls vertiefen können. Wenn die M-Theorie zutrifft, lässt sich das Geheimnis des Urknalls vermutlich enthüllen. Dann werden die Wissenschaftler ihn sogar mit ihren Gleichungen beschreiben können, was mit den heute bekannten physikalischen Gesetzen noch nicht möglich ist. Möglicherweise wird sich die M-Theorie aber niemals mit Messungen überprüfen lassen.

Das Problem liegt darin, dass die Membranen und die zusätzlichen Dimensionen sehr, sehr klein sind. Gemäß der Heisenberg'schen Unschärferelation wäre eine ungeheure Energiemenge nötig, um an dermaßen kleinen Objekten Messungen vorzunehmen. Für eine unmittelbare Bestätigung der M-Theorie brauchte man daher einen riesigen Teilchenbeschleuniger. Und wie groß müsste er sein? Mit den heute realisierbaren Magneten müsste sein Durchmesser bei fast zehn Millionen Milliarden Kilometern liegen. Für einen Umlauf darin würde ein Teilchen sogar mit Lichtgeschwindigkeit über tausend Jahre benötigen. Ein Teilchenbeschleuniger kommt also nicht in Frage. Die größte Hoffnung auf einen Beweis für die Gültigkeit der M-Theorie bietet die kosmische Hintergrundstrahlung. Mit viel Glück werden die Forscher das *Big-Splat*-Szenario oder eine seiner Varianten bestätigen können. Weil diesem Szenario die Gesetzmäßigkeiten der M-Theorie zu Grunde liegen, wäre seine Bestätigung ein überzeugendes Indiz für deren Stichhaltigkeit. Dieses Indiz wird man jedoch frühestens in zehn Jahren finden können – wenn man viel Glück hat und enorme Mittel investiert. Vielleicht liegt eine Bestätigung der M-Theorie sogar in noch viel weiterer Ferne. Es ist durchaus möglich, dass die Forscher die richtige Antwort irgendwann in der Hand haben, aber nicht entscheiden können, ob sie die Realität beschreibt oder nicht. Nach allem, was man weiß, haben wir nicht unendlich viel Zeit im Universum, um diese Theorien zu überprüfen.

Was bedeutet »nicht unendlich viel Zeit«? In rund einer Milliarde Jahren wird die Sonne, die ihren Brennstoff allmählich verbraucht und dabei immer heißer wird, sich aufblähen und die Erde aufheizen, so dass das Wasser in den Ozeanen verdampft. Die Erde wird dann der Venus sehr ähnlich werden, nämlich kochend heiß und leblos. Vielleicht werden sich Menschen vorher mit Raumschiffen in fremde Welten retten können, indem sie andere Planeten in der Milchstraße besiedeln. Aber auch deren Sterne haben eine begrenzte Lebensdauer. Heute, da wir das Ende des Universums zu kennen glauben – das sich auf ewig ausdehnt, wobei es abkühlt und stirbt –, sind wir gezwungen, uns unserem letzten Schicksal zu stellen. Kann die Menschheit auch in einem sterbenden Universum unbegrenzt überleben, oder wird das Leben in der unaufhaltsam abkühlenden Brühe aus leblosen Teilchen zwangsläufig vernichtet? Die Physiker versuchen, die Antwort auf diese Frage zu finden.

Das Universum wird in ferner Zukunft unwirtlich und trostlos sein. Während es sich immer schneller ausdehnt, werden ferne Galaxien immer roter leuchten und schließlich verlöschen. Sie werden verschwinden, die fernsten zuerst. Danach werden auch die näher gelegenen Galaxienhaufen vergehen. Der Nachthimmel wird leerer und leerer.[2] Während die Sterne in jeder Galaxie nach und nach verlöschen, wird es immer dunkler, und Energie wird immer schwerer zu finden sein.

Das Leben und damit das Bewusstsein sind von Energie abhängig. Die physikalischen Gesetze besagen, dass selbst ein nicht lebendiger Organismus, der Rechenvorgänge ausführen kann, dafür Energie aufwenden muss.[3] Wenn aber Energie immer schwerer aufzutreiben ist, muss jede Kultur zum Überleben Energie sparen, doch diese Einsparung beschränkt die möglichen Rechenvorgänge. Damit beginnt ein Teufelskreis: Die Kultur agiert langsamer, vollbringt also weniger Rechenleistung, bis sie schließlich gar nicht mehr aktiv ist.[4] Im Jahre 1979 beschrieb der Physiker Freeman Dyson eine Möglichkeit, wie sich eine Kultur auch beim Versiegen ihrer Energiezufuhr am Leben erhalten kann: durch eine Art Winterschlaf. Die Kultur könnte also Perioden der Aktivität mit immer längeren Perioden des Winterschlafs aufeinander folgen lassen. Während des Winterschlafs würden die Maschinen Energie sammeln und speichern. Sobald genug

Energie aufgenommen wäre, würden die Individuen aufwachen, die vorhandene Energie zum Leben nutzen und wieder in Winterschlaf verfallen, wenn sie verbraucht ist. Obwohl die Perioden mit Inaktivität einen ständig steigenden Anteil der Zeit einnähmen, schließlich sogar Millionen und Milliarden von Jahren dauerten, könnten die Individuen in fernen Zeiten unbegrenzt lange überleben. Inzwischen hat es aber nicht den Anschein, als böte Dysons Szenario eine Chance, die Kultur vor dem Aussterben zu bewahren.

Lawrence Krauss, Physiker an der Case Western Reserve University, bewies vor kurzem, dass eine Kultur auch mit Hilfe derartiger Überwinterungen nicht ewig existieren kann. Während die Ruhephasen immer länger werden, müssen die entsprechenden Aktivitätsphasen zudem immer kürzer werden. Das führt schließlich dazu, dass die Funktionen der Kultur irgendwann nicht mehr zu erwecken sind. Ab einem bestimmten Zeitpunkt könnte auch die gesamte dann noch verfügbare Energie des Universums das restliche Leben nicht mehr versorgen – nicht einmal für eine einzige Sekunde. Es gibt also eine endliche Anzahl von Gedanken, die in einer Kultur gedacht werden können. Wenn die Energie verbraucht ist, kann in der Kultur nicht mehr gedacht werden; sie stirbt. Das Leben kann in unserem Universum nicht ewig bestehen.

Aber auch dies müsste noch nicht das Ende des Lebens bedeuten. Manche Wissenschaftler hoffen, dass das Leben weiterbestehen könnte, wenn es neben unserem eigenen auch andere Universen gäbe. Dieser Gedanke ist nicht so weit hergeholt, wie es scheint. Nach der Inflationstheorie leben wir innerhalb einer sich ausdehnenden Blase echten Vakuums. Vermutlich gibt es weitere Blasen, die nicht beobachtbar und von unserem Universum durch eine Mauer aus unechtem Vakuum getrennt sind. Sie wären nicht als völlig separate Universen anzusehen, denn sie wären durch den gleichen Urknall entstanden wie unser Universum. Selbst wenn wir derzeit nicht in der Lage sind, mit ihnen zu kommunizieren, könnten sich diese Blasen nach der Theorie irgendwann vereinigen, während sie sich ausdehnen. Einige Theoretiker entwarfen ein ganz extremes Szenario, bei dem reine Blasenuniversen keine Rolle spielen. Sie glauben, dass die quantenmechanischen Gesetze in jedem Augenblick unzählig viele völlig neue Universen hervorbringen. Diese seltsame Vorstellung hat ihre Wurzeln in einem besonders unanschaulichen Aspekt der Quantenmechanik: dem Superpositions- oder Überlagerungsprinzip. In der uns vertrauten Welt, wie sie durch die klassische Physik beschrieben wird, kann ein Objekt nicht gleichzeitig zwei *Zustände* einnehmen; ein Schalter muss entweder an oder aus sein, ein Kreisel muss entweder im oder gegen den Uhrzeigersinn rotieren, und eine Katze muss entweder lebendig oder tot sein. In der Quantenwelt ist das aber nicht so, denn hier können sich zwei verschiedene Zustände »überlagern«. Ein Photon kann also gleichzeitig einen linken Spalt und einen rechten Spalt passieren, der Spin eines Elektrons kann aufwärts und abwärts gerichtet sein, und Schrödingers Katze kann, wenn sie von der Außenwelt abgeschirmt ist, sowohl lebendig als auch tot sein.[5] Erst wenn Informationen über das Objekt in die Umgebung gelangen – beispielsweise durch einen Beobachter, der die Katze beobachtet oder am Elektron eine Eigenschaft misst –, muss das Objekt »wählen«, in welchem Zustand es sich befindet. Wir werden niemals eine lebendig-tote Katze sehen. Sobald wir in die Kammer schauen, ist die Katze entweder lebendig oder tot, nie jedoch beides gleichzeitig. Solche seltsamen Situationen führen zu einigen schwer verständlichen Eigenschaften von Quantenobjekten.

David Deutsch von der Oxford University und Sir Martin Rees, Astronomer Royal in England, untersuchten die Frage, ob einige Paradoxa der Quantenmechanik durch eine geeignete Annahme zu umgehen sind. Wenn unser Universum Teil eines enormen *Multiversums* ist, das ständig neue Universen hervorbringt, ergeben die Gesetze der Quantenmechanik ein bisschen mehr Sinn. Nach einer Version dieser Viele-Welten-Hypothese spaltet sich unser Universum jedes Mal in zwei Universen auf, wenn ein Quantenobjekt seine Wahl trifft – lebendig oder tot, Spin aufwärts oder abwärts, linker oder rechter Spalt. In dem einen Universum lebt Schrödingers Katze, und im anderen stirbt sie. Obwohl dieses Szenario unnötig kompliziert wirkt, ist es doch eine mathematisch erlaubte Interpretation der quantenmechanischen Gesetze und liefert einige Antworten auf die Frage nach der Feinabstimmung, also auf die Frage, warum unser Universum so ideale Bedingungen für das Leben bietet.

Eine Anzahl von Konstanten beschreibt, wie sich Materie und Energie im Universum verhalten. Beispielsweise gibt die Lichtgeschwindigkeit an, wie schnell sich Materie an der Oberfläche der Raumzeit bewegen kann, und aus der Gravitationskonstante können wir ableiten, wie stark die Gravitationskraft bei verschiedenen Abständen der beteiligten Objekte ist. Es gibt eine Hand voll solcher Fundamentalkonstanten, und wenn auch nur irgendeine von ihnen einen merklich anderen Wert hätte, wäre das Leben vielleicht nicht entstanden.[6] Wäre die Gravitationskraft zu hoch, so wären die Sonnen – wenn sie überhaupt existierten – unglaublich dicht und würden nur für sehr kurze Zeit und äußerst hell strahlen. Wäre die Gravitationskraft geringer, könnten nur wenige Sterne zünden, und die Galaxien wären voller Brauner Zwerge. Wir leben sozusagen auf dem goldenen Mittelweg. Zu golden, wie manche meinen.

Es scheint ein unglaublicher Zufall zu sein, dass das Universum Leben beherbergen kann. Hätte jemand die Werte der Konstanten beliebig auswählen können, gäbe es wahrscheinlich kein Leben. Umso erstaunlicher scheint es, dass das Universum so ist, wie es ist. Allerdings tun sich Wissenschaftler mit Zufällen allgemein recht schwer. Doch die Viele-Welten-Hypothese bietet einen Ausweg. Wenn sie zutrifft, könnte es unzählige verschiedene Universen mit unterschiedlichen Werten der Konstanten geben. Einige dieser Universen würden innerhalb einer Millisekunde kollabieren und einige würden fast keine Materie aufweisen. Und wie es sich so traf, leben wir in einem Universum, das Leben beherbergen kann.[7]

Manche Wissenschaftler glauben, dass dies Zufall war – und nichts als bloßer Zufall.[8] Andere Forscher meinen, dass das so fein austarierte Universum die Handschrift eines Schöpfers verrät. Die John Templeton Foundation, eine Stiftung, die sich der Erforschung der »spirituellen Dimensionen« des Universums verschrieben hat,

hat eine Million US-Dollar für wissenschaftliche Arbeiten über diese »Austarierung« zur Verfügung gestellt. Die Stiftung versucht, im Zuge der kosmologischen Revolution Gott zu finden – aber hier endet die Wissenschaft und beginnt die Philosophie.

Diese Themen sind derzeit Gegenstand der Philosophie und der Religion; sie entziehen sich der experimentellen Überprüfung. Aber ebenso wie die Probleme der alten Kosmologie, der antiken griechischen und der christlichen Vorstellungen über den Kosmos, vor einiger Zeit vom Reich der Philosophie in das der exakten Wissenschaften übergingen, könnten auch die neuen Fragen durch eine spätere Generation von Wissenschaftlern beantwortet werden. Möglicherweise werden das die Themen einer vierten kosmologischen Revolution sein.

Aber die dritte kosmologische Revolution ist noch lange nicht zu Ende, obwohl die Wissenschaftler eine der entscheidenden Fragen, die Menschen seit dem Aufkommen von Kulturen beschäftigten, bereits beantwortet haben. Wir wissen inzwischen ungefähr, woraus das Universum besteht, und wir wissen auch, wie es enden wird. Der Weg zu diesen Erkenntnissen ist eine atemberaubende Leistung, bedeutet jedoch keinen Abschluss, sondern einen Anfang. Am Ende dieses Jahrzehnts, wenn die derzeitige kosmologische Revolution abgeschlossen ist, werden wir mehr darüber wissen, wo der Ursprung des Universums war und wo sein Ende liegen wird. Die Physiker werden die dunkle Materie – sowohl gewöhnliche als auch exotische – beobachtet haben. Sie werden die Rätsel des Vakuums und die Eigenschaften der dunklen Energie sowie der frühen Inflation des Universums ergründen. Sie werden Quarks aus ihrem Farb-Confinement befreien und dabei erkennen, warum unser Universum aus Materie anstatt aus Antimaterie besteht.

In rund zehn Jahren werden wir zurückschauen und uns darüber klar werden, wie stark sich unsere Sichtweise vom Universum verändert hat, seit die Wissenschaftler ins Antlitz der Schöpfung blickten. Wir werden dann ihren Anfang und ihr Ende verstehen – das Alpha und das Omega.

Anmerkungen

1   Die meisten dieser Dimensionen sind *verdichtet* oder aufgerollt, so dass
    wir sie nicht wahrnehmen; sie haben hier aber nichts mit den uns ver-
    trauten Dimensionen zu tun. Es gibt einige interessante Varianten dieser
    Theorie, darunter vor allem den von Nima Arkani-Hamed von der Har-
    vard University und Andreas Albrecht von der University of California
    in Davis vorgeschlagenen Ansatz. Danach liegen bei einigen der zusätz-
    lichen Dimensionen relativ große Abmessungen vor, bis in den Milli-
    meterbereich, was einige beobachtbare Auswirkungen haben müsste.

2   Weil am Himmel mit der Zeit immer weniger zu beobachten sein wird,
    ruft Michael Turner von der University of Chicago auf: »Fördern Sie die
    Kosmologie jetzt!«

3   Das gilt, wenn er einen endlich großen Speicher hat. Seltsamerweise ist
    dieser Energieaufwand nötig, wenn ein rechnender Organismus den
    Inhalt eines vorher besetzten Speicherplatzes *löscht*. (Diese merkwürdige
    Regel wurde vom inzwischen verstorbenen IBM-Forscher Rolf Landauer
    entdeckt.)

4   Einige Wissenschaftler meinen, dieser Prozess habe bereits eingesetzt.

5   Zumindest für einen winzigen Sekundenbruchteil kann Schrödingers
    Katze sowohl lebendig als auch tot sein, das heißt, die Zustände »tot«
    und »lebendig« überlagern sich. Interessant wird es, wenn man das Ob-
    jekt beobachtet (»misst«) und es dadurch zu einer »Wahl« seines Zu-
    stands zwingt. Dann wird die Überlagerung der Zustände durch die so
    genannte Dekohärenz beendet. Je größer ein Objekt ist und je weniger
    gut es von seiner Umgebung isoliert ist, desto schneller setzt die Dekohä-
    renz ein, und die Überlagerung der Zustände geht verloren. Bei einer
    großen Katze wird sich der Zustand »lebendig« wahrscheinlich nicht
    sehr lange mit dem Zustand »tot« überlagern können, auch nicht bei
    Abwesenheit eines Betrachters.

6   Im Jahre 2001 fanden Wissenschaftler in Australien und den Vereinigten
    Staaten bestimmte Anzeichen dafür, dass sich eine dieser Konstanten –
    die Feinstrukturkonstante, die mit der Stärke der elektromagnetischen
    Wechselwirkungen zusammenhängt – über Milliarden von Jahren an-
    scheinend sehr geringfügig verändert hat. Und 2002 zeigte ein anderes
    Team, dass eine sich verändernde Feinstrukturkonstante wahrscheinlich
    mit einer Änderung der Lichtgeschwindigkeit verknüpft ist. Zwar wer-
    den die einzelnen Beobachtungen von den Astrophysikern durchaus
    ernst genommen, aber es herrscht weitgehend Einigkeit darüber, dass die
    Messwerte wohl nicht genau genug sind. Vermutlich hat sich die Fein-
    strukturkonstante doch nicht geändert. Die Forscher werden dieses Pro-
    blem im Auge behalten.

7 Die Wahrscheinlichkeit für ein Universum, das für das Leben geeignet ist, muss recht groß sein, weil solche Universen die komplexesten sein müssen, also bei der Wahl des Zustands die meisten Möglichkeiten haben. Jedes Ergebnis einer solchen Wahl ähnelt einem Zweig an einem Baum. Dabei entsprechen manche Universen winzigen, noch jungen Bäumen, andere Universen dagegen hoch aufragenden Bäumen mit unvorstellbar vielen Zweigen. In diesem Bild haben die einfachen Universen – die kollabieren oder wenig Inhalt haben – nicht viele Zweige. Wenn wir auf die Anzahlen schauen (und dabei einmal ignorieren, dass es hier fast um Unendlichkeiten geht), dann gehört jeder Zweig, auf dem wir sitzen, wohl zu einem komplexen Universum, das viel wahrscheinlicher Leben beherbergen kann als ein einfaches Universum.

8 Dieser Zufall ist nicht so beunruhigend, wie es scheint; denn unsere Existenz und unsere Fähigkeit, den Zustand des Universums zu bestaunen, beruht ja auf dem Umstand, dass das Universum bewohnbar ist. Leider liefert dieses Argument – auch als »schwaches anthropisches Prinzip« bezeichnet – keine neuen Informationen, obwohl es dem Zufall der feinen Austarierung der Bedingungen für das Leben seinen Stachel nimmt.

ANHANG A

Das gealterte Licht setzt sich zur Ruhe

Es gibt kaum eine Möglichkeit, den Urknall abzustreiten, wenn man anerkennt, dass die Rotverschiebung der Galaxien vom Doppler-Effekt herrührt. Die Galaxien bewegen sich voneinander weg, und zwar umso schneller, je weiter sie entfernt sind; das Universum dehnt sich also aus. Aber einige Gegner dieser Theorie meinen, dass die Rotverschiebung nicht vom Doppler-Effekt herrührt. Sie behaupten, das Licht werde roter, weil es auf dem Weg durch das All einen Teil seiner Energie verliert: Das Licht »altert«, es »wird müde«. Diese Hypothese geht auf den Astrophysiker Fritz Zwicky zurück, der sie einige Monate nach Hubbles Aufsatz über die Expansion des Universums entwickelte. Zwicky wollte die Rotverschiebung weit entfernter Galaxien erklären, ohne zu einem sich ausdehnenden Universum Zuflucht nehmen zu müssen. In seiner Hypothese von der Alterung des Lichts erscheinen die fernen Galaxien nicht roter, weil sie sich wegbewegen, sondern weil das Licht von ihnen aus einen weiteren Weg zurückgelegt und sich dabei »erschöpft« hat.

Als Astronomen in den 1960er Jahren erstmals die kosmische Hintergrundstrahlung vermaßen, stellte sich heraus, dass die Strahlung schwächer war, als es Zwickys Hypothese entsprach. Diese Erkenntnis machte die Alterungshypothese rasch zu einem Randthema der Physik, aber man suchte weitere Belege für die Ausdehnung des Universums. Zwei Arbeiten aus dem Jahr 2001 liefern hierfür die bislang besten Indizien.

Bei der ersten Arbeit wurden das Aufleuchten und das Verlöschen von Supernovae vermessen. Dank Einsteins Relativitätstheorie wissen wir, dass eine Uhr auf einer fernen Supernova, die sich mit hoher Geschwindigkeit von uns fortbewegt, langsamer geht als eine Uhr auf der Erde; das ist die so genannte Zeitdilatation. Sie bewirkt, dass eine weit entfernte Supernova in Zeitlupe erscheint und verschwindet – also viel langsamer aufleuchtet und wieder erlischt als nähere Supernovae. Ein Team am Lawrence Berkeley National Laboratory (LBNL) in Berkeley, Kalifornien, unter Leitung von Gerson Goldhaber hat diese Vorhersage an 42 in jüngster Zeit untersuchten Supernovae bestätigt. »Die Befunde sind sehr eindeutig«, erklärt Saul Perlmutter, Supernova-Jäger am LBNL.

Bei der zweiten Untersuchung haben Allan Sandage an den Carnegie-Observatorien in Pasadena und Luri Lubin an der University of California in Davis satellitengestützte Messungen der Oberflächenhelligkeit von Galaxien vorgenommen. Nach beiden Theorien – sowohl nach der Standardtheorie des expandierenden Universums als auch nach der Hypothese von der Alterung des Lichts – sollte eine ferne Galaxie wegen der Rotverschiebung des Lichts schwächer strahlen, als sie es tatsächlich tut. Dies ist eine Selbstverständlichkeit, denn weil roteres Licht energieärmer ist, wird eine Galaxie durch die Rotverschiebung immer schwächer erscheinen, gleichgültig, ob diese Verschiebung von der Alterung des Lichts oder der Bewegung der Galaxie herrührt. Jedoch erscheint eine Galaxie in großer Entfernung *erheblich* schwächer, wenn sie sich bewegt, und das aus zwei Gründen, die für unbewegte Galaxien nicht gelten.

Der erste Grund für die schwächere Strahlung ist auch hier, wie bei den Supernovae, die Zeitdilatation. Stellen wir uns dazu vor, eine Galaxie emittiert pro Sekunde ein Photon in Richtung Erde. Weil die Zeit auf einer fernen, sich bewegenden Galaxie langsamer vergeht, erscheinen die Photonen in Abständen von über einer Sekunde auf der Erde. Weil also in einer bestimmten Zeitspanne weniger Photonen ankommen, leuchtet die Galaxie schwächer. Der zweite Grund ist die so genannte relativistische Aberration: Die Form einer sich schnell bewegenden Galaxie erscheint verzerrt, so dass sie weit schwächer zu strahlen scheint als eine ruhende Galaxie. Diese beiden Effekte – die Zeitdilatation und die relativistische Aberration – wirken sich nur bei bewegten Galaxien mit Doppler-Effekt aus, nicht aber bei ruhenden Galaxien mit gealtertem Licht.

Bei ihren Messungen der Oberflächenhelligkeit mehrerer Galaxien stellten Sandage und Lubin fest, dass die Galaxien weit schwächer strahlten, als es der Theorie von der Alterung des Lichts entspricht. Zieht man noch in Betracht, dass die ferneren Galaxien ein wenig heller erscheinen als die näheren (weil die älteren Galaxien viele helle, junge Sterne enthalten), so stimmt die Beobachtung ziemlich gut mit der erwarteten Helligkeit sich bewegender Galaxien überein.

»Die Ausdehnung des Universums ist real, sie wird nicht durch einen noch unbekannten physikalischen Vorgang verursacht«, erklärt Sandage. Die Theorie von der Alterung des Lichts ist mittlerweile selbst im Ruhestand. Hubble hatte Recht: Das Universum dehnt sich aus.

ANHANG B

Woher kommt die Materie?

Symmetrie und Asymmetrie sind für die Teilchenphysiker zwei grundlegende Konzepte. Die gesamte Struktur der subatomaren Welt scheint auf Symmetrien aufgebaut zu sein, vielleicht sogar auf einer Supersymmetrie, wie in Kapitel 10 diskutiert. Entdeckt man im Universum eine neue Symmetrie oder findet man die Verletzung einer schon bekannten Symmetrie, so ist das normalerweise ein Indiz dafür, dass man eine neue Erkenntnis über die Vorgänge im Kosmos gewonnen hat. Die drei wichtigsten Symmetrien der Teilchenphysik sind mit den Anfangsbuchstaben ihrer englischen Bezeichnungen benannt: C, P und T (für *charge* = Ladung, *parity* = Parität und *time* = Zeit). Anscheinend bergen diese drei Symmetrien das Geheimnis vom Unterschied zwischen Materie und Antimaterie.

Als Alice im Wunderland in das Land hinter den Spiegeln reiste, kam sie in eine Welt, in der alles »andersherum« war, so als wäre es im Spiegel reflektiert. Die Buchstaben der Wörter in dem Gedicht »Jabberwocky« liefen von rechts nach links anstatt, wie gewohnt, von links nach rechts. Sie waren gespiegelt worden. Entscheidend bei dieser so genannten P-Symmetrie (P steht für »Parität«) ist, dass Alice keinen Unterschied zwischen den Naturgesetzen in ihrer eigenen Welt und denen im Land hinter den Spiegeln finden könnte. Würde man das gesamte Universum in einem Spiegel reflektieren, so blieben die Naturgesetze unverändert.[1]

Bis in die späten 1950er Jahre glaubten die Wissenschaftler, die P-Symmetrie würde für das gesamte Universum gelten. Könnte man also auf wundersame Weise das Universum in einem »Superspiegel« reflektieren, dann wären die Welt und ihr Spiegelbild stets ununterscheidbar. Auf subatomarer Ebene jedoch gibt es feine Unterschiede zwischen der gewöhnlichen Materie und ihrem Spiegelbild. Die Theoretiker Chen Ning Yang, damals am Institute for Advanced Study in

Alices Ball

Alices Ball

Wenn die P-Symmetrie verletzt wird, so unterscheiden sich die Naturgesetze in unserer und in der Spiegelwelt.

Princeton in New Jersey, und Tsung-Dao Lee von der Columbia University in New York schlugen ein Verfahren vor, mit dem geprüft werden sollte, ob die P-Symmetrie bei bestimmten Kernzerfällen verletzt wird. Die Experimentalphysikerin Chien-Shung Wu von der Columbia University griff diesen Vorschlag in veränderter Form auf und führte das heute Yang und Lee zugeschriebene Experiment durch: Sie verwendete eine stark gekühlte Quelle mit dem radioaktiven Element Kobalt-60. Beim Betazerfall eines Kobaltkerns entstehen ein Nickelkern, ein Neutrino und ein Positron. Dabei konnten die Elektronen nach oben und nach unten ausgestoßen werden. Das Ergebnis des Versuchs: Es wurden mehr Elektronen nach unten als nach oben ausgestoßen. Wu konnte auch zeigen, dass es bei demselben Experiment in der Spiegelwelt mehr nach oben als nach unten wegfliegende Elektronen geben würde. So enthüllte ihr Experiment einen Unterschied zwischen unserer und der gespiegelten Welt: In dem einen Universum würden mehr Elektronen nach oben, im anderen dagegen mehr nach unten wegfliegen. Damit wäre die P-Symmetrie verletzt, weil die Spiegelwelt sich von unserer Welt unterschiede. Für diese Erkenntnis erhielten Yang und Lee bereits 1957, nur ein Jahr nach dem entscheidenden Experiment, den Nobelpreis für Physik; Wu ging leer aus.

Eine Zeit lang glaubten die Physiker, sie könnten die P-Symmetrie durch eine zusätzliche Bedingung retten, die so genannte C-Symmetrie. Ähnlich wie die P-Symmetrie etwas mit dem Austausch von Materie durch ihr Spiegelbild zu tun hat, werden bei der C-Symmetrie (C steht für *charge* = Ladung) Materie und Antimaterie ausgetauscht. Die Kombination dieser beiden Symmetrien, die so genannte CP-Symmetrie, besagt, dass die Naturgesetze gleich bleiben, wenn man gleichzeitig Materie und Antimaterie austauscht *und* das Universum spiegelt. (Beim dritten Symmetrie-Typ, der T-Symmetrie – wobei T für *time* = Zeit steht –, geht man hypothetisch davon aus, die Zeit umkehren zu können.)

Beim Yang-Lee-Experiment blieb die CP-Symmetrie erfüllt. Würde man gleichzeitig Materie durch Antimaterie austauschen und das

Experiment spiegeln, dann blieben die Ergebnisse dieselben. Das Experiment hatte nur eine Verletzung der P-Symmetrie ergeben, aber die CP-Symmetrie blieb bestehen. Das galt zumindest für einige Jahre. Doch 1964 veröffentlichten die Experimentalphysiker Val Fitch und James Cronin einen Aufsatz in den *Physical Review Letters* über den Zerfall des neutralen K-Mesons. Dieses K^0-Meson, aufgebaut aus einem *Down*-Quark und einem *Strange*-Antiquark, zerfällt in einer Weise, die nur möglich ist, wenn die CP-Symmetrie verletzt ist. Diese Verletzung der CP-Symmetrie ist der Schlüssel zu der Erkenntnis, woher die Materie kommt.[2]

Die Verletzung der CP-Symmetrie zeigt sich auf unterschiedliche Weise. Neuere Experimente am Fermilab in Batavia, Illinois, befassten sich mit dem Zerfall des K-Mesons. Die Forscher untersuchten insbesondere die Winkel, unter denen sich die Zerfallsprodukte trennen. Bei einer Verletzung der CP-Symmetrie treten bevorzugte Winkel auf, so wie Chien-Shung Wu bei ihrem Experiment zur Verletzung der P-Symmetrie gezeigt hatte, dass mehr Elektronen nach unten als nach oben wegfliegen. Aber ein anderer Effekt, der am CERN in Genf erzielt wurde, ist noch eindrucksvoller. Im Mai 2001 wurden die Ergebnisse einer zehnjährigen Arbeit präsentiert, in der der Zerfall von 20 Millionen K^0-Mesonen und Anti-K^0-Mesonen untersucht wurde: Die Anti-K^0-Mesonen zerfielen ein klein wenig schneller als die K^0-Mesonen. Könnte man also eine Ansammlung von K^0- und Anti-K^0-Teilchen bereitstellen, so würden die Antiteilchen schneller verschwinden als die gewöhnlichen Teilchen. Schon 1967 hatte der sowjetische Physiker Andrej Sacharow postuliert, dass diese winzige Asymmetrie der Materie einen kleinen, aber entscheidenden Vorteil gegenüber der Antimaterie verleiht.

Als das Universum entstand, teilte sich die Energie des Urknalls vermutlich zu etwa gleichen Teilen in die Entstehung von Materie und Antimaterie auf. Wären beide Anteile genau gleich groß, hätten Materie und Antimaterie einander vernichten (»annihilieren«) können, so dass nur ein Brei von Energie zurückbleiben würde. Weil die Materie aber einen winzigen Vorteil zu haben scheint – Materie braucht ein bisschen länger zum Zerfallen als Antimaterie und ist daher von der Natur bevorzugt –, konnte ein Stäubchen mehr Materie als Antimaterie überleben, vielleicht im Verhältnis 1 000 000 001 zu 1 000 000 000. Dieses überlebende Stäubchen ist unser Erbe. Als die Materie und Antimaterie einander zerstörten, blieb dieses Stäubchen zurück und wurde zu der Materie, aus der unser heutiges Universum besteht.

So ganz haben die Wissenschaftler die Verletzung der CP-Symmetrie noch nicht im Griff. Lange Zeit war das K^0-Meson das einzige Teilchen, an dem man die Verletzung der CP-Symmetrie zeigen konnte. Um sie mathematisch vollständig beschreiben zu können, musste man sie auch in einem anderen Prozess nachweisen, an dem noch exotischere Quarks beteiligt sind, zum Beispiel ein *Bottom*-Quark.[3] Weil diese Quarks ziemlich schwer sind, lassen sich Teilchen, die *Bottom*-Quarks (oder *Bottom*-Antiquarks) enthalten, beispielsweise B-Mesonen, nur schwer erzeugen.

Aber das ist nicht unmöglich. In den letzten Jahren wurden am Stanford Linear Accelerator Center in Kalifornien ganze Schwärme von B-Mesonen erzeugt und ihr Zerfall gemessen. An einer weiteren B-Mesonen-»Fabrik« in Japan tat man dasselbe. Im Jahre 2001 zeichneten sich erste Ergebnisse ab. Beide Teams, das US-amerikanische und das japanische, fanden Hinweise auf eine Verletzung der CP-Symmetrie auch bei B-Mesonen, und schon bald wird man sich beim Tevatron-Beschleuniger am Fermilab ebenfalls auf die Suche begeben. Für eine endgültige Beurteilung ist es noch zu früh, aber die Wissenschaftler werden wohl bald das letzte Stück im Puzzle der Verletzung der CP-Symmetrie finden und einpassen können. Mit der CP-Verletzung auch bei B-Mesonen werden sie die Verletzung der CP-Symmetrie bei Quarks mathematisch vollständig beschreiben können. Damit wird klar werden, warum das Universum mit Materie anstatt mit Antimaterie angefüllt ist.

Anmerkungen

1 Die Parität ist ein mathematischer Begriff, der mit den Symmetrien im Raum zu tun hat. Bei einer P-Symmetrie betrachtet man eigentlich die Reflexion in *drei* Spiegeln, nicht nur in einem einzigen; dabei werden rechts und links, oben und unten sowie vorn und hinten vertauscht.

2 Heute glauben die Physiker, dass die einzige nicht verletzte Symmetrie die CPT-Symmetrie ist; dabei wird die Zeit umgekehrt (T), es werden Materie und Antimaterie ausgetauscht (C), und alles wird in einem Spiegel reflektiert (P). Führte man alle drei Operationen gleichzeitig aus, so dürfte das »Doppelgänger-Universum« von unserem eigenen Universum nicht unterscheidbar sein. Bislang konnte noch kein Anzeichen für eine Verletzung der CPT-Symmetrie gefunden werden.

3 Der mathematische Formalismus bei der Verletzung der CP-Symmetrie baut auf der so genannten Cabibbo-Kobayashi-Maskawa-Matrix (CKM-Matrix) auf. Sie beschreibt bestimmte Wechselwirkungen zwischen den Quarks. Es sind noch nicht alle Komponenten der Matrix vollständig bekannt, insbesondere diejenigen nicht, die mit der Verletzung der CP-Symmetrie zu tun haben. Aus dem Zerfall der K-Mesonen lassen sich einige dieser Elemente ableiten, aber zum Berechnen der gesamten Matrix sind weitere Terme notwendig. Deswegen benötigen die Wissenschaftler ein weiteres Teilchen, um die Verletzung der CP-Symmetrie vollständig beschreiben zu können.

ANHANG C

Physik-Nobelpreise in Vergangenheit und Zukunft

Auf folgende Nobelpreise wird in diesem Buch eingegangen:

1933: Paul Adrien Maurice Dirac, für die Vorhersage des Antielektrons. (Und Erwin Schrödinger, für die Quantenmechanik.)

1936: Carl Anderson, für den Nachweis des Antielektrons. (Und Victor Hess, für die Entdeckung der Höhenstrahlung.)

1957: Chen Ning Yang und Tsung-Dao Lee, für den Nachweis der Verletzung der P-Symmetrie beim Zerfall von Kobaltkernen.

1965: Sin-Itiro Tomonaga, Julian Schwinger und Richard Feynman, für die Renormierung der Quantenelektrodynamik.

1969: Murray Gell-Mann, für die Quantenchromodynamik.

1974: Anthony Hewish, für die Entdeckung des ersten Pulsars. (Und Martin Ryle, für die Erfindung der synthetischen Apertur; dieses Verfahren hängt mit der Interferometrie zusammen.)

1976: Burton Richter und Samuel Ting, für den Nachweis des J/Psi-Mesons.

1978: Arno Penzias und Robert Wilson, für den Nachweis der kosmischen Hintergrundstrahlung. (Und Pjotr Kapitza, für Tieftemperaturexperimente.)

1979: Sheldon Glashow, Abdus Salam und Steven Weinberg, für die Vereinheitlichung der elektroschwachen Kraft.

1980: James Cronin und Val Fitch, für den Nachweis der Verletzung der CP-Symmetrie in K-Mesonen.

1984: Carlo Rubbia und Simon van der Meer, für den Nachweis des W- und des Z-Bosons.

1988: Leon Lederman, Melvin Schwartz und Jack Steinberger, für den Nachweis des Myon-Neutrinos.

1993: Joseph Tayler und Russell Hulse, für die Entdeckung eines

binären Pulsars; damit wurde die Existenz von Gravitationswellen bestätigt, wie Einsteins Relativitätstheorie sie vorhergesagt hatte.

1999: Gerardus 't Hooft und Martinus Veltman, für die Renormierung der elektroschwachen Theorie.

2002: Raymond Davis jr. und Masatoshi Koshiba, für den Nachweis
von Solar- und kosmischen Neutrinos. (Und Ricardo Giacconi,
für bahnbrechende Arbeiten in der Röntgenastronomie.)

Die Entscheidungen des Nobelkomitees sind immer schwierig vor-
herzusagen, und noch schwieriger ist es herauszufinden, welche Person in einem weiten Arbeitsgebiet für eine besondere Entdeckung
ausgezeichnet werden sollte. Das Komitee ist oft aus politischen oder
philosophischen Gründen zu befangen, den Preis an die würdigsten
Kandidaten zu vergeben. Edwin Hubble hat nie einen Nobelpreis
erhalten, und Albert Einstein – der für seine Erklärung des Foto-
effekts ausgezeichnet wurde – erhielt den Preis *trotz* seiner Relativitätstheorie. Nur zwei Dinge sind sicher: Höchstens drei Personen
dürfen sich einen Preis teilen, und niemand kann posthum ausgezeichnet werden.

In den letzten Jahren erschienen in der Kosmologie und ihren
Nachbargebieten zahlreiche nobelpreiswürdige Arbeiten. Hier sind
meine Vorhersagen über abgeschlossene Arbeiten, die einen Nobelpreis verdient haben, und meine Vermutungen, wer den Preis bekommen könnte:

- Für den Nachweis der dunklen Materie (Vera Rubin und andere)
- Für die Theorie des inflationären Universums (Alan Guth)
- Für den Nachweis der Anisotropie in der kosmischen Hintergrundstrahlung (Mitglieder des COBE-Teams, möglicherweise
  noch andere)
- Für die richtige Vorhersage des Spektrums der kosmischen Hintergrundstrahlung (Edward Harrison, P. J. E. Peebles, J. T. Yu oder
  andere; Yakow Zel'dovic ist bereits 1987 gestorben)

- Für Präzisionsmessungen des Spektrums der kosmischen Hintergrundstrahlung (Mitglieder des Boomerang- und des DASI-Teams)
- Für den Nachweis der Neutrinomasse (Mitglieder des Super-Kamiokande-Teams)
- Für die Vorhersage des Spektrums der Solarneutrinos (John Bahcall und andere)
- Für die Auflösung des Solarneutrino-Paradoxons (Forscher am Sudbury-Neutrino-Observatorium und am Super-K)
- Für den Nachweis der dunklen Energie (Forscher bei den Projekten High-Z-Supernova und Boomerang)
- Für die Bestimmung der Krümmung des Universums (Forscher bei den Projekten High-Z-Supernova, Supernova-K und Boomerang)

Viel schwieriger ist es, noch nicht abgeschlossene nobelpreisverdächtige Arbeiten zu benennen, obwohl die dritte kosmologische Revolution sehr fruchtbaren Boden für solche Arbeiten bietet, darunter die folgenden:

- Für die Vorhersage und den Nachweis von supersymmetrischen Teilchen
- Für die Erzeugung und Untersuchung eines Quark-Gluon-Plasmas
- Für die Vorhersage und den Nachweis von *Curl*-artiger Polarisation in der kosmischen Hintergrundstrahlung
- Für die Identifikation von Objekten aus dunkler Materie im Halo der Milchstraße
- Für den Nachweis eines neuen, schwach wechselwirkenden, mit Masse behafteten Teilchens, das wesentlich zur dunklen Materie beiträgt
- Für den Nachweis des Higgs-Bosons
- Für die Untersuchung der schwachen Zerfälle in B-Mesonen und die Vervollständigung der CKM-Matrix

– Für den Nachweis des doppelten Beta-Zerfalls und den Beweis,
  dass das Majorana-Bild des Neutrinos korrekt ist (das ist zwar
  unwahrscheinlich, aber falls es gelingt, ein sicherer Nobelpreis-
  kandidat)
– Für den direkten Nachweis von Gravitationswellen

ANHANG D

Experimente, auf die man ein Auge habe sollte

Im Jahre 2002 gab es zahlreiche aufregende Experimente und Messungen in den fünf nachstehend aufgeführten Gebieten. Hier kann natürlich nur eine Auswahl genannt werden, aber auch sie gibt schon einen Vorgeschmack auf noch zu erwartende Ergebnisse.

Kosmische Hintergrundstrahlung

Boomerang: Dieser Name ist abgeleitet von der englischen Bezeichnung *Balloon Observations of Millimetric Extragalactic Radiation and Geophysics* (etwa: »ballongestützte Beobachtung extragalaktischer Strahlung im Millimeterbereich und für geophysikalische Messungen«). Das 1999 begonnene Projekt, bei dem Bolometer an Ballons hoch über der Antarktis schweben, hat die Erforschung der Hintergrundstrahlung bereits jetzt revolutioniert. Es lieferte die ersten hoch aufgelösten Messungen der Hintergrundstrahlung. Später wurden die Apparaturen etwas variiert, damit auch die Polarisation gemessen werden konnte. Innerhalb der nächsten Jahre ist mit weiteren wichtigen Ergebnissen zu rechnen.

DASI: Das *Degree Angular Scale Interferometer* (etwa: »kleinwinkelempfindliches Interferometer«) ist wie Boomerang ein empfindliches, in der Antarktis stationiertes Observatorium. Es steht jedoch auf der Erde und benutzt keine Bolometer wie Boomerang, sondern arbeitet mit interferometrischen Verfahren. DASI lieferte im April 2001 erste ausgezeichnete Daten, und im September 2002 gelang es hier erstmals, die Polarisation der Hintergrundstrahlung nachzuweisen.

CBI: Der *Cosmic Background Imager* (etwa: »Betrachter des kosmischen Hintergrunds«) steht in Chile und ist ähnlich aufgebaut wie DASI. Er erfasst einen kleineren Winkelbereich als DASI oder Boomerang. Obwohl CBI nicht so berühmt ist wie diese beiden, lieferte er schon deutliche Indizien für die Gültigkeit der Inflationstheorie. Man rechnet damit, dass er auch in den nächsten Jahren wichtige Beobachtungen ermöglichen wird, die mit DASI oder Boomerang nicht möglich sind.

MAP: Die *Microwave Anisotropy Probe* (etwa: »Mikrowellen-Anisotropie-Sonde«) wurde im Juni 2001 mit einer Delta-II-Rakete gestartet und hat seither hoch aufgelöste Bilder der Hintergrundstrahlung aus dem gesamten Himmel geliefert – anders als Boomerang, DASI oder andere erdgebundene Teleskope, die immer nur einen Teil des Himmels abtasten können. Das mit MAP erhaltene detaillierte und umfassende Bild zeigt das Spektrum der Hintergrundstrahlung mit zuvor nie erreichter Genauigkeit. Die ersten Ergebnisse wurden im Februar 2003 bekannt gegeben.

ACBAR: Der *Arcminute Cosmology Bolometer Array Receiver* (etwa: »bogenminutengenauer Empfänger für Hintergrundstrahlung mit einer Bolometeranordnung«) wurde im November 2001 am Südpol aufgestellt; er soll den Sunyaew-Zel'dovic-Effekt ausnutzen, um die Verteilung der Materie in Galaxienhaufen abzubilden. Ab 2006 soll ein weiteres, bislang noch unbenanntes Teleskop am Südpol eine noch gründlichere Sunyaew-Zel'dovic-Himmelsdurchmusterung vornehmen.

Planck: Dieser europäische Satellit soll im Jahr 2007 gestartet werden und wie MAP die Hintergrundstrahlung am gesamten Himmel beobachten. Planck wird jedoch wesentlich genauer und empfindlicher sein als MAP und außerdem die Polarisation der Hintergrundstrahlung vermessen können.

Astronomische Beobachtungen

2dF: Die *Two Degree Field Collaboration* (etwa: »Team für die Beobachtung in einem 2-Grad-Bereich«) nutzt ein australisches Teleskop, um Galaxien und weitere Himmelsobjekte abzubilden. Wie der
Name ausdrückt, beschränkt sich das Projekt auf einen sehr kleinen
Himmelsausschnitt. Dennoch rechnen die an dem Projekt beteiligten
Astronomen damit, in diesem Ausschnitt etwa 250 000 Galaxien zu
entdecken, und sie sind schon fast am Ziel. Die bisherigen 2dF-Daten
haben bereits die Masseverteilung in Galaxienhaufen enthüllt, und es
wird mit weiteren Verbesserungen gerechnet.

SDSS: Das *Sloan Digital Sky Survey* (etwa: »digitale Himmelsdurch-
musterung der Sloan-Foundation«) ähnelt in Ziel und Methode dem
2dF-Projekt, ist jedoch umfassender angelegt. Es wurden bereits
einige wichtige Daten publiziert, und man rechnet in den nächsten
Jahren mit einer noch höheren Ausbeute.

SNAP: Die *Supernova Acceleration Probe* (etwa: »Supernova-Be-
schleunigungs-Sonde«) ist ein noch im Stadium der Vorplanung befindlicher Satellit, der mit Hilfe einer Hightech-Kamera Schnappschüsse (engl. *snapshots*) des Himmels anfertigen soll. Man hofft,
dabei auf Supernovae zu stoßen, insbesondere auf Typ-I-Supernovae.
Dieser Satellit soll – so er denn realisiert wird – den Supernova-
Jägern zügig viele Standardkerzen bieten. Damit könnten die Kosmologen die Expansionsgeschwindigkeit des Universums über einen
sehr großen Zeitraum berechnen.

Hochenergie- und Teilchenphysik

RHIC: Am *Relativistic Heavy Ion Collider* (»Collider für relativistische Schwerionen«) am Brookhaven National Laboratory sollen
schwere Kerne – beispielsweise die von Goldatomen – auf so hohe

Geschwindigkeiten beschleunigt werden, dass die Effekte der Relativitätstheorie deutlich werden, und dann aufeinander stoßen. Die Anlage ging im Juni 2000 in Betrieb, und die ersten Ergebnisse deuten darauf hin, dass in ihr ein Quark-Gluon-Plasma erzeugt werden konnte. Allerdings sind die Indizien noch nicht so aussagekräftig, dass man von einem Beweis sprechen könnte. Ein solcher wird für das Jahr 2004 erwartet.

BaBar: Mit diesem am Stanford Linear Accelerator Center in Kalifornien angesiedelten Detektor werden B-Mesonen untersucht. Der Name bezieht sich auf eine bestimmte Konfiguration bei der Mesonenerzeugung (B/B-bar) und erinnert gleichzeitig an den kleinen Elefanten Babar, der auch das Maskottchen des internationalen Forscherteams ist. BaBar lieferte 1999 die ersten Daten, und ständig kommen neue Resultate hinzu. Mit diesen Messungen hofft man, abschließende Erkenntnisse zur schwachen Wechselwirkung und zur Verletzung der CP-Symmetrie zu erhalten. Dies wird die Frage klären helfen, warum das Universum aus Materie und nicht aus Antimaterie besteht.

Tevatron: Dieser Beschleuniger am Fermilab weist nach einem 260 Millionen Dollar teuren, im März 2001 beendeten Umbau einige Funktionsstörungen auf: Die Kollisionseinheit für Protonen und Antiprotonen funktioniert nicht mehr richtig. Wenn die Fehler beseitigt sind, wird Tevatron vermutlich Daten über W-Bosonen und – neben den durch BaBar gelieferten Erkenntnissen – auch über B-Mesonen liefern. Außerdem gibt es gute Chancen, dass Tevatron das leichteste supersymmetrische Teilchen entdecken wird, sowie eher geringe Chancen, das Higgs-Boson zu sehen.

LHC: Der *Large Hadron Collider* (»großer Hadronen-Collider«) am CERN in Genf wird nach seiner Fertigstellung die Möglichkeiten von Tevatron und RHIC noch übertreffen. Falls das leichteste supersymmetrische Teilchen nicht am Tevatron gefunden wird, wird man es

wohl am LHC entdecken – falls aber nicht, dann ist die Supersymmetrie so gut wie ausgeschlossen. LHC sollte auch das Higgs-Boson
finden können. Der Betriebsbeginn ist für 2007 geplant, wird sich
aber wohl verzögern.

NLC: Der *Next Linear Collider* (»nächster Linearcollider«) ist erst
vorgesehen und soll den LHC ergänzen. Wenn der Bau beschlossen
wird, stehen Standorte an der Westküste der Vereinigten Staaten
oder in Deutschland zur Auswahl. Im Gegensatz zu den anderen hier
aufgeführten Beschleunigern soll NLC keine zusammengesetzten
Teilchen wie Protonen oder Atomkerne aufeinander schießen, sondern Positronen und Elektronen. Das machte NLC sozusagen zu
einem Skalpell; in diesem Vergleich entspricht LHC eher einer Ket-
tensäge. Sobald LHC ein interessantes Teilchen entdeckt, könnte
NLC dessen Eigenschaften im Detail untersuchen. Wegen der enormen Kosten für ein solches Projekt ist der Weg bis zur Realisierung
noch sehr steinig. Doch wenn NLC einmal in Betrieb geht, wird er
ein spektakuläres Instrument sein.

Gravitationswellen

LIGO: Das *Laser Interferometer Gravitational-Wave Observatory*
(»Observatorium mit Laserinterferometer zur Beobachtung von Gravitationswellen«) besteht aus zwei Anlagen, die den charakteristi-
schen Wechsel von Dehnungen und Stauchungen von Festkörpern
beim Durchgang einer Gravitationswelle nachweisen sollen. Seit
Anfang 2002 nimmt LIGO erste Daten auf.

TAMA, VIRGO: Dies sind die japanische beziehungsweise die europäische Version von LIGO. Wegen einiger Nachteile der Konstruktion ist es jedoch unwahrscheinlich, dass sie so empfindlich sind wie
LIGO.

ALLEGRO, AURIGA: Anders als LIGO, das ein Interferometer für den Nachweis von Gravitationswellen benutzt, basieren diese – und einige andere – Vorrichtungen auf einem Detektor, der wie eine Stimmgabel zu vibrieren beginnt, wenn eine Gravitationswelle bestimmter Wellenlänge vorüberzieht. Diese Detektoren sind jedoch unempfindlicher als TAMA und VIRGO.

LISA: Diese *Laser Interferometer Space Antenna* (etwa:»weltraumgestützte Antenne mit Laserinterferometer«) ist die Vision der NASA für den ultimativen Gravitationswellendetektor. Sie soll aus drei Satelliten im Formationsflug bestehen, die gemeinsam als riesiges Interferometer wirken. Leider sind die technischen Hürden sehr hoch. Falls LISA aber realisiert werden sollte, wird sie für die Kosmologen zu einem wahren Segen werden, wenn sie damit die Gravitationswellen aus der Frühzeit des Universums untersuchen.

Neutrinos und WIMPs

Super-K: Der japanische Detektor Super-Kamiokande – der Name kommt von der Mine Kamioka, in der er errichtet wurde – konnte erstmals überzeugende Indizien dafür liefern, dass Neutrinos doch eine Masse haben; diese Veröffentlichung im Jahre 1998 war ein Wendepunkt in der Neutrinophysik. Der Detektor besteht im Wesentlichen aus einem riesigen wassergefüllten Zylinder. Zahllose Fotodetektoren fangen die Lichtblitze auf, die bei den seltenen Wechselwirkungen von Neutrinos mit dem Wasser entstehen. Ende 2001 wurde der Detektor schwer beschädigt; obwohl er in den nächsten Jahren wohl nicht vollständig repariert werden wird, nimmt er noch immer Daten auf.

K2K: Die nahe der japanischen Stadt Tsukuba gelegene Vorrichtung erzeugt einen Neutrinostrahl und richtet ihn auf den 250 Kilometer weit entfernten Detektor Super-K. Seit 1999 registriert der Detektor die Anzahl der einfallenden Neutrinos und vergleicht sie mit der theoretisch zu erwartenden Anzahl. Die bisher gemessene Differenz deutet schon jetzt auf einen bestimmten Grenzwert der Neutrinomasse hin. Obwohl das Experiment unter der Beschädigung von Super-K gelitten hat, wird es fortgesetzt, bis Super-K wieder voll einsatzfähig ist.

SNO: Das *Sudbury Neutrino Observatory* erregte im Juli 2001 große Aufmerksamkeit: Seine ersten Ergebnisse wiesen deutlich darauf hin, dass sich die in der Sonne entstehenden Elektron-Neutrinos auf dem Weg zur Erde in Myon- und Tau-Neutrinos umwandeln; dies nennt man Neutrinooszillation. Damit war das Rätsel um die Solarneutrinos gelöst. Anders als Super-K ist SNO mit schwerem Wasser gefüllt, das für bestimmte Reaktionen empfindlicher ist. Die Ergebnisse von SNO werden unsere Kenntnis der Neutrinoeigenschaften erweitern.

KamLAND: Das KamLAND-Experiment nutzt einen alten Detektor in der Mine Kamioka, dem Standort von Super-K, und soll Antineutrinos aus den zahlreichen Kernreaktoren in Südkorea und Japan nachweisen. Im Dezember 2002 gab das KamLAND-Team erste Ergebnisse bekannt, nach denen Antineutrinos ebenso oszillieren wie Neutrinos. Man erwartet, dass KamLAND künftig weitere Eigenschaften von Neutrinos und Antineutrinos enthüllen wird.

AMANDA, IceCube: Die Anlage mit dem Namen *Antarctic Muon and Neutrino Detector Array* (»Antarktisches Myon und Neutrinodetektorfeld«) ist ein riesiger Detektor aus antarktischem Eis. Er hat in den letzten Jahren Neutrinos vermessen und WIMPs gesucht. Die Ausrüstung wurde 1999 und 2000 verbessert, die Anlage sammelt noch immer Daten und wertet sie aus. Die Errichtung des Nachfolgers IceCube wird seit 2003 von der US-amerikanischen Forschungsgemeinschaft, der National Science Foundation, finanziell unterstützt.

GLOSSAR

γ [gamma]: allgemein ein »Lichtteilchen« (→ Photon). Besonders energiereiche elektromagnetische Strahlung wird als Gammastrahlung bezeichnet.

Λ [Lambda]: die → kosmologische Konstante.

μ [my]: ein → Myon.

ν [ny]: ein → Neutrino.

$ν_e$ [ny-e]: ein → Elektron-Neutrino.

$ν_μ$ [ny-my]: ein → Myon-Neutrino.

$ν_τ$ [ny-tau]: ein → Tau-Neutrino.

π [pi]: ein → Pion.

τ [tau]: ein → Tauon.

Ω [Omega]: die Dichte dessen, was das frühe Universum enthielt, nämlich Masse und Energie. Genauer bezeichnet Ω die Energiedichte des Universums, multipliziert mit einem Skalierungsfaktor, der die Expansion des Universums berücksichtigt. (In diesem Buch wird der Skalierungsfaktor zur besseren Verständlichkeit der Erklärungen ignoriert.) Die Größe Ω hängt mit der Form und mit der weiteren Geschichte, insbesondere mit dem Ende des Universums zusammen; man nimmt heute an, dass ihr Betrag bei etwa 1 liegt.

$Ω_b$ [Omega-b]: der Beitrag der → baryonischen Materie zur Energiedichte des Universums. Nach derzeitigen Schätzungen liegt er bei knapp 0,05, also 5 Prozent. Ein Zehntel davon ist sichtbare Materie, der Rest ist baryonische → dunkle Materie (siehe auch → Baryonen).

$Ω_m$ [Omega-m]: der Beitrag der Materie zur Energiedichte des Universums. Nach derzeitigen Schätzungen liegt er bei nahezu 0,35, also 35 Prozent. Das meiste davon ist → exotische dunkle Materie.

$Ω_Λ$ [Omega-Lambda]: der Beitrag der → kosmologischen Konstante (oder allgemeiner der → dunklen Energie) zur Energiedichte des Universums. Nach derzeitigen Schätzungen liegt er bei knapp 0,65, also 65 Prozent.

$Ω^-$ [Omega-minus]: → Omega-minus-Teilchen.

akustische Oszillationen: Druckwellen, die das frühe Universum durchzogen. Sie entstanden, als die Massen sich unter der anziehenden Kraft der Gravitation zusammenballten und durch den Strahlungsdruck wieder ausdehnten, also abwechselnd komprimiert und expandiert wurden. Diese Kompressionen und Expansionen sind die Quelle von heißen und kalten Stellen in der → kosmischen Hintergrundstrahlung.

Anisotropie: die Eigenart einer Substanz, in unterschiedlichen Richtungen unterschiedliche physikalische Eigenschaften zu haben; das Gegenteil ist die → Isotropie. Die Entdeckung, dass auch die → kosmische Hintergrundstrahlung anisotrop ist, war eines der wichtigsten Ergebnisse, die mit dem Satelliten → COBE gewonnen wurden.

Antielektron: das Antiteilchen (→ Antimaterie) des → Elektrons, auch als Positron bezeichnet.

Antimaterie: das »Gegenstück« zur Materie. Wenn Teilchen aus Materie und aus Antimaterie in Kontakt kommen (zum Beispiel ein → Antielektron mit einem → Elektron), dann vernichten (»annihilieren«) sie einander, das heißt, sie zerfallen in Energie.

Baryonen: Sammelbezeichnung für die »schweren« Elementarteilchen (schwer im Vergleich zu den mittelschweren → Mesonen und den leichten → Leptonen). Sie sind aus drei → Quarks aufgebaut (siehe auch → baryonische Materie).

baryonische Materie: Materie, die aus → Baryonen besteht, zum Beispiel aus → Protonen und → Elektronen. Jegliche uns vertraute Materie, wie sie im Periodensystem der Elemente aufgeführt ist, stellt baryonische Materie dar.

Beta-Zerfall (β-Zerfall): ein Kernprozess, bei dem ein → Neutron in ein → Proton umgewandelt wird; dabei werden ein → Elektron und ein Antineutrino frei. Streng genommen ist dies der so genannte Beta-minus-Zerfall (β⁻-Zerfall); sein Gegenstück ist der Beta-plus-Zerfall (β⁺-Zerfall), bei dem ein Proton in ein Neutron umgewandelt wird; dabei werden ein → Antielektron und ein → Neutrino frei.

Big Bang: → Urknall.

Big Crunch (wörtlich: »großes Knirschen«): der Untergang des Universums, bei dem es kollabiert, sich dabei aufheizt und dann in einem neuerlichen → Urknall aufgeht.

Big Splat (wörtlich: »großer Platsch«): der Vorgang, bei dem nach der Theorie des → ekpyrotischen Universums das Weltall entstand.

Blauverschiebung: das Gegenstück zur → Rotverschiebung.

B-Meson: ein → Meson, das aus einem *Bottom*-Quark und einem *Up*- beziehungsweise *Down*-Antiquark aufgebaut ist; es kann auch aus einem *Bottom*-Antiquark und einem *Up*- beziehungsweise *Down*-Quark bestehen (→ Quarks).

Bosonen: Elementarteilchen mit ganzzahligem → Spin (also 0, ±1, ±2 und so weiter). Im → Standardmodell sind die Teilchen, die eine Kraft vermitteln – also das → Photon, das → Gluon, das → W-Boson und das → Z-Boson – allesamt Bosonen. Anders als → Fermionen können Bosonen zur selben Zeit denselben Quantenzustand haben.

Brauner Zwerg: ein Stern, dessen Masse so gering ist, dass keine thermonukleare Reaktion beginnen konnte, und der darum nur schwach leuchtet. Die Braunen Zwerge sind mögliche Kandidaten für → MACHOs.

Casimir-Effekt: ein von dem niederländischen Physiker Hendrik Casimir (1909–2000) vorhergesagter und später auch gemessener quantenmechanischer Effekt, nach dem die → Nullpunktsenergie eine Kraft ausüben kann.

Cepheiden: historische Bezeichnung für eine Anzahl von Sternen, deren Helligkeit sich regelmäßig verändert (pulsiert); man nennt sie daher auch Pulsationsveränderliche. Die Cepheiden spielen in der Astronomie eine wichtige Rolle, weil ihre Helligkeit mit ihrer Pulsationsfrequenz zusammenhängt. Daher lässt sich aus der gemessenen Zeitdauer des Pulsationszyklus die Helligkeit ableiten. Auf diese Weise können die Cepheiden als → Standardkerzen dienen. Edwin Hubble nutzte die Eigenschaften der Cepheiden, um die Entfernung zur Andromeda-Galaxie und zu anderen → Galaxien zu bestimmen.

CERN: das Europäische Kernforschungszentrum mit Sitz in Genf. Der Name leitet sich von der französischen Bezeichnung *Centre Européen pour la Recherche Nucléaire* her. Das CERN gehört mit seinen Teilchenbeschleunigern → LEP und → LHC zu den weltweit wichtigsten Forschungsstätten der Teilchenphysik.

Chandrasekhar-Grenze (benannt nach dem amerikanisch-indischen Physiker Subrahmanyan Chandrasekhar, 1910–1995): die maximal mögliche Masse von etwa 1,44 Sonnenmassen für einen → Weißen Zwerg. Ist ein Stern massereicher, so kann der nach außen gerichtete Druck der → Elektronen die Eigengravitation nicht mehr ausgleichen. Dann wird der Stern auf Grund seiner Eigengravitation zusammenfallen, als → Supernova aufleuchten und danach zu einem → Neutronenstern, einem → Quark-Stern oder einem → Schwarzen Loch kollabieren.

COBE: Abkürzung für *Cosmic Background Explorer*, ein Satellit der NASA zur Untersuchung der → kosmischen Hintergrundstrahlung am gesamten Himmel. Die wichtigsten Erkenntnisse der Mission waren, dass diese Strahlung sowohl ein → Schwarzkörperspektrum als auch → Anisotropie aufweist.

Curl: ein mathematischer Begriff, der die »Verwirbelung« in einem Feld angibt, zum Beispiel bei der Polarisation der → kosmischen Hintergrundstrahlung. → Akustische Oszillationen können keine Verwirbelung in der Polarisation der Hintergrundstrahlung erzeugen, → Gravitationswellen dagegen sehr wohl. Man hofft daher, Verwirbelung auch in der Hintergrundstrahlung zu finden und so den Gravitationswellen im frühen Universum auf die Spur zu kommen.

Dirac-Neutrino (benannt nach dem britischen Physiker Paul Dirac, 1902–1984): sozusagen ein gewöhnliches → Neutrino. Es hat, im Gegensatz zum → Majorana-Neutrino, als Antiteilchen ein Antineutrino (→ Antimaterie).

Doppler-Effekt (entdeckt von dem österreichischen Physiker Christian Doppler, 1803–1853): die Veränderung der → Frequenz einer beim Beobachter eintreffenden Welle. Das Ausmaß der Frequenzänderung hängt von der Relativbewegung von Sender und Empfänger ab. Der Doppler-Effekt verursacht bei Lichtwellen die → Rotverschiebung beziehungsweise die → Blauverschiebung.

Drei-Kelvin-Strahlung: → kosmische Hintergrundstrahlung.

dunkle Energie: eine noch nicht erklärbare Energie (auch Vakuumenergie genannt), die der Gravitation entgegenzuwirken scheint und das Universum mit immer größerer Geschwindigkeit aufbläht. Sozusagen ganz heiße Kandidaten für die Deutung der dunklen Energie sind die → Quintessenz und die → kosmologische Konstante.

dunkle Materie: selbst nicht leuchtende und daher nicht sichtbare Materie, die offensichtlich vorhanden ist, da ihre Gravitationswirkung nachgewiesen wurde. Sie macht den weitaus größten Anteil des Universums aus (siehe auch → baryonische Materie).

ekpyrotisches Universum (abgeleitet vom griech. Wort *ekpyrosis*: »Zerstörung durch Feuer«): eine neuere → Kosmologie, aufgestellt von Paul Steinhardt und seinen Mitarbeitern auf der Basis der → M-Theorie. Ihre Konsequenzen ähneln denjenigen der → Inflationstheorie, unterscheiden sich aber im Detail von ihr. Insbesondere begann nach dieser Theorie das Universum nicht mit einem → Urknall, sondern mit einem → Big Splat (»großen Platsch«).

Elektron: das leichteste und häufigste → Lepton.

Elektron-Neutrino: eine der Abarten der → Neutrinos, die vor allem bei Reaktionen mit → Elektronen auftritt.

Epizykel: in der → geozentrischen Theorie die Bewegung der Planeten auf kleinen Kreisen um Punkte auf ihren großen kreisförmigen Bahnen. Die Epizykeln waren in der geozentrischen Theorie nötig, um die Schleifenbewegung der Planeten am Himmel zu erklären.

exotische dunkle Materie: der Anteil der → dunklen Materie, der nicht baryonisch ist. Die → Neutrinos (die keine → Baryonen sind) machen einen kleinen Anteil dieser Materie aus; ihr größter Anteil muss jedoch aus bislang noch nicht entdeckter Materie bestehen, zum Beispiel aus → WIMPs.

Expansion des Universums: die Ausdehnung der → Raumzeit, bildlich vergleichbar mit dem Aufblähen eines Ballons. Die von

Edwin P. Hubble erstmals beschriebene Expansion wirkt so, dass sich die → Galaxien von der Erde entfernen, und zwar umso schneller, je weiter sie entfernt sind. Als bei der Suche nach weiteren Supernovae (→ Supernova) klar wurde, dass die Expansion sich eher beschleunigt als verlangsamt, begann die dritte kosmologische Revolution.

falsches Vakuum: ein Zustand, bei dem die → Nullpunktsenergie höher war als heute. Dieser Zustand müsste das Universum ziemlich schnell aufgebläht haben und dann rasch in das »wahre« heutige Vakuum zerfallen sein.

Farbe: eine abstrakte Namensgebung für eine bestimmte Eigenschaft von → Quarks. Sie wurde eingeführt, um die Wechselwirkungen der → starken Kraft zu erklären.

Fermionen: Teilchen mit halbzahligem → Spin ($\pm 1/2$, $\pm 3/2$, $\pm 5/2$ und so weiter). Im → Standardmodell sind die wichtigsten Bestandteile der Materie (also → Quarks und → Leptonen) sämtlich Fermionen. Anders als → Bosonen können Fermionen zur selben Zeit nicht denselben Quantenzustand einnehmen.

Flavor (wörtlich: »Geschmacksrichtung«): Bezeichnung für die sechs Arten von → Quarks, nämlich *Up*, *Down*, *Strange*, *Charm*, *Bottom* und *Top*. Sie unterscheiden sich in ihren elektrischen Ladungen und ihren Massen (siehe auch → Farbe).

Frequenz: ein Maß dafür, wie schnell bei einem wellenartigen Phänomen zwei Wellenberge aufeinander folgen; je höher die Frequenz ist, desto mehr Wellenberge kommen pro Sekunde an einem bestimmten Punkt an. Die Energie eines → Photons ist umso höher, je höher seine Frequenz ist.

Fusion: → Kernfusion.

Galaxie: ein Sternensystem außerhalb unserer Milchstraße, der Galaxis. Der Begriff ist abgeleitet vom griechischen Wort *galactos* (»milchig«).

Geodäte (geodätische Linie): der kürzeste Weg zwischen zwei Punkten auf einer glatten Oberfläche. In einer Ebene sind die Geodäten gerade Linien, auf einer Kugeloberfläche sind es Großkreise (das heißt Kreise, in deren Ebene der Kugelmittelpunkt liegt). In der → Raumzeit bewegt sich das Licht immer entlang einer Geodäte.

geozentrische Theorie: die Vorstellung, nach der die Erde im Mittelpunkt des Sonnensystems und des Universums steht. Diese → Kosmologie war im Abendland bis zum Ende der Renaissance (16. Jahrhundert) die vorherrschende Vorstellung vom Aufbau der Welt (siehe auch → ptolemäische Theorie, → Epizykel).

»gewöhnliche« Materie: andere Bezeichnung für → baryonische Materie.

Gluonen: die Elementarteilchen, welche die → starke Kraft tragen.

Gravitationslinse: ein Objekt, das auf Grund seiner hohen Masse das Licht ablenken kann. Eine *starke* Gravitationslinse erzeugt Mehrfachbilder eines dahinter liegenden Körpers; eine *schwache* Gravitationslinse verzerrt das Bild eines dahinter liegenden Körpers, erzeugt jedoch keine weiteren Bilder.

Gravitationswelle: eine sich mit Lichtgeschwindigkeit fortbewegende »Kräuselung« der → Raumzeit. Man nimmt an, dass Gravitationswellen einen festen Körper (in sehr geringem Ausmaß) dehnen und stauchen sowie die Entfernung zwischen zwei Massen kurzfristig ändern können; diesen eigentümlichen Effekt versucht man mit Gravitationswellendetektoren wie → LIGO nachzuweisen.

H_0 [H-null]: das Formelzeichen für die → Hubble-Konstante.

Heisenberg'sche Unschärferelation (Heisenberg'sches Unbestimmtheitsprinzip): ein quantenmechanisches Gesetz, nach dem bestimmte miteinander korrespondierende Eigenschaften eines Objekts – zum Beispiel Ort und → Impuls – nicht gleichzeitig mit beliebiger Genauigkeit messbar sind. Diese Relation folgt zwingend aus der mathematischen Basis der Quantentheorie.

heiße dunkle Materie: eine Form der → dunklen Materie, deren Energie mehr in ihrer Bewegung als in ihrer Masse liegt. Eine Erscheinungsform der heißen dunklen Materie sind → Neutrinos.

heliozentrische Theorie: eine → Kosmologie, die auf der Vorstellung aufbaut, dass die Sonne der Mittelpunkt des Sonnensystems ist.

Am Wechsel von der → geozentrischen zur heliozentrischen Theorie war Nikolaus Kopernikus (1473–1543) maßgeblich beteiligt.

Higgs-Boson: ein derzeit noch hypothetisches Teilchen, dass Körpern ihre Masse verleiht. Das Higgs-Boson, benannt nach dem Physiker Peter W. Higgs (*1929), soll am → LHC nachgewiesen werden.

Hintergrundstrahlung: → kosmische Hintergrundstrahlung.

Hubble-Expansion: → Expansion des Universums.

Hubble-Konstante (benannt nach dem amerikanischen Astronom Edwin P. Hubble, 1889–1963): der Parameter, mit dem sich die Geschwindigkeit der von Hubble entdeckten → Expansion des Universums definieren lässt. Er wird in der Einheit Kilometer pro Sekunde und Megaparsec angegeben: km/(s · Mpc). Der Kehrwert der Hubble-Konstante entspricht etwa dem Alter des Universums. Der Wert des Parameters hat sich im Laufe der Geschichte des Universums geändert. Heute gilt ein Zahlenwert von etwa 72 km/(s · Mpc) als anerkannt; jedoch vermuten viele Astronomen und Kosmologen einen etwas geringeren Wert von rund 65 km/(s · Mpc). Präzisionsmessungen an der → kosmischen Hintergrundstrahlung sollen diese Frage innerhalb des nächsten Jahrzehnts entscheiden.

Impuls: die »Wucht« eines Gegenstands, normalerweise eine Funktion seiner Masse und seiner Geschwindigkeit. (Allerdings hat auch das »Lichtteilchen«, das → Photon, einen Impuls, obwohl es masselos ist.)

Inflationstheorie: eine von dem amerikanischen Physiker Alan Guth und anderen in jüngster Zeit vorgeschlagene Theorie, mit der zwei Probleme gelöst werden sollten: Es gibt noch keine schlüssige Erklärung dafür, dass die → kosmische Hintergrundstrahlung fast gleichmäßig aus allen Himmelsrichtungen eintrifft (Horizontproblem), und es ist noch nicht klar, warum das Universum eine ebene Geometrie hat (Flachheitsproblem). Die Inflationstheorie ist ein wichtiger Baustein der auf dem Urknall basierenden → Kosmologie. Nach der Inflationstheorie soll sich das Universum im Zeitraum von 10^{-35} bis 10^{-32} Sekunden nach dem Urknall extrem schnell ausgedehnt haben.

Interferometer: ein Messinstrument, das einen Lichtstrahl auf zwei oder mehr Strahlen aufteilt, diese auf separate Pfade schickt und bei der anschließenden Überlagerung misst, an welchen Stellen sich die Teilstrahlen durch Interferenz abschwächen oder verstärken. Mit der Interferometrie können Entfernungsänderungen äußerst präzise gemessen werden, und sie ist auch hilfreich beim Bau höchst empfindlicher Antennen und Teleskope.

Isotope: die zu ein und demselben chemischen Element gehörenden Atome, deren Kerne dieselbe Anzahl von → Protonen, aber unterschiedlich viele → Neutronen enthalten. Die Kernladungs- oder Ordnungszahl von Isotopen eines bestimmten Elements ist also gleich, aber ihre Massenzahlen (die Summen von Protonen- und Neutronenanzahlen) sind unterschiedlich. Beispielsweise sind Deuterium (ein Proton, ein Neutron) und Tritium (ein Proton, zwei Neutronen) Isotope des Wasserstoffs (ein Proton, null Neutronen).

Isotropie: die Eigenart einer Substanz, in unterschiedlichen Richtungen gleiche physikalische Eigenschaften zu haben; das Gegenteil ist die → Anisotropie. Ein isotroper Gegenstand oder ein isotropes Medium sieht also in allen Richtungen gleich aus, während sich bei Anisotropie bestimmte Unterschiede beziehungsweise Asymmetrien zeigen.

J/Ψ-Teilchen [J/Psi-Teilchen]: ein → Meson, bestehend aus einem *Charm*-Quark und einem *Charm*-Antiquark (→ Quarks). Die etwas umständlich erscheinende Bezeichnung rührt daher, dass es von zwei Forschergruppen etwa gleichzeitig entdeckt und unterschiedlich benannt wurde. Eines der Anzeichen für die Erzeugung eines → Quark-Gluon-Plasmas ist die Unterdrückung der J/Ψ-Teilchen.

Jet-Quenching (wörtlich:»Strahleinschnürung«): der Prozess, bei dem Teilchenströme abgeschwächt werden, weil sie ein → Quark-Gluon-Plasma passieren. Das Jet-Quenching bei Hochenergieexperimenten in Teilchenbeschleunigern ist eines der Indizien dafür, dass es gelungen ist, die Bedingungen unmittelbar nach dem → Urknall nachzubilden.

kalte dunkle Materie: dunkle Materie, die sich nicht besonders schnell bewegt. Nach den neuesten Modellen der Strukturbildung im Universum muss sie den weitaus größten Anteil der → dunklen Materie ausmachen.

K-Meson (Kaon): ein → Meson, das entweder aus einem *Strange*-Quark und einem *Up*- beziehungsweise *Down*-Antiquark oder aus einem *Strange*-Antiquark und einem *Up*- beziehungsweise *Down*-Quark aufgebaut ist (→ Quarks).

Kaon: → K-Meson.

kausale Verknüpfung: die Bedingung, dass es einer Ursache bedarf, damit eine Wirkung eintritt; Ursache und Wirkung nennt man dann »kausal verknüpft«. Mit den Einschränkungen der Relativitätstheorie bedeutet das, dass zwei als Ursache und Wirkung benannte Objekte in der Lage gewesen sind, Informationen auszutauschen, das heißt, dass sich Licht zwischen ihnen ausbreiten konnte. Wenn die beiden Objekte nicht kausal verknüpft sind, können sie einander auf keine irgendwie geartete Weise beeinflussen.

Kernfusion (Fusion): die Verschmelzung zweier Atomkerne zu einem neuen, schwereren Kern. Wenn der entstehende Kern leichter ist als der des Eisenatoms, wird bei diesem Prozess im Prinzip Energie frei. Von der Fusion von Wasserstoffkernen zu Heliumkernen rührt das Leuchten der Sterne her.

Kernspaltung: das Zerlegen eines Atomkerns in kleinere Bestandteile. Wenn der Kern schwerer ist als der des Eisenatoms, wird bei diesem Prozess im Prinzip Energie frei. Die Kernspaltung ist die physikalische Grundlage für Kernreaktoren und Atomwaffen; hier werden beispielsweise Kerne von Uran-235 oder von Plutonium gespalten (siehe auch → Kernfusion).

kosmische Hintergrundstrahlung (auch kosmische Mikrowellenstrahlung, Drei-Kelvin-Strahlung): der Rest der elektromagnetischen Strahlung, die etwa 400 000 Jahre nach dem → Urknall entstand. Nachdem sie sich während 14 Milliarden Jahren ausgebreitet und dabei abgeschwächt hat, äußert sie sich heute als ein fast gleichförmiger Hintergrund von Mikrowellen aus allen Himmelsgebieten. Sie entspricht dem → Schwarzkörperspektrum eines Körpers mit einer

Temperatur von knapp 3 Kelvin. Die kosmische Hintergrundstrahlung gibt Aufschluss über die Frühzeit des Universums und ist daher
ein wesentliches Hilfsmittel der Kosmologie.

kosmische Mikrowellenstrahlung: → kosmische Hintergrundstrahlung.

kosmische Strings: hypothetische, unglaublich dichte Objekte, die
eine mögliche Ursache der → topologischen Defekte sein könnten.
Nicht zu verwechseln mit den Strings der → String-Theorie. Bislang
wurden für kosmische Strings keine Belege gefunden.

Kosmologie: die Wissenschaft vom Universum als Ganzem, besonders von seinem Aufbau, seinem Anfang und seinem Ende. Man
bezeichnet mit »Kosmologie« im engeren Sinne auch eine Theorie
über Aufbau, Anfang und Ende des Universums.

kosmologische Konstante: ursprünglich eine Größe Λ [Lambda],
die Einstein in seine Gleichungen zur allgemeinen → Relativitätstheorie nachträglich aufnahm, um die Beschreibung eines unveränderlichen Universums sicherzustellen. Heute ist die kosmologische
Konstante ein Kandidat für die Deutung der → dunklen Energie, die
möglicherweise durch die → Nullpunktsenergie verursacht wird.

Large Electron Protron Collider: → LEP.

Large Hadron Collider: → LHC.

Last Scattering Surface (wörtlich: »letzte Streufläche«): eine ge-
dachte Oberfläche der Plasmawolke (→ Plasma), die sich während
der → Rekombination bildete. Die Bezeichnung rührt daher, dass
die → Photonen, die später zur → kosmischen Hintergrundstrahlung werden sollten, an dieser Fläche ein letztes Mal gestreut wurden. Wenn Astronomen die kosmische Hintergrundstrahlung betrachten, erzeugen sie im Grunde ein Abbild der *Last Scattering
Surface.*

LEP: Abkürzung für *Large Electron Protron Collider,* ein inzwischen nicht mehr betriebener Teilchenbeschleuniger am → CERN,
der zurzeit zum → LHC umgebaut wird.

Leptonen: Elementarteilchen, die – anders als die schwereren
→ Baryonen und → Mesonen – wirklich unteilbar sind. Man kennt

heute sechs Arten von Leptonen: das → Elektron, das → Myon, das → Tauon und deren jeweilige → Neutrinos.

LHC: Abkürzung für *Large Hadron Collider*, ein sehr aufwändiger Teilchenbeschleuniger am → CERN, der etwa 2010 in Betrieb gehen soll. Die Wissenschaftler hoffen, mit ihm das → Higgs-Boson zu entdecken und die → Supersymmetrie zu bestätigen.

Lichtjahr: in der Astronomie gebräuchliche Längeneinheit. Ein Lichtjahr ist die Entfernung, die das Licht in einem Jahr zurücklegt. Sie entspricht rund $9{,}5 \cdot 10^{12}$ km ($9{,}5$ Billionen Kilometer). Der erdnächste Stern (*Alpha Centauri*) ist gut vier Lichtjahre entfernt, die erdnächste → Galaxie etwa eine Million Lichtjahre.

LIGO: Abkürzung für *Laser Interferometer Gravitational-Wave Observatory*, ein Detektor für → Gravitationswellen, der in den US-Bundesstaaten Washington und Louisiana betrieben wird.

LSP: Abkürzung für *Lightest Supersymmetric Particle*, ein stabiles, besonders leichtes supersymmetrisches Teilchen (→ Supersymmetrie), aus dem vermutlich der größte Teil der → dunklen Materie besteht.

MACHO: Abkürzung für *Massive Compact Halo Object* (massereiches, kaum leuchtendes Objekt). MACHOs tragen zur Masse des Halos der Milchstraße und anderer → Galaxien und damit zur → dunklen Materie bei. Möglicherweise sind sie → baryonisch. Die wahrscheinlichsten Kandidaten für MACHOs sind erloschene oder nicht gezündete Sterne (→ Brauner Zwerg).

magnetischer Monopol: ein hypothetisches Teilchen, das nur einen einzigen Magnetpol hat. Der Nordpol eines Magneten kann normalerweise nicht vom Südpol abgetrennt werden: Ein Magnet, den man in zwei Teile zerlegt, ergibt dabei immer zwei kleinere Magnete mit je einem Nord- und einem Südpol. Dennoch verlangen einige Theorien, dass es im frühen Universum isolierte magnetische Nord- oder Südpole – eben die magnetischen Monopole – gegeben haben muss.

magnetisches Moment: ein Maß dafür, wie leicht und in welcher Weise sich ein Teilchen in einem Magnetfeld dreht.

Majorana-Neutrino (benannt nach dem italienischen Physiker Quirino Majorana, 1871–1957): ein → Neutrino, das sein eigenes Antiteilchen ist (→ Antimaterie). Nach der Interpretation von Majorana gibt es also keinen Unterschied zwischen einem Neutrino und einem Antineutrino. Diese Vorstellung hat einige Vorteile, und es wird erforscht, ob das Neutrino ein Majorana- oder ein Dirac-Teilchen (siehe → Dirac-Neutrino) ist. Falls die Interpretation von Majorana zutrifft, muss es eine sehr seltene, bislang aber noch nicht beobachtete Zerfallsart geben, den so genannten doppelten → Beta-Zerfall.

MAP: Abkürzung für *Microwave Anisotropy Probe*, ein im Jahre 2001 gestarteter Satellit, der die → kosmische Hintergrundstrahlung erforschen soll. MAP ist Nachfolger des Satelliten → COBE und wird seinerseits später von einem Satelliten namens Planck abgelöst werden.

Mesonen: mittelschwere, nicht einzeln auftretende Elementarteilchen, die aus einem → Quark und einem Antiquark aufgebaut sind.

Mikrolinse: eine → Gravitationslinse, die von einem kleinen astronomischen Objekt verursacht wird und ein Objekt dahinter zunächst heller und dann wieder dunkler erscheinen lässt.

MOND: Abkürzung für *Modified Newtonian Dynamics*, eine Theorie, in der die Newton'schen Gesetze der Gravitation leicht variiert sind. Damit will man die Sternbewegung in → Galaxien erklären, ohne Zuflucht zur → dunklen Materie nehmen zu müssen.

M-Theorie: eine elfdimensionale Vereinheitlichung der → Superstring-Theorie, in der Teilchen eher als *Branes* (abgeleitet vom engl. Wort *membranes*: »Membranen«) denn als Punkte aufgefasst werden. Die M-Theorie ist der vielversprechendste Kandidat für eine vereinheitlichte Theorie aller Teilchen und Kräfte.

Multiversum: die theoretische, allumfassende Struktur der → Viele-Welten-Theorie. Das Multiversum soll unser Universum und daneben unzählige andere Universen enthalten.

Myon: ein → Lepton, dessen Masse zwischen den Massen von → Elektron und → Tauon liegt.

Myon-Neutrino: eine Abart der → Neutrinos, die vor allem bei Reaktionen mit Myonen auftritt.

Nebel: ursprünglich eine Bezeichnung für einen verschwommenen Fleck, sozusagen eine »Trübung« am Himmel; heute weiß man, dass die so benannten Objekte → Galaxien sind. Seitdem wird in der Astronomie die Bezeichnung »Nebel« nur noch für Gaswolken verwendet.

Neutrino: ein leichtes → Lepton, das über die → schwache Kraft Wechselwirkungen ausübt.

Neutron: ein elektrisch neutrales → Baryon, dessen Masse nur wenig geringer ist als die des → Protons. Das Neutron ist im freien Zustand instabil. Es ist einer der Bestandteile der Atomkerne; der andere ist das → Proton.

Neutronenstern: ein erloschener mittelgroßer Stern, dessen Masse über der → Chandrasekhar-Grenze liegt, jedoch nicht so groß ist, dass sich ein → Quark-Stern oder ein → Schwarzes Loch bilden kann.

Nukleosynthese: die Bildung schwerer Kerne (lat. und engl. *nuclei*) aus → Protonen und → Neutronen. Die Ära der Nukleosynthese, in der der größte Teil des im Universum anfangs enthaltenen Heliums gebildet wurde, begann einige Sekunden nach dem Urknall und dauerte nur wenige Minuten.

Nullpunktsenergie: die Energie, die mit der spontanen Erzeugung und Zerstörung von subatomaren Teilchen im Vakuum zusammenhängt. Sie gilt als eine der wahrscheinlichsten Ursachen dafür, dass die → kosmologische Konstante notwendig ist.

Omega, Omega-b, Omega-m, Omega-Lambda: siehe S. 283.

Omega-minus: ein recht seltsames subatomares Teilchen, das von dem amerikanischen Physiker Murray Gell-Mann (*1929) theoretisch vorhergesagt wurde. Bald darauf konnte es experimentell nachgewiesen werden. Dieser Fund unterstützte nachhaltig Gell-Manns mathematische Beschreibung der subatomaren Teilchen. Das Omega-minus-Teilchen darf nicht mit den verschiedenen, ebenfalls mit Omega (→ Ω) bezeichneten Größen verwechselt werden, welche die Energiedichte angeben.

Parallaxe: in der Astronomie der (sehr kleine) Winkel zwischen den Beobachtungslinien, wenn man ein Gestirn von zwei verschiedenen Beobachtungspunkten aus anpeilt. Aus der Parallaxe und dem Abstand der Beobachtungspunkte (der Basis) lässt sich die Entfernung zum betreffenden Gestirn errechnen.

Parität: eine quantenmechanische Größe, mit der die Spiegelung eines Objekts wie in einem Spiegel gekennzeichnet wird. Bei einer Spiegelung werden rechts und links, oben und unten oder vorn und hinten vertauscht. Bleibt das Objekt bei der Spiegelung gleich, spricht man von positiver, sonst von negativer Parität. Bei gewissen Reaktionen von Elementarteilchen kann sich die Parität eines Systems insgesamt ändern.

Parsec: eine in der Astronomie gebräuchliche Längeneinheit; sie entspricht etwa 3,26 → Lichtjahren. Der Name leitet sich von *Parallaxensekunde* her. Ein Objekt, das 1 Parsec (1 pc) weit entfernt ist, scheint sich im Laufe eines halben Jahres am Himmel um 1 Bogensekunde (den 60. Teil eines Winkelgrads) zu bewegen.

Phase: bei einer Welle der Schwingungszustand an einer bestimmten Stelle, zum Beispiel ein Wellenberg oder -tal. Zwei Wellen, deren Wellenberge immer zur selben Zeit am selben Ort auftauchen, sind »in Phase«.

Photon: ein masseloses und elektrisch neutrales Teilchen, aus dem das Licht und auch die anderen elektromagnetischen Wellen bestehen. Photonen sind die Träger der elektromagnetischen Wechselwirkung.

Pion (Pi-Meson): eine Art von → Mesonen, mit drei Abarten, die aus unterschiedlichen Paarungen von *Up-* oder *Down*-Quarks (→ Quarks) mit ihren jeweiligen Antiteilchen aufgebaut sind.

Plasma: eine Zustandsform der Materie, bei der zumindest ein Teil der → Elektronen nicht an die Atomkerne gebunden ist. Plasmen treten in den Sternen auf, beispielsweise aber auch in elektrischen Lichtbögen.

Polarisation: die Ausrichtung von elektromagnetischer Strahlung, insbesondere von Licht, aber auch von Teilchenstrahlung. Licht kann beispielsweise so polarisiert sein, dass die Lichtwellen nur in einer einzigen Ebene (stets senkrecht zur Ausbreitungsrichtung) schwingen. Teilchenstrahlen sind polarisiert, wenn alle Teilchen in einer bestimmten Eigenschaft (zum Beispiel dem → Spin) miteinander übereinstimmen. Die Polarisation lässt sich mit verschiedenen Mitteln nachweisen, beim Licht zum Beispiel mit Polarisationsfiltern.

Positron: andere Bezeichnung für das Antiteilchen (→ Antimaterie) des → Elektrons.

Proton: ein → Baryon mit positiver elektrischer Ladung. Das Proton ist ein stabiles Teilchen. Neben dem → Neutron ist es einer der Bausteine, aus dem Atomkerne aufgebaut sind. Der Kern des Wasserstoffatoms besteht jedoch nur aus einem einzigen Proton.

ptolemäische Theorie: die von dem griechischen Astronomen Ptolemäus im zweiten Jahrhundert n. Chr. entwickelte → geozentrische Theorie des Kosmos. Sie beschrieb die Bewegungen der Himmelskörper auf höchst verwickelte Weise, beherrschte aber das Weltbild des Abendlands, bis sie im sechzehnten Jahrhundert von der → heliozentrischen Theorie abgelöst wurde.

Pulsationsveränderliche: → Cepheiden.

Quark-Gluon-Plasma: ein Zustand der Materie, bei dem → Quarks und → Gluonen sich frei bewegen und nicht als → Baryonen oder → Mesonen gebunden sind. Man nimmt an, dass das Quark-Gluon-Plasma innerhalb einer millionstel Sekunde nach dem → Urknall zu Baryonen kondensierte.

Quarks: Elementarteilchen, aus denen → Baryonen und → Mesonen aufgebaut sind. Es gibt sechs → Flavors (wörtlich: »Geschmacksrichtungen«), mit denen die verschiedenen Kombinationen von elektrischer Ladung und Masse der einzelnen Quarks bezeichnet werden.

Quark-Stern: ein hypothetischer, erloschener Stern, auch als »seltsamer Stern« bezeichnet. Ein Quark-Stern ist von einem → Neutronenstern fast nicht zu unterscheiden: allerdings sind in ihm – anders als im Neutronenstern – die → Quarks und die → Gluonen nicht in → Baryonen gebunden.

Quasar: Abkürzung für quasi-stellares Objekt; auf fotografischen Aufnahmen sehen Quasare aus wie Sterne (daher rührt die Bezeichnung »quasi-stellar«), sie sind aber für gewöhnliche Sterne zu klein und viel zu energiereich. Quasare sind die strahlungsstärksten Objekte im Universum. Heute vermutet man, dass ein Quasar ein schweres, strahlendes → Schwarzes Loch im Zentrum einer → Galaxie ist.

Quintessenz: 1) Eine hypothetische Quelle der geheimnisvollen Antigravitationskraft, die das Universum durchdringt. Die Quintessenz könnte durch ein noch nicht entdecktes Teilchen verursacht sein und sich in einer zeitlich variierenden → kosmologischen Konstante äußern. 2) In der antiken griechischen → Kosmologie war die Quintessenz das fünfte Element, das die seinerzeit postulierten vier Elemente (Erde, Wasser, Luft und Feuer) ergänzte.

Raumzeit: die relativistische Kombination von Raum und Zeit. Einsteins → Relativitätstheorie besagt, dass Raum und Zeit nicht unabhängig voneinander sind, sondern von ihrer Ausprägung und Wirkung her zusammengehören. Die daraus hervorgehende Raumzeit kann gebogen und verzerrt sein. Im Rahmen des berühmten »Gummituch«-Modells bewirkt die Gravitation eine Vertiefung in der Raumzeit.

Rekombination: die Vereinigung von → Elektronen mit Atomkernen; der Prozess konnte erst einsetzen, als etwa 400 000 Jahre nach dem → Urknall das Universum ausreichend stark abgekühlt war. Das bei der Rekombination abgestrahlte Licht konnte das → Plasma verlassen und ist heute als → kosmische Hintergrundstrahlung nachweisbar.

Reionisierung (wörtlich: »erneute Ionisierung«): ein Prozess, der einige hundert Millionen Jahre nach dem → Urknall einsetzte, als sich genügend Sterne, → Galaxien und → Quasare gebildet hatten, um den Wasserstoff»nebel« zu ionisieren. Mit der Reionisierung wurde das Universum lichtdurchlässig, und das dunkle Zeitalter des Kosmos ging zu Ende.

Relativitätstheorie: die Beschreibung der → Raumzeit, also des Zusammenhangs von Raum und Zeit, aufgestellt zwischen 1905 und 1915 von Albert Einstein (1879–1955). Die *spezielle* Relativitätstheorie behandelt Objekte, die sich mit konstanter Geschwindigkeit bewegen; die *allgemeine* Relativitätstheorie umfasst auch beschleunigte Objekte und die Gravitation.

RHIC: Abkürzung für *Relativistic Heavy Ion Collider*, ein Schwerionenbeschleuniger am Brookhaven National Laboratory in New York. An diesem Beschleuniger ist es anscheinend gelungen, ein → Quark-Gluon-Plasma zu erzeugen.

Rotverschiebung: die Verschiebung des von einem Objekt abgestrahlten Lichts hin zum roten, längerwelligen Spektralbereich. Die Rotverschiebung tritt auf, wenn sich das strahlende Objekt vom Beobachter fortbewegt, und wird durch den Doppler-Effekt verursacht. Ursprünglich sprach man in der Astronomie von Rotverschiebung nur bei Licht- und anderen elektromagnetischen Wellen. Heute verwendet man die Begriffe Rotverschiebung und → Blauverschiebung auch im Zusammenhang mit anderen Wellen, zum Beispiel → Gravitationswellen.

Sachs-Wolfe-Effekt: das »Durchkneten« von → Photonen, wenn sie in eine der »Beulen« der Gravitation ein- und wieder austreten; dabei ändern sie ihre Größe.

schwache Kraft: eine Kraft, die von den → W-Bosonen und den → Z-Bosonen vermittelt wird und die ein Teilchen in ein anderes umwandeln kann, zum Beispiel ein *Up*-Quark in ein *Down*-Quark (→ Quarks) oder ein → Neutrino in ein → Elektron.

Schwarzer Zwerg: ein aus dem Stadium des → Weißen Zwergs abgekühlter Stern. Schwarze Zwerge sind jedoch rein hypothetische Objekte, denn es ist nicht klar, ob das Universum so alt ist, dass ein Weißer Zwerg überhaupt genügend Zeit hatte, dermaßen stark abzukühlen.

Schwarzes Loch: ein erloschener massereicher Stern, der sich zu einer unglaublich hohen Dichte zusammengezogen hat. Ein Schwarzes Loch ist so dicht und hat daher eine so starke Gravitationswirkung, dass selbst das Licht nicht aus seinem Einflussbereich entkommen kann (daher rührt die Bezeichnung »Schwarzes Loch«).

Schwarzkörperspektrum: das Spektrum der Strahlung, die von einem nicht reflektierenden Körper abgegeben wird. Die Intensitätsverteilung über die Wellenlängen hängt dabei nur von der Temperatur des Körpers ab, nicht aber von seinen sonstigen Eigenschaften. Auch die → kosmische Hintergrundstrahlung hat, wie von den Theoretikern vorhergesagt, ein Schwarzkörperspektrum.

Sparticle: im Rahmen der → Supersymmetrie ein Partner der gewöhnlichen Teilchen, zum Beispiel ein Neutralino (siehe → Neutrino) oder ein Squark (siehe → Quarks).

Spektrum: 1) Beim Licht die Farben, die beim Durchgang eines Lichtstrahls zum Beispiel durch ein Prisma entstehen. 2) Allgemein ein Begriff, der die Zerlegung eines mathematischen Objekts in seine Komponenten beschreibt. Ein Beispiel dafür ist ein so genanntes Kraftspektrum, etwa die unregelmäßige Verteilung der Größen in der → kosmischen Hintergrundstrahlung.

Spin: eine quantenmechanische Eigenschaft von Teilchen, die man mit der Drehung eines Kreisels vergleichen kann. Mit dem Spin ist eine »Richtung« verbunden (positiv: *Spin up*, negativ: *Spin down*). Man unterscheidet Teilchen mit ganzzahligem Spin (0, ± 1, ± 2 und so weiter) – die so genannten → Bosonen – und Teilchen mit halbzahligem Spin (± 1/2, ± 3/2 und so weiter), die so genannten → Fermionen.

Standardkerze: ein Objekt bekannter Helligkeit. Man nutzt in der Astronomie Standardkerzen wie → Cepheiden oder → Typ-I-Supernovae, um die Distanzen zu weit entfernten Objekten zu bestimmen.

Standardlänge: ein Objekt bekannter Größe. Wie → Standardkerzen werden Standardlängen in der Astronomie dazu benutzt, die Distanzen zu weit entfernten Objekten zu bestimmen. Mit ihnen kann man auch die Krümmung des Universums messen.

Standardmodell: ein inzwischen sehr erfolgreiches mathematisches Modell, mit dem sich die Wechselwirkungen der Elementarteilchen – der → Quarks, der → Leptonen und der Austauschteilchen – beschreiben lassen. Mathematisch beschreibt das Standardmodell die → Symmetrie eines abstrakten siebendimensionalen Objekts.

starke Kraft: eine Kraft, die → Quarks aneinander bindet und von den → Gluonen vermittelt wird. Auch für die Bindung der

→ Protonen und der → Neutronen in einem Atomkern ist die starke Kraft verantwortlich.

String-Theorie (engl. *string*: »Faden«): eine Klasse physikalischer Theorien, bei denen die uns in der vierdimensionalen Raumzeit punktförmig erscheinenden Elementarteilchen in höheren Dimensionen fadenartige Gebilde sind, die so genannten Strings. Um die String-Theorie mit der Quantenmechanik in Einklang zu bringen, muss man sie zur → Superstring-Theorie erweitern.

Sunyaew-Zel'dovic-Effekt: eine Störung im → Spektrum der → kosmischen Hintergrundstrahlung, verursacht durch die Streuung ihrer → Photonen an heißen → Elektronen in einem Galaxienhaufen. Der Effekt beweist, dass die kosmische Hintergrundstrahlung extragalaktischen Ursprungs ist, das heißt nicht aus der Milchstraße kommt, sondern aus weiter entfernten Bereichen des Universums.

Supernova (Mehrzahl: Supernovae): der gewaltsame Tod eines schweren Sterns. Bei einer solchen »Sternexplosion« werden zwischen 10^{42} und 10^{44} Joule an Energie freigesetzt. Damit sind Supernovae die energiereichsten Ereignisse im Universum. Nach ihrem Spektrum und ihrem zeitlichen Verlauf unterscheidet man → Typ-I-Supernovae, bei denen die Helligkeit sehr schnell ansteigt und wieder abfällt, und Typ-II-Supernovae, bei denen der Ablauf etwas langsamer ist.

Superposition (wörtlich: »Überlagerung«): eine quantenmechanische Eigenschaft, bei der ein Objekt, das zwei verschiedene Zustände haben kann, sich auch in einer »Mischung« von beiden Zuständen befinden kann: Die beiden Zustände überlagern sich dann. Beispielsweise kann ein Elektron gleichzeitig die Spinzustände *Spin up* und *Spin down* haben (→ Spin), bis die Superposition zerstört wird. Diese Zerstörung kann auch durch die Beobachtung erfolgen, mit der man den Zustand exakt feststellen will. Die Physiker sprechen dann vom »Kollaps der Wellenfunktion«.

Superstring-Theorie: eine Reihe von zehndimensionalen Erweiterungen des → Standardmodells, mit denen sich die Gravitation besser beschreiben lässt als mit der → String-Theorie allein. Auch die Superstring-Theorie hat jedoch mathematische Tücken und wurde mit der → M-Theorie vereinigt.

Supersymmetrie: eine Erweiterung des → Standardmodells, mit der man die Wechselwirkungen der Elementarteilchen und die Gravitation in einer einzigen Theorie vereinigen will. Demnach muss jedes Teilchen des Standardmodells einen – bislang noch unentdeckten – Superpartner haben, ein so genanntes → Sparticle (zum Beispiel gehört zu einem → Quark ein Squark). Mit den Experimenten am → LHC soll die Supersymmetrie gestützt oder ggf. widerlegt werden (siehe auch → Symmetrie).

Symmetrie: die Eigenschaft eines Objekts oder eines Zustands, gleich zu bleiben, wenn sie bestimmten Aktionen unterworfen werden. Beispielsweise ist eine Spielkarte symmetrisch, denn sie sieht wieder gleich aus, wenn man sie (in ihrer Ebene) um 180° gedreht hat. Auch der Buchstabe H ist symmetrisch, denn er sieht wieder gleich aus, nachdem man ihn gespiegelt hat. Das Konzept der Symmetrie spielt in der modernen Physik eine ganz zentrale Rolle.

Symmetriegruppe: ein mathematisches Objekt, das in abstrakter Form die möglichen Symmetrien von Körpern im Raum darstellt. Das → Standardmodell, die → Supersymmetrie und viele andere wichtige physikalische Modelle beruhen im mathematischen Sinn auf Symmetriegruppen.

Tau-Neutrino: eine Abart der → Neutrinos, die vor allem bei Reaktionen mit → Tauonen auftaucht.

Tauon (tau-Teilchen): ein → Lepton, das ähnliche Eigenschaften wie das → Elektron und das → Myon hat, aber erheblich schwerer ist.

Tensor: ein mathematisches Objekt, mit dem man Krümmungen beschreiben kann. Die Gleichungen der allgemeinen → Relativitätstheorie geben Beziehungen zwischen Tensoren an.

topologischer Defekt: eine Störung des glatten Verlaufs der → Raumzeit. Die topologischen Defekte können verschiedene Ursachen haben, zum Beispiel → kosmische Strings, und galten früher als eine Alternative zur → Inflationstheorie, um die Struktur des Universums zu erklären. Vor kurzem konnte man aber auf Grund der → kosmischen Hintergrundstrahlung ausschließen, dass die topologischen Defekte einen wesentlichen Beitrag zur frühen Struktur des Universums leisteten.

Tully-Fisher-Relation: ein in den späten 1970er Jahren entdeckter Zusammenhang zwischen der Rotationsgeschwindigkeit einer → Galaxie und ihrer Helligkeit. Auf Grund der Tully-Fisher-Relation können Galaxien als (allerdings nicht sehr genaue) → Standardkerzen genutzt werden.

Typ-I-Supernova: eine → Supernova, die auftritt, wenn ein alter, kleiner Stern von einem benachbarten Stern Masse aufnimmt und dadurch die → Chandrasekhar-Grenze gerade übersteigt. Diese Supernovae setzen daher alle etwa dieselbe Energie frei und eignen sich damit als → Standardkerzen.

Universum, Expansion: → Expansion des Universums.

Unschärferelation: → Heisenberg'sche Unschärferelation.

Urknall (engl. *Big Bang*): nach den Vorstellungen der modernen Kosmologie der Beginn des Universums. Die Urknalltheorie wird durch zahlreiche experimentelle Befunde gestützt, darunter die Beobachtung der → kosmischen Hintergrundstrahlung, aber auch durch die Vorstellung der → Nukleosynthese aus leichten Elementen.

Viele-Welten-Theorie: eine Hypothese, nach der unser Universum nur eines von sehr vielen gleichartigen Universen ist; jedes von ihnen wäre dann Teil eines → Multiversums.

W-Boson: ein Elementarteilchen, das die → schwache Kraft vermittelt. Es gibt zwei bekannte Abarten, genannt W^+ und W^-, die eine positive beziehungsweise eine negative elektrische Ladung tragen.

Weißer Zwerg: die letzte Phase im Leben eines relativ kleinen, nicht sehr massereichen Sterns (zum Beispiel unserer Sonne). Größere, massereichere Sterne werden zu → Neutronensternen, → Quark-Sternen oder → Schwarzen Löchern.

Wellenlänge: bei einer Welle die Entfernung zwischen zwei aufeinander folgenden Wellenbergen. Bei → Photonen (»Lichtteilchen«) ist die Energie umso kleiner, je höher die Wellenlänge ist.

WIMP: Abkürzung für *Weakly Interacting Massive Particle*. Solche schwach wechselwirkenden massebehafteten Teilchen gelten als Kandidaten für die → exotische dunkle Materie im Universum. WIMPs sind wahrscheinlich → LSPs.

W-Virginis-Sterne: eine zu den → Cepheiden gehörende Art von Pulsationsveränderlichen, die allerdings nicht so strahlungsstark sind wie die klassischen Cepheiden. Die W-Virginis-Sterne waren Edwin Hubble noch unbekannt, so dass seine Berechnungen nicht die richtigen Werte ergeben konnten.

Z: ein astronomisches, nicht lineares Maß für die Entfernung, die mit der → Rotverschiebung verbunden ist. Ein hoher Wert von Z bedeutet eine hohe Rotverschiebung.

Z-Boson: ein elektrisch neutrales Teilchen, das die → schwache Kraft vermittelt.

AUSGEWÄHLTE LITERATUR

Albrecht, Andreas et al.: »Early Universe Cosmology and Tests of Fundamental Physics: Report of the P4.8 Working Subgroup, Snowmass 2001«, hep-ph/0111080, 7. November 2001.

Anderson, C. D.: »The positive electron«, *Physical Review*, 43, 1933, S. 491.

Arabadjis, J. S. et al.: »Chandra Observations of the Lensing Cluster EMSS 1358+6245: Implications for Self-Interacting Dark Matter«, astro-ph/0109141, 19. Februar 2002.

Aristoteles: *Vom Himmel*, 2. Aufl., München 1987.

Ders.: *Metaphysik*, 2. Aufl., Reinbek bei Hamburg 1999.

Ders.: *Nikomachische Ethik*, Stuttgart 2003.

Augustinus, Aurelius: *Bekenntnisse*, Leipzig 1984.

Bahcall, Neta et al.: »The Cosmic Triangle: Revealing the State of the Universe«, *Science*, 284, 28. Mai 1999, S. 1481.

Bautz, M. W. et al.: »Chandra Observations and the Mass Distribution of EMSS 1358+6245: Toward Constraints on Properties of Dark Matter«, astro-ph/0202338, 18. Februar 2002.

Bania, T. M. et al.: »The cosmological density of baryons form observations of $^3He^+$ in the Milky Way«, *Nature*, 415, 3. Januar 2002, S. 54.

Bearden, I. G. et al.: »Rapidity dependence of antiproton to proton ratios in Au+Au collisions at sqrt(s_{NN}) = 130 GeV«, nucl-ex/0106011, 13. Juni 2001.

Belli, P. et al.: »WIMP search by the DAMA experiment at Gran Sasso«, hep-ph/0112018, 3. Dezember 2001.

Biagioli, Mario: *Galileo, der Höfling*, Frankfurt/Main 1999.

Blake, Chris u. Wall, Jasper: »A velocity dipole in the distribution of radio galaxies«, *Nature*, 416, 14. März 2002, S. 150.

Blandford, R. D.: »Cosmological Applications of Gravitational Lensing«, *Annu. Rev. Astron. Astrophys.*, 30, 1992, S. 311.

Blasi, P. et al.: »Detecting WIMPs in the Microwave Sky«, astro-ph/0202049, 5. Februar 2002.

»Bush Finds Error in Fermilab Calculations«, *The Onion*, 1. August 2001, S. 1.

Caldwell, Robert u. Steinhardt, Paul: »Quintessence«, verfügbar unter physicsweb.org/article/world/13/11/8

Charbonnel, Corinne: »A baryometer is back«, *Nature*, 415, 3. Januar 2002, S. 27.

Cho, Adrian: »Sign of Supersymmetry Fades Away«, *Science*, 294, 21. Dezember 2001, S. 2449.

Christenson, J. H. et al.: »Evidence for the 2π decay of the K^0_2 meson«, *Physical Review Letters*, 6, 1961, S. 628.

Cipra, Barry: »Shaping a Universe«, *Science*, 292, 22. Juni 2002, S. 2237.

Cowen, Ron: »A Dark Force in the Universe«, *Science News*, 7. April 2001, S. 218.

Creighton, Jolien: »Listening for Ringing Black Holes«, gr-qc/9712044, 10. Dezember 1997.

Dalal, Neal et al.: »Testing the Cosmic Coincidence Problem and the Nature of Dark Energy«, *Physical Review Letters*, 87:14, 1. Oktober 2001, S. 1.

Davidson, Keay: »Feud overshadows discovery: 2 teams detect signs of first galaxies formed after Big Bang«, *The San Francisco Chronicle*, 4. August 2001, S. A2.

Eliade, Mircea: *Geschichte der religiösen Ideen*, Freiburg im Breisgau 1991.

Ellis, John: »Why Does CP Violation Matter to the Universe?«, *CERN Courier*, verfügbar unter www.cerncourier.com/main/article/39/8/16

Ellis, George: »Maintaining the Standard«, *Nature*, 416, 14. März 2002, S. 132.

Erikson, Joel et al.: »Measuring the Speed of Sound of Quintessence«, astro-ph/0112438, 19. Dezember 2001.

Farmelo, Graham (Hrsg.): *It Must be Beautiful: Great Equations of Modern Science*, London 2002.

Ferriera, Pedro: »The Quintessence of Cosmology«, *CERN Courier*, verfügbar unter www.cerncourier.com/main/article/39/5/11

Feynman, Richard P.: *QED: die seltsame Theorie des Lichts und der Materie*, 5. Aufl., München 1994.

Ders.: »Space-time approach to quantum electrodynamics«, *Physical Review*, 75, 1949, S. 486.

Finkbeiner, Ann: »›Invisible‹ Astronomers Give Their All to the Sloan«, *Science*, 292, 25. Mai 2001, S. 1472–1475.

Flambaum, V. V. u. Shuryak, E. V.: »Limits on Cosmological Variation of Strong Interaction and Quark Masses from Big Bang Nucleosynthesis, Cosmic, Laboratory and Oklo Data«, hep-ph/0201303, 18. Februar 2002.

Fox, Karen: *The Big Bang Theory*, New York 2002.

Freedman, Wendy et al.: »Final Results from the Hubble Space Telescope Key Project to Measure the Hubble Constant«, *Astrophysical Journal*, 533, 10. April 2001, S. 47.

Fritzsch, Harald: *Quarks: Urstoff unserer Welt*, 3., aktual. Aufl., München 1999.

Gamow, G.: »The origin of elements and the separation of galaxies«, *Physical Review Letters*, 74, 1948, S. 505.

Gangui, Alejandro: »In Support of Inflation«, *Science*, 291, 2. Februar 2001, S. 837.

Gawiser, Eric u. Silk, Joseph: »Extracting Primordial Density Fluctuations«, *Science*, 280, 29. Mai 1988, S. 1405.

Glanz, James: »A Second Hint of Symmetry Violation«, *Science*, 282, 18. Dezember 1998, S. 2169.

Ders.: »Exploding Stars Point to a Universal Repulsive Force«, *Science*, 279, 30. Januar 1998, S. 651.

Ders.: »Exploring Cosmic Darkness, Scientists See Signs of Dawn«, *The New York Times*, 4. August 2001, S. A1.

Ders.: »New Light on Fate of the Universe«, *Science*, 278, 31. Oktober 1997, S. 799.

Ders.: »No Backing Off From the Accelerating Universe«, *Science*, 282, 13. November 1998, S. 1249.

Ders.: »Germans' Claim on Dark Matter is Greeted With Skepticism«, *The New York Times*, 26. Februar 2002, S. F4.

Die Götterlieder der älteren Edda. Auswahl, übers. v. Karl Simrock, bearb. v. Hans Kuhn, Stuttgart 1991.

Goldhaber, G. et al.: »Timescale Stretch Parameterization of Type Ia Supernova B-Band Light Curves«, astro-ph/0104382, 24. April 2001.

Goldsmith, Donald: »Supernovae Offer a First Glimpse of the Universe's Fate«, *Science*, 276, 4. April 1997, S. 37.

Graves, Robert: *Griechische Mythologie. Quellen und Deutung*, 14. Aufl., Reinbek bei Hamburg 2001.

Groom, D. E. et al.: *Review of Particle Physics*, The European Physical Journal, C15, 1, 2000.

Guth, Alan: »An Eternity of Bubbles?«, verfügbar unter www.pbs.org/wnet/hawking/mysteries/html/uns_guth_1.html

Ders.: »Inflationary universe: A possible solution to the horizon and flatness problems«, *Physical Review D*, 23, 15. Januar 1981, S. 347.

Herodot: *Historien. Griechisch/Deutsch*, hrsg. v. Josef Feix, München 1995.

Hewett, Paul u. Warren, Stephen: »Microlensing Sheds Light on Dark Matter«, *Science*, 275, 31. Januar 1997, S. 626.

Iliev, Ilian et al.: »On the Direct Detectability of the Cosmic Dark Ages: 21-cm Emission from Minihalos«, astro-ph/0202410, 22. Februar 2002.

»In the Dark«, *Science*, 294, 16. November 2001, S. 1433.

Irion, Robert: »B-Meson Factories Make a ›Number From Hell‹«, *Science*, 291, 23. Februar 2001, S. 1471.

Ders.: »LIGO's Mission of Gravity«, *Science*, 288, 21. April 2000, S. 5465.

Ders.: »The Quest for Population III«, *Science*, 295, 4. Januar 2002, S. 66.

Kamionkowski, Marc u. Kosowsky, Arthur: »The Cosmic Microwave Background and Particle Physics«, astro-ph/9904108, 9. April 1999.

Kane, Gordon: *Supersymmetry*, Cambridge 2000.

Krauss, Lawrence: »Cosmology as Seen From Venice«, astro-ph/0106149, 8. Juni 2001.

Ders. u. Starkman, Glenn: »Life, the Universe, and Nothing: Life and Death in an Ever-Expanding Universe«, astro-ph/9902189, 12. Februar 1999.

Ders. u. Turner, Michael: »Geometry and Destiny«, astro-ph/9904020, 1. April 1999.

Kriss, G. A. et al.: »Resolving the Structure of Ionized Helium in the Intergalactic Medium with the Far Ultraviolet Spectroscopic Explorer«, *Science*, 293, 10. August 2001, S. 1112.

Kuhn, Thomas: *Die Struktur wissenschaftlicher Revolutionen*, 2., rev. u. um das Postskriptum v. 1969 erg. Aufl., Frankfurt/Main 2001.

Lahav, Ofer et al.: »The 2dF Galaxy Redshift Survey: The amplitudes of fluctuations in the 2dFGRS and the CMB, and implications for galaxy biasing«, astro-ph/0112162, 7. Dezember 2001.

Lee, T. D. u. Yang, C. N.: »Question of parity conservation in weak interactions«, *Physical Review*, 105, 1957, S. 1671.

Lineweaver, Charles: »Cosmological Parameters«, astro-ph/0112381, 17. Dezember 2001.

Lubin, Lori u. Sandage, Allan: »The Tolman Surface Brightness Test for the Reality of the Expansion. I. Calibration of the Necessary Local Parameters«, astro-ph/0102213, 12. Februar 2001.

Dies.: »The Tolman Surface Brightness Test for the Reality of the Expansion. II. The Effect of the Point-Spread Function and Galaxy Ellipticity on the Derived Photometric Parameters«, astro-ph/01012214, 12. Februar 2001.

Dies.: »The Tolman Surface Brightness Test for the Reality of the Expansion. III. HST Profile and Surface Brightness Data for Early-Type Galaxies in Three High-Redshift Clusters«, astro-ph/106563, 29. Juni 2001.

Dies.: »The Tolman Surface Brightness Test for the Reality of the Expansion. IV. A Measurement of the Tolman Signal and the Luminosity Evolution of Early-Type Galaxies«, astro-ph/106566, 29. Juni 2001.

Manchester, William: *A World Lit Only by Fire*, Boston 1993.

Miller, Christopher et al.: »Acoustic Oscillations in the Early Universe and Today«, *Science*, 292, 22. Juni 2001, S. 2302.

Miralda-Escude, Jordi: »Probing Matter at the Lowest Densities«, *Science*, 293, 10. August 2001, S. 1055.

Mohr, Joseph: »Probing the distant universe with the Sunyaev-Zel'dovich effect«, verfügbar unter www.astro.uiuc.edu/~jmohr/Michelson/SZ_probe/

Morales, Angel: »Experimental Searches for Non-Baryonic Dark Matter: WIMP Direct Detection«, astro-ph/0112550, 27. Dezember 2001.

Nagle J. L. u. Ullrich, T.: »Heavy Ion Experiments at RHIC: The First Year«, nucl-ex/0103007, 15. März 2001.

Navick, X.-F. et al.: »Dark Matter search in the EDELWEISS Experiment using a 320 g Ionization-Heat Ge-Detector«, verfügbar unter http://www-dapnia.cea.fr/Doc/Publications/Archives/dap-01-11.pdf

Normile, Dennis: »Weighing in on Neutrino Mass«, *Science*, 280, 12. Juni 1998, S. 1689.

Ovidius Naso, Publius: *Metamorphosen. Das Buch der Mythen und Verwandlungen*, hrsg. v. Gerhard Fink, Düsseldorf, Zürich 2001.

Pahre, Michael et al.: »A Tolman Surface Brightness Test for Universal Expansion and the Evolution of Elliptical Galaxies in Distant Clusters«, *Astrophysical Journal*, 456, 10. Januar 1996, S. L79.

Panek, Richard: *Das Auge Gottes. Das Teleskop und die lange Entdeckung der Unendlichkeit*, Stuttgart 2001.

Parodi, B. R. et al.: »Supernova Type IA Luminosities, Their Dependence on Second Parameters, and the Value of H0«, *Astrophysical Journal*, 540, 10. September 2000, S. 634.

Penzias, A. A. u. Wilson, R. W.: »Measurement of the Flux Density of Cas A at 4080 Mc/s«, *Astrophysical Journal*, 142, 1965, S. 1149.

Percival, Will et al.: »The 2dF Galaxy Redshift Survey: The power spectrum and the matter content of the universe«, astro-ph/0105252, 15. Mai 2001.

Perlmutter, S. et al.: »Discovery of a Supernova Explosion at Half the Age of the Universe and its Cosmological Implications«, astro-ph/9712212, 16. Dezember 1997.

Platon: *Theätet. Griechisch/Deutsch*, hrsg. u. übers. v. Ekkehard Martens, Stuttgart 1989.

Ders.: *Timaios. Griechisch/Deutsch*, hrsg. u. übers. v. Hans Günter Zekl, Hamburg 1992.

Primack, Joel: »The Nature of Dark Matter«, astro-ph/0112255, 14. Dezember 2001.

Ders.: »Whatever Happened to Hot Dark Matter?«, *Beam Line*, Herbst 2001, S. 50.

Redondi, Pietro: *Galilei, der Ketzer*, Frankfurt/Main 1993.

Reines, F. u. Cowan, C. L.: »Free antineutrino absorption cross section. I. Measurement of the free antineutrino absorption cross section by protons«, *Physical Review*, 113, 1959, S. 273.

Rubin, Vera: »Dark Matter in the Universe«, *Scientific American*, März 1998, S. 106.

Rubin, Vera u. Ford, W. Kent jr.: »Rotation of the Andromeda Nebula from a Spectroscopic Survey of Emission Regions«, *Astrophysical Journal*, 159, Februar 1970, S. 379.

Schilling, Govert: »Deep-Space ›Filament‹ Shows Cosmic Fabric«, *Science* 292, 1. Juni 2001, S. 1629.

Ders.: »Signs of MACHOs in a Far-Off Galaxy«, *Science* 287, 4. Februar 2000, S. 779.

Schwarzschild, Bertram: »Cosmic Microwave Observations Yield More Evidence of Primordial Inflation«, *Physics Today*, Juli 2001, S. 16.

Seife, Charles: »BOOMERANG Returns With Surprising News«, *Science*, 288, 28. April 2000, S. 595.

Ders.: »CERN Collider Glimpses SUpersymmetry – Maybe«, *Science*, 289, 14. Juli 2000, S. 227.

Ders.: »CERN Stakes Claim on New State of Matter«, *Science*, 287, 11. Februar 2000, S. 949.

Ders.: »Echoes of the Big Bang Put Theories in Tune«, *Science*, 292, 4. Mai 2001, S. 823.

Ders.: »Elusive Particle Leaves Telltale Trace«, *Science*, 289, 28. Juli 2000, S. 527.

Ders.: »Elusive Particles Yield Long-Held Secrets«, *Science*, 294, 2. November 2001, S. 987.

Ders.: »Fly's Eye Spies Highs in Cosmic Rays' Demise«, *Science*, 288, 19. Mai 2000, S. 1147.

Ders.: »Hubble Knows«, *New Scientist*, 5. Juni 1999, S. 11.

Ders.: »Masters of Infinity«, *New Scientist*, 23. Oktober 1999, S. 23.

Ders.: »Microwave Telescope Data Ring True«, *Science*, 291, 19. Januar 2001, S. 414.

Ders.: »Muon Experiment Challenges Reigning Model of Particles«, *Science*, 291, 9. Februar 2001, S. 958.

Ders.: »Neutrino Oddity Sends News of the Weak«, *Science*, 294, 16. November 2001, S. 1433.

Ders.: »New Collider Sees Hints of Quark-Gluon Plasma«, *Science*, 291, 26. Januar 2001, S. 573.

Ders.: »No Turning Back«, *New Scientist*, 31. Oktober 1998, S. 21.

Ders.: »Orbiting Observatories Tally Dark Matter«, *Science*, 293, 14. September 2001, 1970.

Ders.: »Peering Backward to the Cosmos's Fiery Birth«, *Science*, 292, 22. Juni 2002, S. 2236.

Ders.: »Polymorphous Particles Solve Solar Mystery«, *Science*, 292, 22. Juni 2001, S. 2227.

Ders.: »Primordial Gas: Fog Not Clouds«, *Science*, 276, 9. Mai 1997, S. 899.

Ders.: »Rings Reveal a Supernova's Story«, *Science*, 287, 3. März 2000, S. 1580.

Ders.: »›Tired Light‹ Hypothesis Gets Retired«, *Science*, 292, 29. Juni 2001, S. 2414.

Ders.: »Troubled by Glitches, Tevatron Scrambles to Retain Its Edge«, *Science*, 295, 8. Februar 2002, S. 942.

Ders.: *Zwilling der Unendlichkeit. Eine Biographie der Zahl Null*, Berlin 2000.

Sigg, Daniel: »Gravitational Waves«, verfügbar unter www.ligo-wa.caltech.edu/P980007-00.pdf

Sturluson, Snorri: *Die Edda des Snorri Sturluson*, ausgew., übers. u. kommentiert v. Arnulf Krause, Stuttgart 1997.

Verde, Licia et al.: »The 2dF Galaxy Redshift Survey: The bias of galaxies and the density of the universe«, astro-ph/0112161, 6. Dezember 2001.

Wang, Limin et al.: »Cosmic Concordance and Quintessence«, astro-ph/9901388, 14. Januar 2000.

Webb, J. K. et al.: »Further Evidence for Cosmological Evolution of the Fine Structure Constant«, *Physical Review Letters*, 87:9, 27. August 2001, S. 1.

Weisberg, J. M. u. Taylor, J. H.: »Observations of Post-Newtonian Timing Effects in the Binary Pulsar PSR 1913+16«, *Physical Review Letters*, 52, 9. April 1978, S. 1348.

Watson, Andrew: »Pull of Gravity Reveals Unseen Galaxy Cluster«, 203, 17. August 2001, S. 1234.

Wilson, Robert W.: »The Cosmic Microwave Background Radiation«, *Nobel lecture*, 8. Dezember 1978.

Websites:

AMANDA Project.
http://amanda.berkeley.edu

Brookhaven National Laboratory.
http://www.bnl.gov

The Catholic Encyclopedia.
http://www.newadvent.org/cathen/

CERN.
http://www.cern.ch

Fermilab.
http://www.fnal.gov

Hu, Wayne: »The Physics of Microwave Background Anisotro-
pies«.
http://background.uchicago.edu

IceCube Project.
http://icecube.wisc.edu

Kamioka Observatory.
http://www-sk.icrr.u-tokyo.ac.jp/index.html

LIGO Laboratory.
http://www.ligo.caltech.edu

MACHO Project.
http://www.macho.mcmaster.ca

The MacTutor History of Mathematics Archive.
http://www-groups.dcs.st-and.ac.uk/~history/

Nemiroff, Robert u. Bonnell, Jerry: »Great Debates in Astro-
nomy«.
http://antwrp.gsfc.nasa.gov/diamond_jubilee/debate.html

Nobel e-Museum.
http://www.nobel.se

Stanford Linear Accelerator Center (SLAC).
http://www.slac.stanford.edu

Sloan Digital Sky Survey.
http://www.sdss.org

The Sudbury Neutrino Observatory.
http://www.sno.phy.queensu.ca

The 2dF Galaxy Redshift Survey.
http://msowww.anu.edu.au/2dFGRS/

UK Dark Matter Collaboration.
http://hepwww.rl.ac.uk//UKDMC/

Weisstein, Eric: »Treasure Troves«.
http://www.treasure-troves.com

White, Martin: »Online cosmology papers«.
http://astron.berkeley.edu/~mwhite/htmlpapers.html

DANK

Beim Abfassen dieses Buches erfuhr ich Unterstützung durch so viele Menschen, dass ich sie unmöglich alle aufzählen kann. In den letzten Jahren habe ich Dutzende von Physikern, Kosmologen und Astronomen interviewt. Sie alle haben sich die Zeit genommen, einem Journalisten auch die Feinheiten ihrer Arbeit zu erklären. Ich danke ihnen allen für ihre Begeisterung und für ihre Geduld, die sozusagen der Grund dafür sind, dass ich das vorliegende Buch überhaupt geschrieben habe. (Natürlich tragen sie keinerlei Verantwortung für irgendwelche Fehler in diesem Werk – alle Irrtümer gehen allein auf meine Kappe.)

Ich möchte meiner Lektorin Wendy Wolf, meinem Redakteur Don Homolka sowie meinen Agenten John Brockman und Katinka Matson danken. Nicht zuletzt waren – wieder einmal – meine Eltern ein nie versiegender Quell der Unterstützung (und der konstruktiven Kritik), selbst während schwierigster Phasen in ihrem Leben. Ich danke ihnen für alles.

PERSONENREGISTER

SACHREGISTER